"十三五"国家重点图书重大出版工程规划项目

中国农业科学院科技创新工程资助出版

沼气技术

Biogas Technology

邓良伟 等 ◎ 著

U0321739

中国农业科学技术出版社

图书在版编目（CIP）数据

沼气技术／邓良伟等著．—北京：中国农业科学技术出版社，2019.5
ISBN 978-7-5116-4061-1

Ⅰ．①沼…　Ⅱ．①邓…　Ⅲ．①沼气-技术　Ⅳ．①S216.4

中国版本图书馆 CIP 数据核字（2019）第 033763 号

责任编辑　　陶　莲　闫庆健
责任校对　　贾海霞

出 版 者　　中国农业科学技术出版社
　　　　　　北京市中关村南大街 12 号　邮编：100081
电　　话　　（010）82109705（编辑室）　　（010）82109702（发行部）
　　　　　　（010）82109709（读者服务部）
传　　真　　（010）82106625
网　　址　　http://www.CASTP.cn
经 销 者　　各地新华书店
印 刷 者　　北京科信印刷有限公司
开　　本　　787 mm×1 092 mm　1/16
印　　张　　19
字　　数　　404 千字
版　　次　　2019 年 5 月第 1 版　2019 年 5 月第 1 次印刷
定　　价　　188.00 元

《沼气技术》作者

第一章　徐彦胜、承　磊

第二章　刘　刘

第三章　潘　科、施国中

第四章　邓良伟

第五章　宋　立

第六章　蒲小东

第七章　王智勇

第八章　孔垂雪

第九章　王文国

前　言

沼气技术在废弃物处理、可再生能源开发和温室气体减排等方面发挥了重要作用，得到了许多国家高度重视。1983年，作者所在单位——当时的农牧渔业部成都沼气科学研究所组织所内外科研人员编写了《沼气技术》一书，作为国内县以上农村沼气管理干部和技术人员的沼气技术/农村能源培训班培训教材，培训了20多个省、区沼气技术人才10 000多名。培训教材尽管没有正式出版，但是其后有关沼气发酵工艺、技术正式出版物大量参考和引用了此书，对我国沼气技术的推广应用做出了较大贡献。30多年过去了，我国及国际沼气技术在基础理论、工艺技术、装置装备、发展模式和运行管理方面都取得了长足的进步。为了适应技术的发展和时代的需求，农业农村部沼气科学研究所组织了具有比较深厚理论基础和丰富实践经验的科研与推广人员，对我国及国际沼气技术进行梳理和总结，重新编著了《沼气技术》一书，作为《现代农业科学精品文库》的组成部分，正式出版。

本书首先从沼气发酵微生物入手，简单介绍了沼气发酵微生物、生物化学过程及发酵过程影响因素，接着分别阐述了我国三种类型的沼气发酵系统，户用沼气池、生活污水净化沼气池和沼气工程的原理及技术特点，然后将三种沼气发酵系统共通的基础知识与技术关键，如沼气发酵装置材料与结构、沼气储存、沼气净化与提纯、沼气利用、沼渣沼液利用等，进行统一介绍与阐述。

本书作者均为多年从事沼气技术研究、设计、建设和调试工作的专业人员。具有比较厚实的研究积淀和丰富的户用沼气池、生活污水净化沼气池和沼气工程设计、调试及运行经验。同时，也参考、引用了国内外专家学者、工程技术和管理人员卓有成效的工作。本书的完成得益于作者所在单位以及国内外沼气科研工作者和工程技术人员长期科研积累和工程经验的总结，谨向前辈们和相关著作者的贡献表示敬意与感谢。书稿完成后，邓良伟对全书所有章节进行了统稿与修改，相近专业的作者对内容进行了相互校核。施国中、雷云辉研究员对部分章节进行了审校，研究生王霜整理了全书的参考文献。本书的出版得到了国家重点研发计划、国家生猪产业技术体系以及

1

中国农业科学院农业科技创新工程的支持，在此一并表示感谢。

本书著者较多，涉及专业广，给统稿校稿带来较大难度，加之著者水平有限，难免存在一些疏漏、不妥甚至错误之处，希望本书读者给与谅解并提出宝贵意见。

作　者

2018 年 6 月于成都

内容简介

　　本书从沼气发酵微生物基础入手，系统介绍了我国三种类型的沼气发酵系统，户用沼气池、生活污水净化沼气池和沼气工程的原理及技术特点。并且比较详细地阐述了沼气发酵装置材料与结构、沼气储存、沼气净化与提纯、沼气利用、沼渣沼液利用等几种类型沼气发酵系统共通的基础知识与技术关键。本书注重沼气技术理论与实践结合，内容翔实、深入浅出、实用性强。

　　本书适合可再生能源、农业生态工程以及废弃物处理利用专业技术与管理人员使用，也可作为农业生物环境与能源工程、环境工程等专业的教学参考书。

目　　录

第一章　沼气发酵微生物

沼气发酵是自然界普遍存在的现象。在淡水及海底沉积物、稻田土壤、湿地、沼泽、部分动物瘤胃等环境中都有沼气产生。通过有机废弃物、废水厌氧处理人工反应器，人们可以有目的地生产利用沼气。沼气的产生是多种微生物协同作用的生物化学过程，这个过程涉及多种不同类型的厌氧或兼性厌氧微生物。微生物是沼气发酵过程的作用主体，对沼气发酵效率起着决定性作用。

第一节　微生物的基本特性

沼气发酵微生物是一大类与沼气产生相关的微生物，具有微生物的一些基本特性。因此，在阐述沼气发酵微生物之前，首先介绍微生物的基本特性。

一、什么是微生物

微生物（microorganisms，microbes）是一切个体微小、结构简单、肉眼看不见或看不清的低等生物的总称。微生物类群庞杂，种类繁多，既包括细胞型微生物，也包括非细胞型微生物。细胞型微生物即具有细胞形态的微生物，如细菌、古菌和真核微生物，而不具细胞结构的病毒、类病毒等则称为非细胞型微生物。细胞型微生物又可分为原核微生物和真核微生物。原核微生物即广义的细菌，是指一大类细胞核无核膜包裹，遗传物质 DNA 裸露于核区的原始单细胞生物，包括细菌和古菌两个域，细菌（狭义）、放线菌、蓝细菌（蓝藻）、支原体（又称霉形体）、衣原体和立克次氏体等都属于细菌域的范畴。真核微生物即细胞核有核膜包裹，细胞能进行有丝分裂，细胞质中存在线粒体或同时存在叶绿体等多种细胞器的微生物。菌物界的真菌（酵母菌、霉菌和蕈菌）、植物界的显微藻类和动物界的原生动物都属于真核微生物。

由于微生物个体微小、外貌不明显等原因，人们对微生物的认知比动物、植物晚得多。从安东尼·列文虎克（Antoni van Leeuwenhoek，1632—1723）首次观察到微生物以来，人们对微生物的认识不过 300 多年的历史。微生物学从建立到现在，其学科发展也只有 100 多年的历史。但微生物以其丰富的多样性以及独特的生物学特性和功能在整个生命科学领域中占据着举足轻重的地位，在自然界物质循环以及工业、农业、医疗保健、环境保护等领域中发挥着重要作用。

二、微生物学发展中的重要事件

在漫长的人类社会活动史中，人类对动物、植物的认识可以追溯到人类的出现，但对微生物却长期缺乏认知。英国数学家和博物学家罗伯特·虎克（Robert Hooke，1635—1703）在他的 *Micrographia* 一书中通过显微观察描述了霉菌的结构，这是第一个已知的微生物显微结构的描述。1676 年，"微生物学的先驱者"——安东尼·列文虎克用自制的显微镜首次观察到细菌，但此后近 200 年，微生物并未引起人们足够的重视。19 世纪中期，费迪南德·科恩（Ferdinand Cohn，1828—1898）在研究细菌的抗热性时，发现细菌会产生内生孢子。后来，德国医学微生物学家罗伯特·科赫（Robert Koch，1843—1910）创立了培养基制备技术、固体培养基分离和纯化技术，至今这些微生物基本操作技术仍在应用。1857 年，法国科学家路易·巴斯德（Louis Pasteur，1822—1895）通过曲颈瓶实验推翻了当时十分流行的生命自然发生说，建立了生命的胚种学说。以此为标志，逐渐建立起了一个新的学科——微生物学。

三、微生物的特点及分布

微生物种类繁多，形态各异，但个体都极其微小，属于结构简单的低等生物，因此具有一些共同的特征。

（一）个体微小，比面值大

微生物的测量通常以微米为单位，病毒则以纳米为单位。但近年来也发现有肉眼可见的微生物，如 1993 年确定的费氏刺骨鱼菌（*Epulopicsium fishelsoni*）和 1998 年报道的纳米比亚硫黄珍珠菌（*Thiomargarita namibiensis*）。因微生物个体微小，因此比表面积大。

（二）分布广泛，种类繁多

微生物在自然界中分布极其广泛，动植物体内外、土壤、空气、深海、冰川、盐湖、沙漠、油井和岩层下都存在着大量的微生物，微生物在自然界中可以说无处不在。

地球上到底有多少生物物种尚无准确答案。迄今为止，已记载的生物物种数约 200 万种，其中微生物约 20 万种。已分离微生物物种仅占总数的 3%~5%，因此，还有大量的微生物资源有待发掘。

（三）生长繁殖快，代谢能力强

微生物具有很大的比表面积，有利于与周围环境进行物质、能量和信息交换，因此转化快，代谢旺，繁殖迅速，在适宜的条件下几十分钟至几小时就可以繁殖一代，能在短时间内分解超过自重数千倍的物质。

（四）环境适应性强，易变异

微生物存在于各种环境中，能适应各种恶劣环境，是动物和植物所不能比的。但由于微生物多为单细胞生物，直接接触各种环境，使其遗传物质 DNA 容易发生改变。

微生物的以上特点为人类开发利用微生物资源提供了基础。

四、微生物在生态循环中的作用

生态系统中的生物成分包括生产者、消费者和分解者，其中生产者与分解者是不可或缺的部分，任何一个缺失都会导致生态系统崩塌。微生物在生态系统中扮演着重要角色，微生物既可以作为初级生产者，也可以作为分解者；既是物质循环的重要成员，也是物质和能量的重要储存者。但微生物在生态系统中的主要功能是作为分解者，以植物为主的生产者和以动物为主的消费者最终都要在异养型微生物的分解作用下完成物质循环和能量流动。微生物在碳、氮、硫等元素的循环中发挥着重要作用。如果没有微生物的作用，自然界中的各种元素和物质就不可能重复循环利用，自然界的生态平衡就会失调。

第二节　沼气发酵微生物

沼气发酵是在无氧条件下，通过厌氧或兼性厌氧微生物的作用将有机质转化成甲烷和二氧化碳的过程，又称厌氧消化或甲烷形成作用。沼气发酵过程是一个复杂的生物化学过程，参与这个代谢过程的微生物统称为沼气发酵微生物，其种类繁多，大体可分为产甲烷菌和不产甲烷菌两大类群。

一、沼气发酵的生物化学过程

理论上，一切含有糖类、蛋白质、脂肪的有机质都可以作为沼气发酵的原料。有机质转化生成沼气可用以下反应式表示：

$$C_cH_hO_oN_nS_s + yH_2O \rightarrow xCH_4 + nNH_3 + sH_2S + (c-x)CO_2 \tag{1-1}$$

$$x = \frac{1}{8}(4c+h-2o-3n-2s)$$

$$y = \frac{1}{4}(4c-h-2o+3n+3s)$$

糖类、蛋白质、脂肪转化成沼气的反应式如下：

糖类：$C_6H_{12}O_6 \rightarrow 3CH_4 + 3CO_2$ （1-2）

脂类：$C_{12}H_{24}O_6 + 3H_2O \rightarrow 7.5CH_4 + 4.5CO_2$ （1-3）

蛋白质：$C_{13}H_{25}O_7N_3S + 6H_2O \rightarrow 6.5CH_4 + 6.5CO_2 + 3NH_3 + H_2S$ （1-4）

不同原料用于沼气发酵，产生的 CO_2 与 CH_4 的比例有所不同，二者的比例由原料的元素组成及降解比例决定。单纯以糖类、脂类、蛋白质为发酵原料时，理论上沼气中甲烷含量分别为 50%、62.5% 和 38.2%。

在沼气发酵过程的研究中，不同的研究者提出了不同的发酵阶段理论，如二阶段、三阶段及四阶段发酵理论。

（一）沼气发酵两阶段理论

20 世纪初期，Thumn 和 Reichie（1914）及 Imhoff（1916）分别报道了沼气发酵过程可分为酸性发酵和碱性发酵两个阶段。后来，Buswell 和 Neave（1930）验证并肯定了他们的说法。在随后的一段时间里，人们普遍认为沼气发酵过程分为以上两个阶段。第一阶段为酸性发酵阶段，大分子有机物（碳水化合物、脂类、蛋白质）在发酵性细菌的作用下，被分解成脂肪酸、醇类、二氧化碳和水等产物。由于脂肪酸的积累，发酵液的 pH 值下降，因此称为酸性发酵阶段或产酸阶段，相应地，参与这个反应过程的微生物称为发酵性细菌或产酸细菌。第二阶段为碱性发酵阶段，在这个阶段，产甲烷古菌将第一阶段产生的代谢产物进一步转化成 CH_4 和 CO_2，反应系统中的有机酸逐渐被消耗，pH 值不断升高，因此称为碱性发酵阶段或产甲烷阶段。

（二）沼气发酵三阶段理论

随着对厌氧微生物尤其是产甲烷微生物研究的不断深入，研究者发现产甲烷微生物只能利用一些简单的有机物如乙酸、甲酸、甲醇、甲胺类以及 H_2/CO_2 产甲烷，而不能利用含两个碳以上的脂肪酸。为此，第二阶段（碱性发酵阶段）如何利用这些短链脂肪酸，两阶段理论就很难加以解释。

基于对厌氧微生物在沼气发酵过程中作用的理解和认识，以及对沼气发酵过程中生化反应研究的深入，Lawrence 和 McMarty（1967）及 Bryant（1979）分别提出了沼气发酵"三阶段理论"。该理论将沼气发酵过程分为水解发酵、产氢产乙酸和产甲烷三个阶段（图1-1），分别由不同类群的微生物完成。在第一阶段，碳水化合物、脂肪和蛋白质等复杂有机物首先被水解成多糖、脂肪酸和氨基酸等能被微生物吸收利用的可溶性有机物，发酵性细菌再将可溶性有机物降解成挥发酸、乙醇等小分子物质；在第二阶段，产氢产乙酸菌将这些小分子有机物转化成乙酸、H_2和CO_2等更小的分子；在第三阶段，产甲烷古菌将乙酸、H_2/CO_2转化成CH_4，完成沼气发酵过程。参与的微生物分为发酵细菌、产氢产乙酸菌和产甲烷古菌三大类群。

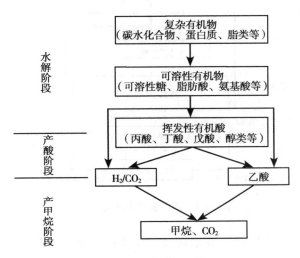

图 1-1 沼气发酵三阶段示意

（三）沼气发酵四阶段理论

在沼气发酵三阶段理论提出的同时，Zeikus（1979）在其研究中发现，沼气发酵过程中还存在一类能将H_2/CO_2转化成乙酸并被产甲烷古菌利用的微生物，称为同型产乙酸菌，这种转化被称为同型产乙酸作用（图1-2）。基于这些研究，Zeikus（1979）提出了沼气发酵四阶段理论。分别是水解阶段、产酸阶段、产乙酸阶段和产甲烷阶段（图1-2），每个阶段分别由不同类群的微生物完成。这些不同的微生物类群在一定程度上存在互营共生关系，并且对生长环境有不同的要求。

（1）水解阶段。不溶性大分子化合物，如碳水化合物、脂类、蛋白质无法透过细胞膜，它们需要在水解性细菌（厌氧或兼性厌氧微生物）分泌的胞外酶（如蛋白酶、纤维素酶、半纤维素酶、淀粉酶、脂肪酶等）的作用下被水解成可溶性糖、脂肪酸和甘油、氨基酸等可溶性化合物，才能被细菌吸收利用。

在水解反应中，大分子物质的共价键发生了断裂。通常水解反应可用以下反应式表示：

$$R-X+H_2O \rightarrow R-OH+X^-+H^+ \tag{1-5}$$

水解的时间与原料种类有关，碳水化合物的水解可以在几小时内完成，而蛋白质

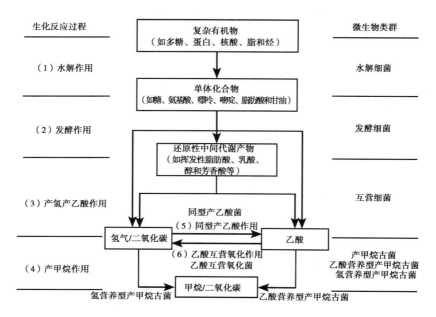

图1-2 沼气发酵四阶段示意

和脂类的水解则需要几天时间。在水解过程中兼性厌氧微生物会消耗掉溶解在水中的氧，降低发酵系统的氧化还原电位，为严格厌氧微生物提供有利的生长条件。

（2）产酸阶段。在沼气发酵第二阶段，即产酸阶段，发酵细菌利用水解阶段的产物作为生长底物，并将它们进一步转化成乳酸、丙酸、丁酸等短链脂肪酸及乙醇、H_2和CO_2等小分子物质。底物种类和参与酸化的微生物种群以及产生的氢离子浓度都会影响产酸代谢。

产酸过程由大量的、多种多样的发酵性细菌共同完成。如醋杆菌属微生物通过β-氧化途径降解脂肪酸。在降解过程中脂肪酸首先与辅酶A结合，然后被逐步氧化，每一步β-氧化反应脱掉的2个碳原子以乙酸盐的形式释放出来。肉毒梭菌（*Clostridium botulinum*）通过Stickland反应降解氨基酸，*Clostridium botulinum*每次同时吸收2个氨基酸分子，其中一个作为氢供体，一个作为氢受体，反应生成乙酸、氨和CO_2。在半胱氨酸的降解过程中还会产生H_2S。

（3）产乙酸阶段。产酸阶段产生的丙酸、丁酸、乳酸等中间代谢物必须被转化成更简单的小分子才能被产甲烷古菌利用，乙酸的生成过程称为产乙酸作用。乙酸一部分由产氢产乙酸菌产生，另一部分则由既能利用有机质产乙酸又能利用H_2/CO_2产乙酸的细菌产生，这类细菌称为同型产乙酸菌。表1-1列出了几种底物的产乙酸反应。

发酵产乙酸：在这个过程中，产氢产乙酸菌利用产酸阶段的产物作为底物生长并产乙酸。丙酸、丁酸等短链脂肪酸和乙醇等在产氢产乙酸菌的作用下被转化成乙酸、

H_2、CO_2等。

表 1-1 标准条件下部分底物的产乙酸反应和自由能变化[a]

(Dolfing 1988，Khanal 2008)

底物	反应	$\Delta G^{0\prime}$（kJ/mol）
乙醇	$CH_3CH_2OH+H_2O \rightarrow CH_3COO^-+H^++2H_2$	+9.6
丙酸	$CH_3CH_2COO^-+2H_2O \rightarrow CH_3COO^-+CO_2+3H_2$	+76.1
丁酸	$CH_3CH_2CH_2COO^-+2H_2O \rightarrow 2CH_3COO^-+H^++2H_2$	+48.1
苯甲酸	$C_6H_5COO^-+7H_2O \rightarrow 3CH_3COO^-+3H^++HCO_3^-+3H_2$	+53

注：a 为 25 ℃；H_2 为气态，其他为液态

产氢产乙酸反应是吸能反应，例如丙酸的氧化降解需要吸收 76.1 kJ/mol 的能量，乙醇的氧化降解需要吸收 9.6 kJ/mol 的能量（表 1-1）。产氢产乙酸菌在产乙酸过程中，氢分压需保持在很低的水平，否则反应无法进行。因为，只有在氢分压（P_{H_2}）很低的情况下，这种反应在热力学上才是可能发生的，产氢产乙酸菌才能获得生长繁殖所需的能量。如果不将产生的 H_2 消耗掉，必然导致 H_2 的不断积累，这将不利于产氢产乙酸菌的生长和产氢产乙酸反应的进行。因此，产氢产乙酸菌必须和耗氢微生物（如产甲烷古菌）生活在一起才能很好地生长。

同型产乙酸作用：同型产乙酸菌能不断地利用 H_2 将 CO_2 还原成乙酸并释放出能量［式（1-6）］，乙酸进一步被产甲烷古菌利用，这个过程既能降低氢分压，又可以为乙酸营养型产甲烷古菌提供底物。

$$2CO_2+4H_2 \leftrightarrow CH_3COOH+2H_2O \qquad \Delta G^{0\prime}=-104.6（kJ/mol） \qquad (1-6)$$

沼气发酵产生的甲烷中约有 30% 是通过 H_2 还原 CO_2 产生的，但是只有 5%~6% 的甲烷是由溶解在水相中的 H_2 还原 CO_2 产生的。这种情况可以用"种间氢转移"来解释，即产氢产乙酸菌产生的 H_2 被直接转移给产甲烷古菌利用，而不经过氢气溶解的过程。

（4）产甲烷阶段。产甲烷过程发生在沼气发酵的第四阶段，也是沼气发酵的最后一个阶段，这个过程由产甲烷古菌完成。产甲烷古菌能利用的底物基本都是最简单的一碳和二碳化合物，产甲烷代谢途径如图 1-3 所示。

当产氢产乙酸菌与氢营养型产甲烷古菌互营共生时产甲烷过程能正常进行，但是当产氢产乙酸菌与其他利用氢的微生物共生时产甲烷过程就会受到影响。其他利用氢的微生物，如硫酸盐还原菌会与产甲烷古菌产生竞争氢的关系，减少产甲烷古菌利用的底物，影响甲烷的产量。此外，硫酸盐还原菌产生的 H_2S 还会对产甲烷古菌产生毒害作用。不同产甲烷途径产生的能量是不一样的。乙酸发酵产甲烷与 CO_2 还原产甲烷

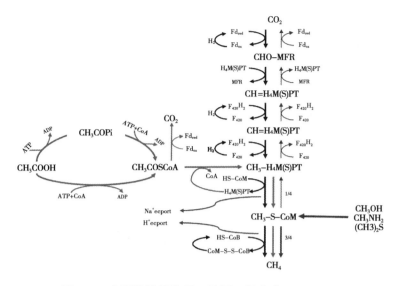

图1-3 产甲烷代谢途径（承磊，郑珍珍 et al. 2016）

途径相比，只释放少量的能量［式（1-7）、式（1-8）］。

$$CH_3COOH \leftrightarrow CH_4 + CO_2 \qquad \Delta G^{0\prime} = -31kJ/mol \qquad (1-7)$$

$$CO_2 + 4NADH/H^+ \leftrightarrow CH_4 + 2H_2O + 4NAD^+ \qquad \Delta G^{0\prime} = -136kJ/mol \qquad (1-8)$$

从以上反应的热力学条件来说，CO_2还原产甲烷途径虽然会释放更多的能量，在热力学上更容易发生，但在厌氧消化产生的甲烷中，除 H_2 还原 CO_2 途径产生的甲烷（约30%）外，另外70%的甲烷是通过乙酸发酵途径产生的。

二、沼气发酵微生物

沼气发酵是由不同的微生物种群，相互协同完成的生物化学反应过程，沼气发酵能否成功与微生物有密切关系。如果某一类群微生物被抑制，发酵过程就有可能失败，尤其是产甲烷古菌被抑制的影响更大。产甲烷古菌只能利用乙酸、甲基化合物、H_2/CO_2等简单的底物生长，生长速率慢，对外界环境较为敏感，如果产甲烷古菌活性被抑制或菌体发生死亡，沼气发酵就不能正常运行，甚至最终失败。

研究沼气发酵微生物，有助于深入了解沼气发酵过程，也有助于指导沼气工程的启动与运行。根据是否产甲烷，沼气发酵微生物可分为不产甲烷菌和产甲烷古菌；而根据微生物的功能则可以分为水解发酵细菌、产氢产乙酸菌、同型产乙酸菌、产甲烷古菌（图1-2）。

（一）发酵细菌

发酵细菌主要在沼气发酵的水解阶段和产酸阶段发挥作用。发酵细菌产生的胞外酶可以将碳水化合物、脂类、蛋白质等不溶性有机物水解成多糖、长链脂肪酸、氨基酸等可溶性有机物。进一步，发酵产酸菌还能将可溶性有机物分解成挥发性有机酸（乙酸、丙酸、丁酸等）、醇类、酮类以及 CO_2、H_2、NH_3、H_2S 等。发酵细菌利用有机质时一般先在胞内将其转化成丙酮酸，再根据特定的条件降解成不同的产物，如发酵细菌的种类、底物类型和环境条件（pH 值、氢分压、温度等）都可以影响代谢产物的生成。代谢产物如果出现积累将会影响反应的顺利进行，特别是 H_2 的产生和积累会影响产氢产乙酸反应过程。如果氢分压高，就会产生丙酸和其他有机酸，出现酸积累或酸抑制。所以，在沼气发酵过程中保持发酵细菌与其他微生物之间的代谢速率平衡至关重要。

发酵细菌不能将碳水化合物、脂肪等有机质完全降解，会产生有机酸、溶剂、维生素、氢气等副产物，这些副产物可被其他微生物利用。发酵细菌是一类非常复杂的混合细菌群，主要属于链球菌科和肠杆菌科以及梭菌属、拟杆菌属、丁酸弧菌属、双歧杆菌属和乳酸菌属等。根据降解物质的不同则可将发酵细菌分为纤维素降解菌、淀粉降解菌、蛋白质降解菌、脂肪降解菌等。发酵细菌主要分为严格厌氧菌和兼性厌氧菌。发酵细菌大多数为异养型细菌，对环境条件的变化有较强的适应能力，但其优势种属会因环境条件和发酵基质的不同而异。

（二）产乙酸菌

产氢产乙酸菌的发现源于 Bryant（1967）的研究，他发现所谓"奥氏甲烷杆菌"实际上是由两种菌组成，一种发酵乙醇产生氢气，另一种利用氢气产生甲烷。他将这种不同类型微生物之间氢的产生和利用偶联的现象称为"种间氢转移"。

（1）产氢产乙酸菌。产氢产乙酸菌的主要功能是将各种短链脂肪酸（丙酸、丁酸等）、乙醇和特定芳香族化合物（苯酸盐）等分解为乙酸、H_2 和 CO_2，为乙酸营养型产甲烷古菌和氢营养型产甲烷古菌提供基质（表 1-1）。

产氢产乙酸反应是吸热反应（表 1-1），在热力学上不能自发进行，只有在氢分压极低的情况下这些反应才能进行，如丙酸氧化成乙酸只有在氢分压低于 10^{-4} atm 时，产氢产乙酸反应才能进行，丁酸氧化时的氢分压需要低于 10^{-3} atm。产氢产乙酸菌与氢营养型产甲烷古菌共培养时，以上反应可以顺利进行。因为氢营养型产甲烷古菌可以快速利用产生的氢，使氢分压保持在极低的水平。在这个过程中，$\Delta G^{0'}$ 是负值[式（1-8）]，是放能反应，这为产氢产乙酸菌提供了一个有利的热力学生长条件，使丙酸、丁酸、乙醇等的氧化反应能顺利进行，两种微生物类群之间存在一种互营共生的关系。除产甲烷古菌外，硫酸盐还原菌或同型产乙酸菌也可以消耗掉反应系统中产生的氢。

需要指出的是，在沼气发酵过程中多达 30% 的电子被用于丙酸氧化产乙酸和氢。

因此，丙酸的氧化似乎比其他有机酸的氧化更为关键。在高温条件下丙酸的积累比在中温条件下更严重。厌氧反应器的结构、营养物的供应、底物特性和微生物类群在提高丙酸的降解方面都有重要影响。产氢产乙酸菌多为厌氧或兼性厌氧微生物，如互营单胞菌属（*Syntrophomonas*）、互营杆菌属（*Syntrophobacter*）、梭菌属（*Clostridium*）等微生物。

（2）同型产乙酸菌。同型产乙酸菌是一类既能利用有机质产乙酸，又能将 H_2/CO_2 转化成乙酸的细菌。因为无论其利用哪种基质，生成的产物都是乙酸，所以称为同型产乙酸菌。自养型细菌或异养型细菌都可以进行同型产乙酸。自养型同型产乙酸菌利用 H_2/CO_2 产乙酸，其中 CO_2 作为细胞生长的碳源［式（1-9）］。一些同型产乙酸菌可以利用 CO 作为生长的碳源［式（1-10）］。另一方面，除了利用氢气还原 CO_2 外，一些同型产乙酸菌还可以利用其他 C_1 化合物作为生长的碳源和产乙酸作用中的电子供体，如甲醇、甲酸、甲基化的芳香族化合物、糖类、有机酸、氨基酸、醇类等［式（1-11）、（1-12）］。许多同型产乙酸菌还能还原硝酸盐（NO_3^-）和硫代硫酸盐（$S_2O_3^{2-}$）。然而，同型产乙酸菌通过乙酰辅酶 A 途径将 CO_2 还原成乙酸是同型产乙酸的主要途径。

$$2CO_2+4H_2 \rightarrow CH_3COOH+2H_2O \qquad\qquad (1-9)$$

$$4CO+2H_2O \rightarrow CH_3COOH+2CO_2 \qquad\qquad (1-10)$$

$$4HCOOH \rightarrow CH_3COOH+2CO_2+2H_2O \qquad\qquad (1-11)$$

$$4CH_3OH+2CO_2 \rightarrow 3CH_3COOH+2H_2O \qquad\qquad (1-12)$$

醋酸梭菌（*Clostridium aceticum*）和伍氏醋酸杆菌（*Acetobacterium woodii*）是从废水中分离到的两种中温同型产乙酸菌。同型产乙酸菌具有较高的热力学效率，因此，当其利用多碳化合物生长并产乙酸时不会产生 H_2 和 CO_2 的积累。通过比较氢营养型产甲烷古菌的产甲烷反应［式（1-8）］和同型产乙酸菌产乙酸反应［式（1-6）］的吉布斯自由能变化，发现 CO_2 还原产甲烷途径释放更多的能量［式（1-8）］，在热力学上似乎更容易发生，这也促使产甲烷古菌获得更多的氢作为电子供体。但是关于同型产乙酸菌与产甲烷古菌竞争氢的机制尚需要做更深入的研究。

在沼气发酵过程中，产氢产乙酸菌和产甲烷古菌之间存在共生或互营关系。这种共生关系对沼气发酵系统的稳定有重要作用。判断这种互营平衡最重要的指标之一就是测定发酵液中挥发性脂肪酸的浓度。挥发性脂肪酸是指短链有机酸，是复杂有机质降解过程中产生的中间代谢物。当这种互营关系被破坏时，如进料过多、毒性物质影响、缺乏营养或微生物大量流失时，挥发酸就会积累，挥发酸浓度持续升高可能会导致厌氧反应器中的 pH 值急剧降低，出现酸化现象。如果不及时调节，沼气发酵过程就可能终止或失败。

（三）互营菌

在微生物学中有很多互营共生的例子，互营共生就是不同种类的微生物单独存在时都不能降解某种物质，但通过协同作用可以将其降解并利用，最终达到互利共生的目的。互营作用一般都是次级发酵作用，它们利用其他微生物的代谢产物作为生长底物。在产甲烷过程中，互营代谢作用很多时候是一个关键步骤。表1-2列出了互营菌的主要类群和它们降解利用的底物，所有的互营菌都是严格厌氧菌。许多有机化合物都可以被互营降解，包括芳香族化合物和脂肪烃，但互营菌利用的主要化合物是脂肪酸和醇类。

表 1-2　主要互营细菌及其特性（Madigan，Martinko et al. 2014）

种属	已知的种	系统发育分析	共培养时利用的底物
Syntrophobacter	4	δ-变形菌纲	丙酸、乳酸、某些醇类
Syntrophomonas	9	厚壁菌门	C_{14}-C_{18}饱和或不饱和脂肪酸、某些醇类
Pelotomaculum	2	厚壁菌门	丙酸、乳酸、多种醇类、某些芳香族化合物
Syntrophus	3	δ-变形菌纲	苯甲酸，某些芳香族化合物、某些脂肪酸和醇类

在沼气发酵过程中，互营作用的核心是种间氢转移——一种微生物产生的氢被另一种微生物通过互营作用利用掉，二者是互利共生的关系。耗氢微生物在生理上可以是十分不同的一些类群：反硝化细菌、铁细菌、硫酸盐还原菌、同型产乙酸菌和产甲烷古菌都属于耗氢微生物。当产氢产乙酸菌与氢营养型产甲烷古菌互营共生时，产氢产乙酸菌为产甲烷古菌提供底物氢，产甲烷古菌则可以消耗氢使产氢产乙酸反应顺利进行。如泥肠菌（*Pelotomaculum*）发酵乙醇产生乙酸和氢，通过与氢营养型产甲烷古菌共培养，利用氢作为电子供体还原CO_2产生甲烷。从下式可以看出，乙醇发酵的标准自由能变化（$\Delta G^{0\prime}$）是正值〔式（1-13）〕，在热力学上不能自发进行。

乙醇发酵：

$$2CH_3CH_2OH+2H_2O \rightarrow 4H_2+2CH_3COO^-+2H^+ \qquad \Delta G^{0\prime}=+19.4KJ/mol \qquad (1-13)$$

产甲烷作用：

$$4H_2+CO_2 \rightarrow CH_4+2H_2O \qquad \Delta G^{0\prime}=-130.7kJ/mol \qquad (1-14)$$

耦合反应：

$$2CH_3CH_2OH+CO_2 \rightarrow 2CH_3COO^-+CH_4+2H^+ \qquad \Delta G^{0\prime}=-111.3kJ/mol \qquad (1-15)$$

在标准状况下，泥肠菌（*Pelotomaculum*）无法利用乙醇生长。但是当泥肠菌（*Pelotomaculum*）发酵乙醇产生的氢被氢营养型产甲烷古菌用于将CO_2还原成CH_4时，发生的是放能反应［式（1-14）］。当这两个反应耦合发生时，整个反应的 $\Delta G^{0\prime}$ 变成负值［式（1-15）］，在热力学上可以自发进行。这表明互营代谢需要两类不同功能的微生物共同参与，通过能量分配和物质转移，形成紧密配合的合作关系。表 1-3 列出了部分产氢产乙酸菌和氢营养型产甲烷古菌之间的互营关系。

表 1-3 产氢产乙酸菌和产甲烷古菌之间的互营关系（Zhang，Yin et al. 2016）

底物	互营微生物	反应	$\Delta G^{0\prime}$（kJ/mol）
乙醇	"S" 菌	$2CH_3CH_2OH + 2H_2O \rightarrow 2CH_3COO^- + 2H^+ + 4H_2$	+19.3
	产甲烷古菌	$4H_2 + HCO_3^- + H^+ \rightarrow 3H_2O + CH_4$	-135.6
	总反应式	$2CH_3CH_2OH + HCO_3^- \rightarrow 2CH_3COO^- + H^+ + H_2O + CH_4$	-116.3
乙酸	醋酸梭菌（Clostridium aceticum）	$CH_3COO^- + 4H_2O \rightarrow 4H_2 + 2HCO_3^- + H^+$	+104.6
	产甲烷古菌	$4H_2 + HCO_3^- + H^+ \rightarrow 3H_2O + CH_4$	-135.6
	总反应式	$CH_3COO^- + H_2O \rightarrow HCO_3^- + CH_4$	-31
丙酸	沃林互营杆菌（Syntrophobacter wolinii）	$4CH_3CH_2COO^- + 12H_2O \rightarrow 4CH_3COO^- + 4HCO_3^- + 4H^+ + 12H_2$	+304.6
	产甲烷古菌	$3HCO_3^- + 3H^+ + 12H_2 \rightarrow 9H_2O + 3CH_4$	-406.6
	总反应式	$4CH_3CH_2COO^- + 3H_2O \rightarrow 4CH_3COO^- + HCO_3^- + H^+ + 3CH_4$	-102
丁酸	沃氏互营单孢菌（Syntrophomonas wolfei）	$2CH_3(CH_2)_2COO^- + 4H_2O \rightarrow 4CH_3COO^- + 2H^+ + 4H_2$	+96.2
	产甲烷古菌	$4H_2 + HCO_3^- + H^+ \rightarrow 3H_2O + CH_4$	-135.6
	总反应式	$2CH_3(CH_2)_2COO^- + HCO_3^- + H_2O \rightarrow 4CH_3COO^- + H^+ + CH_4$	-39.4
苯甲酸	布氏互营菌（Syntrophus buswelii）	$4C_6H_5COO^- + 28H_2O \rightarrow 12CH_3COO^- + 4HCO_3^- + 12H^+ + 12H_2$	+359
	产甲烷古菌	$3HCO_3^- + 3H^+ + 12H_2 \rightarrow 9H_2O + 3CH_4$	-406.6
	总反应式	$4C_6H_5COO^- + 19H_2O \rightarrow 12CH_3COO^- + HCO_3^- + 9H^+ + 3CH_4$	-47.6

从生态学的观点看，互营是沼气发酵中碳循环的关键环节。在厌氧条件下，互营菌可以大量消耗还原性的发酵底物并产生氢。有两大类严格厌氧微生物都以 CO_2 作为电子受体，并将能量储存在其中，一类是同型产乙酸菌，另一类是氢营养型产甲烷古菌，它们都以 H_2 作为主要的电子供体。同时，厌氧环境中的电子受体是有限的，如果没有互营菌，有限的电子受体（CO_2 除外）就会成为制约沼气发酵的瓶颈。与之相比，在好氧条件下，或是可选择的电子受体足够多的情况下，互营关系就显得无足轻重了。因此，互营作用是厌氧代谢的特征性反应。在厌氧系统中，产甲烷或产乙酸作用是主要的最终反应步骤，在这种环境中产氢和耗氢微生物之间存在着密切联系。

（四）产甲烷古菌

产甲烷古菌是严格厌氧菌，在 Hungate 发明厌氧微生物培养技术之前，对产甲烷古菌的研究在很长一段时间内并没有取得较大进展。产甲烷古菌这一名称是由 Bryant 于 1974 年提出，以便与甲烷氧化菌区分。产甲烷古菌含有参与甲烷代谢的关键辅因子—辅酶 F_{420}，氧化态的 F_{420} 可以吸收 420 nm 的紫外光，激发出 470 nm 的蓝绿色荧光。利用这个光谱学特征，可以在荧光/可见光显微镜下区别产甲烷古菌和非产甲烷菌。根据产甲烷古菌利用的底物类型，可以将产甲烷古菌分成以下 3 类，即氢营养型产甲烷古菌、甲基营养型产甲烷古菌和乙酸营养型产甲烷古菌。相应地，甲烷的产生也有 3 种途径，分别为 CO_2 还原途径、甲基裂解途径和乙酸发酵产甲烷途径（图 1-3、表 1-4）。

表 1-4 产甲烷古菌的营养类型及产甲烷反应（Oremland 1988，Khanal 2008，承磊 2016）

营养类型	产甲烷反应
氢营养型产甲烷古菌	（A）$4H_2 + CO_2 \rightarrow CH_4 + 2H_2O$
	（B）$4HCOO^- + 2H^+ \rightarrow CH_4 + CO_2 + 2HCO_3^-$
乙酸营养型产甲烷古菌	（C）$CH_3COO^- + H_2O \rightarrow CH_4 + HCO_3^-$
甲基营养型产甲烷古菌	（D）$4CH_3OH \rightarrow 3CH_4 + CO_2 + 2H_2O$
	（E）$4CH_3NH_2 + 2H_2O \rightarrow 3CH_4 + CO_2 + 4NH_3$
	（F）$(CH_3)_2S + H_2O \rightarrow 1.5CH_4 + 0.5CO_2 + H_2S$

富含有机质的厌氧环境如沼泽、湿地、池塘、湖底、海底沉积物、厌氧反应器、动物肠道中都有大量的产甲烷古菌。虽然少数产甲烷古菌可以在极端温度条件下（最高可达到 122 ℃，最低可在 0 ℃ 以下）生长，但大多数产甲烷古菌都属于中温微生物。

（1）氢营养型产甲烷古菌。氢营养型产甲烷古菌以 H_2 为电子供体将 CO_2 还原成 CH_4（表 1-4）。氢由系统中其他微生物的代谢作用产生，如产氢发酵细菌，尤其是梭菌纲（Clostridia）微生物和产氢产乙酸菌。在产甲烷古菌的模式菌株中，3/4 以上的产甲烷古菌模式菌株能利用 H_2/CO_2 生长，如沼气工程中常见的甲烷杆菌（Methanobacter）和甲烷袋状菌（Methanoculleus）。氢营养型产甲烷古菌还可以利用甲酸盐作为电子供体将 CO_2 还原成甲烷［表 1-4 反应（B）］。少量产甲烷古菌还可以通过氧化二级醇获得电子供体或从丙酮酸盐中获得电子供体将 CO_2 还原成甲烷。如嗜乙醇甲烷滴菌（Methanofollis ethanolicus）可以直接代谢乙醇、2-丙醇或 2-丁醇产 CH_4。有些甲烷球菌（*Methanococcus* spp.）能利用丙酮酸盐作为电子供体（代替 H_2 的功能）还原 CO_2 产 CH_4。少数氢营养型产甲烷古菌还可以 CO 为底物生长，但是这种条件下产甲烷古菌的生长速率很慢，并且在自然界中这种情况并不常见，如热自养甲烷嗜热杆菌（*Methanothermbacter thermoautotrophicus*）可以利用低浓度的 CO（< 60%）生长产 CH_4。

（2）乙酸营养型产甲烷古菌。乙酸营养型产甲烷古菌利用乙酸产 CH_4 和 CO_2 [表 1-4 反应（C）]，有 70% 的甲烷通过这条途径产生。甲烷八叠球菌属（*Methanosarcina*）和甲烷丝菌属（*Methanothrix*）[旧称为甲烷鬃毛菌属（*Methanosaeta*）] 是两个重要的乙酸营养型产甲烷古菌属。*Methanosarcina* 在生长过程中形成八叠球状，可以利用甲醇 [表 1-4 反应（D）]、甲胺 [表 1-4 反应（E）]、H_2/CO_2 [表 1-4 反应（A）]、乙酸 [表 1-4 反应（B）] 等多种基质产甲烷。此外如巴氏甲烷八叠球菌（*Methanosarcina barkeri*）可以利用丙酮酸作为碳源和能源产生 CH_4 和 CO_2，*M. barkeri* 还可以利用 CO（100%）和甲醇（50 mM）生长，也可以在浓度小于 50% 的 CO 中生长产甲烷，并且伴有氢产生。竹节状甲烷鬃毛菌（*Methanosaeta harudinacea*）除了利用乙酸产甲烷外，还可以直接利用电子还原 CO_2 产 CH_4。甲烷八叠球菌（*Methanosarcina*）利用乙酸生长时，它的典型倍增时间是 1~2 d。而甲烷鬃毛菌（*Methanosaeta*）的倍增时间是 4~9 d。如果一个完全混合式厌氧反应器水力停留时间（hydraulic retention time，HRT）短，*Methanosarcina* 通常会成为反应器中的优势种属。

（3）甲基营养型产甲烷古菌。甲基营养型产甲烷古菌可以利用含有甲基基团的化合物产甲烷，如甲醇 [表 1-4 反应（D）]、甲胺类化合物（如甲胺、二甲胺、三甲胺）[表 1-4 反应（E）] 和甲基硫化合物（如甲硫醇、二甲基硫）[表 1-4 反应（F）]。甲基营养型产甲烷古菌主要分布在甲烷八叠球菌（*Methanosarcinacea*）、甲烷马赛球菌（*Methanomassiliicoccus*）和甲烷球体菌（*Methanosphaera*）中。在甲基营养型产甲烷途径中，甲基基团被转移至甲基载体并被还原成甲烷。甲基营养型产甲烷古菌可以通过氧化部分甲基基团获得还原 CO_2 的电子，或以 H_2 作为电子供体。但是也有研究发现甲烷马赛球菌属（*Methanomassiliicoccus*）中的甲烷拟球菌（*Methanococcoides* spp.）还可以利用 N，N-二甲基乙醇胺、胆碱、甜菜碱等含甲基化合物生长产 CH_4。

（4）产甲烷古菌的系统分类。过去人们主要依据形态学和生理生化特征对微生物进行分类，产甲烷古菌被归为细菌。但是随着微生物多样性分析方法的发展，传统微生物分类方法的局限性越来越大，甚至有人认为对微生物进行科学分类是一项不可能完成的任务。随着分子生物学技术的出现和发展，系统分类学逐渐成为微生物分类的标准。1977 年 Woese 等提出了基于 16S rRNA 和 18S rRNA 核苷酸序列同源性对生物进行分类的系统分类学方法，并把生命分为三种类型（称为"三域学说"）。其中产甲烷菌不同于细菌和真核生物，属于独特的一个分支，Woese 将这个包含产甲烷古菌的分支命名为古菌域。

迄今为止已有效发表的产甲烷古菌共 6 个目，即甲烷杆菌目（*Methanobacteriales*）、甲烷球菌目（*Methanococcales*）、甲烷胞菌目（*Methanocellales*）、甲烷微菌目（*Methanomicrobiales*）、甲烷火菌目（*Methanopyrales*）和甲烷八叠球菌目（*Methanosarcinales*），共分 15 科、35 属，超过 150 个有效种（表 1-5），最近发现的热原体目（*Thermoplasmata*）代表产甲烷古菌的第 7 个目，Iino 等根据细菌命名准则将其改为甲烷马赛球菌目（*Methanomassiliicoccales*）。目前分离获得的产甲烷古菌都属于广古菌门（Euryarchaeota），但是最新的研究表明产甲烷古菌可能还分布在深古菌门（Bathyarchaeota）等其他分支中。

表 1-5　产甲烷古菌系统分类（承磊，郑珍珍 et al. 2016）

目 Order	科 Family	属 Genus	有效种 的数量	分离源
Methanobacteria-les 甲烷杆菌目	Methanobacteriaceae 甲烷杆菌科	*Methanobacterium* 甲烷杆菌属	24	厌氧反应器、水稻田、冻土层、淡水和海洋沉积物
		Methanobrevibacter 甲烷短杆菌属	15	哺乳动物粪便、白蚁肠道、厌氧反应器
		Methanosphaera 甲烷球形菌属	2	人体粪便、兔肠道
		Methanothermobacter 甲烷热杆菌属	8	厌氧反应器、油田
	Methanothermaceae 甲烷热菌科	*Methanothermus* 甲烷热菌属	2	含硫热泉和泥浆
Methanococcales 甲烷球菌目	Methanocaldococcace-ae 甲烷超嗜热球菌科	*Methanocaldococcus* 甲烷超嗜热球菌属	7	深海热液和沉积物
		Methanotorris 甲烷火焰菌属	2	深海热液和沉积物
	Methanococcaceae 甲烷球菌科	*Methanococcus* 甲烷球菌属	4	海底沉积物、泥浆
		Methanothermococcus 甲烷嗜热球菌属	2	海底沉积物、热海水
Methanocellales 甲烷胞菌目	Methanocellaceae 甲烷胞菌科	*Methanocella* 甲烷胞菌属	3	水稻土

（续表）

目 Order	科 Family	属 Genus	有效种 的数量	分离源
Methanomicrobiales 甲烷微菌目	Methanocalculaceae 甲烷卵球菌科	*Methanocalculus* 甲烷卵球菌属	6	油田、盐湖、海水养殖场和垃圾厂、
	Methanocorpusculaceae 甲烷碎粒菌科	*Methanocorpusculum* 甲烷碎粒菌属	4	厌氧反应器、沉积物
	Methanomicrobiaceae 甲烷微菌科	*Methanoculleus* 甲烷袋状菌属	11	油田、深部沉积物、湿地和厌氧反应器
		Methanofollis 甲烷泡形菌属	5	水产养殖场、垃圾处理厂、藕塘、热硫液泥浆
		Methanogenium 产甲烷古菌属	4	海洋沉积物、南极湖
		Methanolacinia 甲烷形变菌属	2	油田、海洋沉积物
		Methanomicrobium 甲烷微菌属	1	牛瘤胃
		Methanoplanus 甲烷盘状菌属	2	钻井泥浆、海洋纤毛虫
	Methanoregulaceae 甲烷细条菌科	*Methanolinea* 甲烷绳菌属	2	厌氧反应器、水稻田、冻土层、淡水和海洋沉积物
		Methanoregula 甲烷细条菌属	2	泥炭沼泽、沼气反应器
		Methanosphaerula 甲烷小球菌属	1	矿质泥炭沼泽
	Methanospirillaceae 甲烷螺菌科	*Methanospirillum* 甲烷螺菌属	4	厌氧反应器、下水污泥、湿地
Methanosarcinales 甲烷八叠球菌目	Methanosarcinaceae 甲烷八叠球菌科	*Halomethanococcus* 甲烷盐生球菌属	1	盐湖
		Methanimicrococcus 甲烷微球菌属	1	蟑螂肠道
		Methanococcoides 甲烷拟球菌属	4	海洋沉积物、南极湖水
		Methanohalobium 盐生甲烷菌属	1	湖底沉积物
		Methanohalophilus 甲烷嗜盐菌属	4	沉积物、蓝藻草甸、深层地下水、盐沼
		Methanolobus 甲烷叶菌属	7	海洋和淡水沉积物、煤层水和深层地下水
		Methanomethylovorans 甲烷食甲基菌属	3	厌氧反应器、湖水沉积物、湿地
		Methanosalsum 甲烷咸菌属	2	盐湖、碱水湖
		Methanosarcina 甲烷八叠球菌属	13	厌氧反应器、深层地下水、海洋和淡水沉积物、冻土
	Methanotrichaceae 甲烷鬃毛菌科	*Methanothrix* 甲烷鬃毛菌属	2	厌氧反应器、湖底沉积物
	Methermicoccaceae 甲烷嗜热微球菌科	*Methermicoccus* 甲烷嗜热微球菌属	1	油田

（续表）

目 Order	科 Family	属 Genus	有效种 的数量	分离源
Methanopyrales 甲烷火菌目	Methanopyraceae 甲烷火菌科	*Methanopyrus* 甲烷火菌属	1	海底热泉沉积物
Methanomassili- icoccales 甲烷马赛球 菌目	Methanomassiliicoc- caceae 甲烷马赛球菌科	*Methanomassiliicoccus* 甲烷马赛球菌属	1	人体粪便

第三节　影响沼气发酵的因素

沼气发酵过程受许多因素影响，可分为设计操作因素与环境因素两大类，其中环境因素对沼气发酵微生物产生主要影响，任何影响微生物生长的因素都可能影响沼气发酵的正常运行。微生物的代谢过程依赖多种因素，微生物的营养需求、发酵代谢物的种类、温度、酸碱度、氧气等都会影响沼气发酵过程。此外，发酵性细菌的环境需求与产甲烷古菌的环境需求不同，在沼气发酵的不同阶段也应考虑二者需求的差异。

如果整个发酵过程（水解/酸化阶段和产氢产乙酸/产甲烷阶段）都在一个反应系统中进行（单相发酵），这种情况必须首先考虑产甲烷古菌的生长环境和条件，因为产甲烷古菌的生长速率更低，对环境更敏感，如果不首先考虑产甲烷古菌的环境条件需求，产甲烷古菌就有可能失活或死亡，导致产甲烷过程失败。

一、氧化还原电位

氧化还原电位即氧化剂和还原剂的相对强弱，溶解氧含量、代谢中间产物的氧化还原特性都会影响沼气发酵系统中的氧化还原电位。对不同的微生物来说，其最适氧化还原电位是不一样的。沼气发酵系统中的微生物主要为严格厌氧或兼性厌氧微生物，严格厌氧微生物不具有超氧化物歧化酶和过氧化氢酶，对氧气及氧化物敏感，在高氧化还原电位条件下无法生长，甚至死亡，因此需要使系统中的氧化还原电位条件保持在较低的水平。有关研究表明，在水解/酸化过程中，氧化还原电位需要在+400～−300 mV；产甲烷过程中，氧化还原电位需要保持在−250 mV 以下，产甲烷古菌单独培养时最适宜的氧化还原电位在−300～−330 mV。如果沼气发酵过程中有氧气等氧化性物质的进入，就会抑制厌氧微生物的生长或导致其死亡，导致沼气发酵启动阶段延长或发酵失败，因此在发酵过程中应尽量避免氧化性物质的进入。

二、温度

温度可以显著影响微生物的生长代谢速率。在沼气发酵过程中，不同微生物类群对温度的要求不同。对产酸细菌来说，嗜中温菌最适生长温度为 25~35 ℃；对产甲烷古菌来说，嗜中温菌最适生长温度为 32~42 ℃，嗜高温菌最适生长温度范围为 48~55 ℃。在产甲烷阶段，大多数产甲烷古菌为中温微生物，只有少部分为高温微生物，但是也有一些产甲烷古菌能在较低的温度（0.6~1.2 ℃）条件下生长。相比中温产甲烷古菌，嗜高温产甲烷古菌对温度的变化更敏感，温度的变化会明显降低产甲烷古菌的活性。有研究表明，沼气发酵过程中温度变化不宜超过 2 ℃，否则就会降低沼气产量。与低温相比，高温对微生物带来的伤害更大，因为高温会使微生物的酶活性丧失，造成不可逆的损伤。

但在高温发酵下，微生物的代谢活动更旺盛，底物的降解率平均能提高 50%，尤其是在含有脂质原料的反应器中，可以提供更多微生物可用的物质以及得到更高的沼气产率。高温沼气发酵还会使其中的流行病菌和致病菌失活，当发酵温度>55 ℃，物料停留时间>23 h 时无须采取额外的卫生防疫措施。在许多两相发酵沼气工程中，不同的发酵阶段可以采用不同的温度，以达到最佳的发酵效果。毋庸置疑，在水解阶段采用中温发酵，在产甲烷古菌阶段采用高温发酵是一种可行的提高沼气发酵效率的措施。但是，对不同的发酵原料来说，这种情况也不是绝对的，水解阶段也可以比产甲烷阶段的温度更高。

三、pH 值

pH 值是影响微生物生长代谢的重要参数，适宜的 pH 值是微生物正常生长的必要条件。pH 值超出一定的范围，微生物就不能很好生长。所以在沼气发酵中需要保持一定的酸碱度，pH 值过高或过低都会影响微生物的活性，造成细胞活性丧失或死亡，不利于沼气发酵的正常进行。

不同厌氧微生物类群的最适 pH 值有所不同。一般产酸细菌具有较宽的 pH 值适应范围，而产甲烷古菌的 pH 值适应范围较窄。产酸菌在 pH 值 4.5~8.0 的范围内都可以生长，对产甲烷微生物来说，最适 pH 值一般在 6.7~7.5，但也有例外，如 *Methanosarcina* 可以在 pH 值≤6.5 的条件下快速生长。因此，在两相沼气发酵系统中的产氢产乙酸/产甲烷阶段的 pH 值高于水解/酸化阶段的 pH 值；在单相沼气发酵中 pH 值一般保持在 6.5~7.5。

碳水化合物在水解酸化过程中产生的有机酸会降低发酵液的 pH 值，并且碳水化合物更易发生酸化，伴随还原性中间代谢产物的产生，氢分压也更易升高。除此之外，沼气发酵过程中不断生成的 CO_2 除一部分作为沼气的成分排出外，还有一部分溶于发酵液中形成 H_2CO_3，增加了 H^+ 浓度，降低了发酵系统的 pH 值。

$$CO_2 + H_2O \leftrightarrow H_2CO_3 \tag{1-16}$$

$$H_2CO_3 \leftrightarrow H^+ + HCO_3^- \tag{1-17}$$

$$HCO_3^- \leftrightarrow H^+ + CO_3^{2-} \tag{1-18}$$

但在含氮化合物的降解过程中，发酵系统 pH 值会升高，如蛋白质降解过程中会生成氨，氨会使 pH 值升高。

$$NH_3 + H_2O \leftrightarrow NH_4^+ + OH^- \tag{1-19}$$

$$NH_3 + H^+ \leftrightarrow NH_4^+ \tag{1-20}$$

以上两种缓冲体系基本上可以使沼气发酵过程维持在适宜 pH 值范围内，避免过度酸化和碱化现象的发生，但这也与进料物质的性质有关。

一般情况下，发酵系统的 pH 值下降应加以重视。发酵中产生的乙酸、丙酸、丁酸等挥发性脂肪酸及溶解的碳酸都会降低发酵液的 pH 值，如果发酵液 pH 值降低或沼气中 CO_2 的浓度升高，都表明发酵过程出现了酸化。可以通过停止进料、降低负荷、投加碱、重新接种污泥等方式加以解决。

四、氢分压

在产酸和产乙酸阶段会产生氢气，因为产氢产乙酸作用只有在氢分压很低的情况下才能进行，所以氢气积累会严重影响产氢产乙酸反应的进行，造成丙酸、丁酸等挥发性脂肪酸降解速率变慢和积累，使发酵系统的 pH 值降低，发生酸化现象，有可能导致沼气发酵的终止。厌氧微生物生长过程中可耐受的氢分压与微生物的种类和底物的种类有关，就苯甲酸盐的厌氧转化而言，不论通过乙酸途径，还是 H_2/CO_2 途径产甲烷，合适的氢分压的范围都是很窄的。而丙酸的降解可以作为沼气工程产气效率的衡量标准，因为在实践中丙酸的降解经常是沼气发酵的限制因素。

种间氢转移可以很好地平衡氢气的浓度：一方面，产甲烷古菌需要足够的氢作为还原剂还原 CO_2 产甲烷；另一方面，氢分压必须很低，以保证丙酸、丁酸等有机物氧化产氢产乙酸反应的进行。为了不中断产氢产乙酸菌和氢营养型产甲烷古菌之间的种间氢转移及二者的共生关系，需要使产氢与耗氢微生物之间的物理距离很接近。

五、营养物质及发酵底物的类型

对微生物的生长来说，大量营养元素（氮、磷）和微量元素（微量矿物质）都是必不可少的。除氮、磷等大量元素外，有多种微量元素都是厌氧微生物的必需成分，如钴、镍、钼、钙、镁、铜、锰及维生素 B_{12} 等。镍对产甲烷古菌的生长尤其重要，因为镍是产甲烷古菌 F_{430} 因子的结构组成部分，并且 F_{430} 因子只存在于产甲烷古菌中。钴对产甲烷古菌来说也是至关重要的，因为钴是维生素 B_{12} 的结构组成部分，维生素 B_{12} 可以催化产甲烷作用的进行。

底物的类型决定厌氧降解的速率，在发酵过程和过程控制中必须考虑底物类型对发酵的影响。对沼气发酵来说，如果某种至关重要底物被消耗完并不另外投加的话，微生物可能停止生长。因此，不断补充发酵原料（碳水化合物、脂肪、蛋白质）以及微生物生长必需的矿物质、微量元素等对沼气发酵的正常运行非常必要。

淀粉、单糖等糖类物质在很短的时间内就会水解，容易发生酸化；而纤维素的降解就非常缓慢。发酵过程中产生的中间代谢产物也会限制或抑制降解反应。如脂肪酸的积累会造成 pH 值降低，影响微生物的活性。产氢产乙酸阶段产生的氢气会影响丙酸、丁酸等挥发性脂肪酸的氧化速率。蛋白质降解过程中生产的游离氨和 H_2S 会抑制甲烷发酵过程。

六、抑制物质

在沼气发酵过程中，一些原料中含有有毒、有害物质，会影响或抑制沼气发酵。特别是处理工业有机原料时，更需注意有毒、有害物质对沼气发酵微生物的毒性影响。最常见的抑制性物质为氨（NH_3 和 NH_4^+）、硫化物、盐类、重金属以及某些人工合成物质。

（一）NH_3 和 NH_4^+

沼气发酵过程中的氨来源于含氮化合物的厌氧生物降解，包括游离态 NH_3 和离子态 NH_4^+。游离 NH_3 的抑制比 NH_4^+ 强，因为游离 NH_3 可以透过细胞膜。当游离 NH_3 大于 80 mg/L 时就会产生抑制作用，大于 150 mg/L 时就会对发酵过程产生毒性。产甲烷古菌可以利用 NH_4^+ 作为氮源，低浓度的 NH_4^+-N（50~100 mg/L）对沼气发酵是有益的，当 NH_4^+-N 达到 1 500~3 000 mg/L 时则会在较高的 pH 值条件下产生抑制作用，当 NH_4^+-N 浓度>3 000 mg/L 时就会对发酵产生毒性作用。但是也有报道称 NH_4^+-N 浓度达到 7 000~9 000 mg/L 时也未对微生物产生毒性作用。pH 值对游离 NH_3 和 NH_4^+ 浓度有重要影响，随 pH 值升高，游离 NH_3 的浓度增加，对沼气发酵的抑制作用和毒性增强。温度对氨的存在形式也有重要影响，当温度升高时，更易生成更多的游离 NH_3，所以温度的升高会增强氨抑制作用。

（二）硫化物

硫是组成细菌细胞的一种常量元素，在细胞合成中是必不可少的。但过量则会对沼气发酵产生强烈的抑制作用。在富含硫的废弃物中，如制革废水、石化炼制废水、柠檬酸生产废水以及富含蛋白质的废水在厌氧消化过程中都会产生硫化物，如 H_2S。在酸性发酵阶段，硫化物在 300 mg/L 以内，不会有影响。而在甲烷发酵阶段硫化物自 80 mg/L 起，就有抑制作用；150~200 mg/L 时抑制十分明显。在厌氧条件下，硫化物由硫酸盐还原产生。因此硫的其他形式化合物对沼气发酵也有抑制作用。在硫化物中，非离子化的 H_2S 比离子化的 HS^- 对产甲烷古菌的毒性作用更强。虽然硫化物会对微生物产生毒性作用，但微生物经过驯化也可以适应不同浓度的硫化物，在 $Na_2S<$ 600 mg/L、$H_2S<$ 1 000 mg/L 的情况下微生物都可以存活。

（三）盐类

餐厨垃圾以及食品工业废水如泡菜加工废水、肠衣加工废水等常含有高浓度盐。高浓度盐对微生物的毒性主要来自阳离子，而阴离子影响较小。一价离子（Na^+、K^+）比二价离子（Ca^{2+}、Mg^{2+}）盐的毒性小。但是，弱碱性条件下，以碳酸氢盐形式存在的二价离子溶解度很小，因此，实际影响较小。盐（NaCl）对微生物的影响则主要体现在 Na^+ 的抑制作用上，因此对 Na^+ 毒性的研究比较多。Na^+ 毒性是可逆的，驯化可以提高微生物对高浓度 Na^+ 的适应能力。在 Na^+ 浓度为 10 000 mg/L 时，未经驯化的沼气发酵体系相对产甲烷率为 4%，而驯化后相对产甲烷率可达 29%（雷中方，2000）。在淀粉沼气发酵中，盐（NaCl）浓度增加到 10 g/L 时，沼气发酵并无显著影响；增加到 20 g/L 时，沼气发酵受到严重抑制，NaCl 为 20 g/L 的沼气产率相比 0 g/L 减少了 30.96%，甲烷产率减少了 42.14%（侯晓聪 & 苏海佳，2015）。在餐厨垃圾沼气发酵试验中，添加 2 g/L 氯化钠对餐厨垃圾沼气发酵产气量没有影响，添加 5 g/L 氯化钠处理的沼气产量比对照提高 7.5%，添加 10 g/L、20 g/L、30 g/L 的产气量分别比对照减少 17%、24%、51%（陶治平等，2013）。

（四）重金属

重金属作为微量元素在低浓度时可以提高微生物的活性，但在高浓度条件下则会产生毒性作用，尤其是铅、镉、铜、锌、镍和铬可以引起沼气工程运行失常。重金属的毒性顺序一般为 Ni >Cu>Pb>Cr>Zn。相比非溶解态重金属，溶解态重金属更易导致沼气发酵失败，但沼气发酵过程中产生的硫化物（如 H_2S）可以与溶解态重金属发生反应，使之变成非溶解态化合物，从而解除高浓度重金属的毒害作用。

（五）有机酸

有机酸是在厌氧降解过程中由复杂有机质的水解和发酵作用产生的，包括短链脂肪酸（SCFAs）（C2~C6）、长链脂肪酸（LCFAs）以及氨基酸等，短链脂肪酸包括乙酸、丙酸、丁酸及少量的异丁酸、戊酸、异戊酸和己酸。有机酸的存在形式包括游离态和非游离态，一般游离态有机酸对微生物具有抑制作用，因为它们可以渗透到细胞内使蛋白质变性。

在正常运转的沼气发酵系统中，挥发性脂肪酸的浓度一般较低。如果短时间内一次性加入过多的易降解有机物、有机酸，或有机酸的降解被阻断，或产酸菌与产甲烷古菌之间的互营关系失调时，有机酸就会积累，发酵系统就会发生酸化现象。有机酸的积累会使发酵液的 pH 值降低，进而加重酸的抑制作用。当 pH 值<7 时，乙酸浓度达到 1 000 mg/L 就会产生抑制作用；异丁酸或异戊酸产生抑制作用的浓度更低，50 mg/L就产生抑制作用；丙酸甚至会在 5 mg/L 就产生强烈的抑制作用。但是，研究表明，在中性 pH 值下，无论乙酸还是丁酸，浓度超过 10 000 mg/L 才会产生抑制作用，丙酸达到 6 000 mg/L 才会产生抑制作用。

（六）人工合成有机物

人工合成有机物在厌氧降解过程中属于难降解物质，这种难降解性与毒性或抑制作用有密切关系。常见的具有毒性的人工合成有机物包括卤素、醛类和芳香族化合物等。但是当发酵系统中的微生物经过培养驯化适应这些物质后，微生物的耐受性可以提高 50 倍，并能将这些化合物降解。

除此之外，消毒剂、除草剂、杀虫剂、表面活性剂及抗生素等如果进入沼气发酵系统也会引起非特异性的抑制作用。

第二章　农村户用沼气池

农村户用沼气池是指沼气供一户或几户家庭生活用能的沼气发酵装置。该类型的沼气池适用于农户处理利用人畜粪便和其他有机废弃物，并产生沼气作为生活用能。中国自19世纪末期就有利用沼气的记载，当时是将农业废弃物装入土坑中发酵产生沼气。一百多年来，中国的户用沼气池得到了大力发展，无论从数量还是技术水平上都处于世界领先地位。在广大科技工作者和技术推广人员的共同努力下，相继开发了曲流布料沼气池、强回流沼气池、塞流式沼气池等新池型，推广了玻璃钢、红泥塑料等新型建池材料。以户用沼气池为核心，中国发展了南方"猪-沼-果"、北方"四位一体"、西北"五配套"等农村能源生态模式。尽管随着社会经济的发展，农村户用沼气池在农村能源中的地位逐渐降低，但是，户用沼气池在偏远或经济不发达地区仍然是适宜的农业废弃物和有机垃圾处理及新能源开发技术，在保障能源安全、转变农业生产方式和建设生态文明等方面仍然具有重要作用。

第一节　户用沼气池发酵原料

在沼气发酵过程中，沼气发酵微生物需要吸收充足的营养，才能进行正常的生命活动，旺盛地、不间断地产生沼气。因此充足的发酵原料是生产沼气的物质基础。理论上，所有有机质都可以用于生产沼气，但是只有易生物降解有机质才是沼气生产的真正底物。不同种类的发酵原料有不同的理化特性和产气性能，所以有必要了解和掌握各种发酵原料特性和产气潜力。

一、户用沼气池发酵原料类型及特性

由于农村户用沼气池规模较小，是以解决一户或几户家庭生活用能问题为目的，所以农村户用沼气池发酵原料的选择应在满足沼气产量的前提下尽可能就近收集。根据来源不同，户用沼气池发酵原料主要分为三类：种植废弃物、养殖废弃物和生活有机废弃物。本部分仅介绍适用于农村户用沼气池的原料种类和主要特点，对原料的产量、产沼气潜力等特性可参照本书第四章内容。

（一）种植废弃物

种植废弃物主要指各类农作物生产、加工过程中产生的废弃物，主要是农作物秸秆。其特点是，原料中碳元素含量较高，碳氮比一般都在30∶1以上；另外，原料中纤维素、木质素含量较多，结构体积较大且不易破坏。基于以上两个特点，种植废弃物在沼气发酵过程中降解速度较慢，产沼气周期较长。为提升其产沼气速率，这类原料在投入沼气池之前通常需要进行堆沤、酸化预处理。虽然种植废弃物的产气速率较慢，但是在发酵时间足够长时，其产沼气潜力一般大于养殖废弃物和生活有机废弃物类发酵原料。农作物秸秆作为户用沼气池发酵原料的主要问题是，纤维素、木质素含量较高，进出料困难。

（二）养殖废弃物

养殖废弃物主要是指家畜、家禽产生的粪、尿和污水，通常称为畜禽粪污。一方面，这类原料中氮元素含量较高，碳氮比一般都低于25∶1；另一方面，原料颗粒较细，且含有较多的低分子化合物，因此不需要进行粉碎等物理预处理。该类原料的特点是发酵周期较短，原料分解和产气速度较快。单位质量发酵原料的总产气量较种植废弃物低。畜禽粪便是中国户用沼气池的主要原料，其产生量可参考表2-4的数据。

（三）生活有机废弃物

生活有机废弃物是指农村居民生活中产生的粪尿、污水和生活垃圾等。其最大特点是原料成分多元化，且有可能含有不利于沼气发酵的物质，如洗涤剂、塑料袋等。这类有机废弃物中蛋白质、脂类含量较高，沼气产率较高，但是随着农村生活水平提高，冲洗污水大量增加，导致原料浓度降低，原料在沼气池的停留时间减少。

二、表征沼气发酵原料的参数

（一）总固体（Total Solid，简称 TS）

是指发酵原料在一定温度下蒸发、烘干后所剩余残渣的量，国外又称干物质（Dry Matter，DM），包括悬浮固体（SS）和溶解性固体（DS）两部分。可选用的烘干温度为103~105 ℃或180 ℃，采用103~105 ℃烘干时总固体会保留结晶水和部分附着水，采用180 ℃烘干时可除去全部附着水，通常情况下采用103~105 ℃烘干。总固体参数的缺点是不能准确反映有机物的含量，但是理化特性相近的发酵原料，其有机物占 TS 的比例相近，加上 TS 的测试方法较为简单，所以农村户用沼气池的原料通常采用 TS 来粗略表征其有机物质的含量（表 2-1）。TS 通常用百分含量表示，DM 通常用 g/L 或 mg/L 表示。TS 计算方法如下：

$$TS(\%) = \frac{W_2}{W_1} \times 100\% \qquad\qquad (2-1)$$

式中　W_1——烘干前原料质量（g）；

　　　W_2——烘干后原料质量（g）。

例：10 g 猪粪，在 105 ℃烘箱中，烘至恒重后的重量为 1.8 g，求总固体百分含量 m_0。

$$m_0(\%) = \frac{W_2}{W_1} \times 100 = \frac{1.8}{10} \times 100 = 18\%$$

表 2-1　农村户用沼气池常用发酵原料总固体含量（近似值）

发酵原料名称	干物质含量（%）	含水量（%）
干稻草	85	15
干麦草	85	15
玉米秆	82	18
青　草	24	76
人　粪	20	80
猪　粪	18	82
牛　粪	17	83
人　尿	0.4	99.6
猪　尿	0.4	99.6
牛　尿	0.6	99.4

（二）悬浮固体（Suspended Solid，简称 SS）

是指发酵原料中不能通过一定孔径滤膜的固体物质，以 g/L 或 mg/L 表示。通常选用孔径为 0.45 μm 滤膜过滤原料，经 103~105 ℃烘干后得到悬浮固体含量。

（三）挥发性固体（Volatile Solid，简称 VS）

将总固体在 550 ℃±50 ℃下灼烧 1 小时后，剩余的固体为灰分，总固体减去灰分即为挥发性固体（VS），国外又称有机干物质（Organic Dry Matter，ODM）。挥发性固体主要包括原料中悬浮物、胶体和溶解性物质中的有机质。VS 通常用百分含量表示，ODM 通常用 g/L 或 mg/L 表示。VS 通常有两种表示方法，一种是挥发性固体占总固体的比例，计算方法为：

$$VS/TS(\%) = \frac{W_2 - W_3}{W_2} \times 100\% \qquad (2-2)$$

式中　W_3——灰分（g）。

另一种是挥发性固体占原料的比例，计算方法为：

$$VS(\%) = \frac{W_2 - W_3}{W_1} \times 100\% \qquad (2-3)$$

（四）挥发性悬浮固体（Volatile Suspended Solid，VSS）

将悬浮固体在（550±50）℃下灼烧1小时后，挥发的物质质量即为挥发性悬浮固体，通常以 g/L 或 mg/L 表示。

（五）化学需氧量（Chemical Oxygen Demand，COD）

是指用化学氧化剂在加热条件下氧化原料中的物质所消耗氧化剂的量，通常用氧消耗量表示，以 mg/L 或 g/L 计。常用的氧化剂主要有重铬酸钾或高锰酸钾，以重铬酸钾为氧化剂时测得的值称 COD_{Cr}，简称 COD，用高锰酸钾为氧化剂时测得的值称 COD_{Mn} 或高锰酸钾指数。COD 表征的是原料中可被化学氧化的有机物质以及少量无机物的量，也表示了原料中最大的化学能。常用的测试方法有重铬酸钾法、库仑法、快速密闭催化消解法（含光度法）、节能加热法、氯气校正法等。

（六）生化需氧量（Biochemical Oxygen Demand，BOD）

是指好氧条件下微生物将原料中的有机物分解所消耗氧的量，以 mg/L 或 g/L 表示。由于微生物生化过程进行缓慢，所以一般用 20 ℃条件下原料经 5 天培养所消耗氧的量来表示，记作 BOD_5。BOD_5 表征的是原料中可被微生物分解的有机物的量。常用的测试方法有稀释接种法、微生物传感器快速测定法、活性污泥曝气降解法等。

（七）总有机碳（TOC）

是以碳的含量表示原料中有机物质总量的综合指标。由于 TOC 的测定方法采用燃烧法，因此能将有机物全部氧化，所以它比 COD 或 BOD_5 更能准确表示原料中有机物的总量。主要测试方法有氧化燃烧–非分散红外吸收法、电导法、气相色谱法、湿法氧化–非分散红外吸收法等。

（八）可消化性

是指原料在沼气发酵过程可被微生物降解的性能，废水处理工程中通常称为可生物降解性或可生化性，是表征原料特性的重要参数。对于特定的原料，可消化性取决于原料中易降解有机物质的含量。同时，沼气发酵原料中也含有一定量的难降解物质，例如木质素、酚类等。此外，原料中不同组分的降解也需要不同时间。在厌氧条件下，小分子碳水化合物、挥发性脂肪酸和乙醇在几小时内就会降解，蛋白质、半纤维素和脂类等物质的降解需要几天，纤维素类物质的降解则需要几周才能完成。一些发酵原料含有油脂类物质，这类物质沼气产量高、降解时间长，相对于易降解物质来说，需要建设容积更大的沼气发酵装置。但是，在实际的设计当中，从建设成本上考虑，必须将获取最大沼气产量和缩短停留时间两个因素综合考虑。

用 BOD_5 和 COD 的比值也可表示原料的可消化性。COD 和 BOD_5 是两个常用的间接表示原料中有机物含量的指标，COD 采用化学氧化方法测得，BOD_5 采用微生物氧化测得。COD 中有一部分难以被微生物氧化降解的物质，所以 COD 大于 BOD_5。对于同一类原料，通常采用 BOD_5 与 COD 的比值来表示原料可被生化分解的程度。比值越高，表明原料沼气发酵所达到的效果越好。一般认为 BOD_5/COD 小于 0.3 时，原料难以生物降解，不适合作沼气发酵原料。

（九）碳氮比（C/N）

是指原料中碳元素含量与氮元素含量的比值，用 C/N 表示。碳元素为微生物活动提供能源，是形成甲烷的主要元素。氮元素是构成微生物细胞的主要物质。通常认为，沼气发酵原料的 C/N 宜为（20~30）：1。需要注意的是，并不是所有的碳元素和氮元素都可以被微生物所利用。例如木质素、纤维素、半纤维素、葡萄糖都是碳元素的来源，但是厌氧微生物对木质素和葡萄糖的降解和利用能力就相差很多。当 C/N 过高时，沼气发酵过程不易启动，产气效果不好；当 C/N 过低时，过量的氮会转化成游离氨，造成氨中毒，抑制沼气发酵过程的正常进行。农村户用沼气池常用发酵原料的碳氮比见表2-2。

表2-2　农村户用沼气池常用发酵原料的碳氮比（近似值）

原料	碳素占原料重量（%）	氮素占原料重量（%）	碳氮比（C/N）
干麦草	46	0.53	87：1
干稻草	42	0.63	67：1
玉米秆	40	0.75	53：1
落叶	41	1.00	41：1
大豆茎	41	1.30	32：1
野草	14	0.54	26：1
花生茎叶	11	0.59	19：1

（续表）

原料	碳素占原料重量（%）	氮素占原料重量（%）	碳氮比（C/N）
鲜羊粪	10	0.55	29∶1
鲜牛粪	7.3	0.29	25∶1
鲜马粪	16	0.42	24∶1
鲜猪粪	7.8	0.60	13∶1
鲜人粪	2.5	0.85	2.9∶1

注：由于原料来源不同，原料中的成分也会有差异，此表中的数字只是参考近似值

从表2-2可以看出，种植业废弃物（作物秸秆）的碳氮比较高，如干麦草的碳氮比高达87∶1；养殖废弃物（畜禽粪便）和生活有机废弃物的碳氮比较低，如人粪的碳氮比只有2.9∶1。在沼气池配料时，碳元素含量较高的发酵原料如农作物秸秆，需要与氮元素含量较高的原料（如人、畜粪便）混合，以达到适宜的碳氮比，取得较高的沼气发酵效率，特别是在沼气池启动阶段，适宜的碳氮比可以加快启动速度。使用种植业废弃物为主要发酵原料时，如果人畜粪便的数量不够，可适量添加碳酸氢铵、尿素等氮肥，以补充氮素。

（十）pH 值

是指液态原料中氢离子浓度的负对数，pH = -lg［H^+］。测试方法包括玻璃电极法、便携式 pH 计法和试纸法等。对于半固态和固态原料，可以将样品和一定量的蒸馏水混合均匀后进行测试。由于沼气发酵体系具有较高的缓冲能力，发酵原料的 pH 值可以是一个较宽的范围。总的来说，沼气发酵体系的缓冲能力取决于气体中 CO_2 的浓度、料液中氨的浓度和含水量。如果原料的 pH 值过高或过低，超过了发酵体系的缓冲能力，应在进料之前将原料中和。如果在发酵过程中，发酵料液出现了轻微的酸化，应停止进料，若酸化现象较为严重，应在停止进料的同时，增加产甲烷菌种或采用草木灰、熟石灰中和发酵料液，更严重的酸化应进行大换料。

（十一）原料产气率（Biochemical Methane Potential，BMP）

原料产气率，又称生物产甲烷势（BMP），由斯坦福大学 McCarty 课题组提出，表示发酵原料中有机物可被厌氧微生物降解的数量。由于大多数有机物不管在厌氧条件下或好氧条件下都可以被降解，所以 BMP 和 BOD 在大多数情况下的数值是接近的，只有原料可生物降解性较差时，BMP 和 BOD 在数值上才出现较大的差距。

我国常用原料产气率来表示单位数量原料的沼气产量。含悬浮物较高的原料常用单位质量的总固体产气率（m^3/kg TS）或单位质量的挥发性固体产气率（m^3/kg VS）来表示，含悬浮物较低的原料常用单位质量的 COD 产气率（m^3/kg COD）来表示。

原料产气率还有进料产气率和去除产气率之分。原料产气率通常采用单一原料批式发酵的方法来进行测试。

对于同一类发酵，不同文献介绍的原料产气率数值有很大差异，主要是因为原料产气率通常有理论值、实验值和生产经验值。有的文献介绍原料产气率时，没有很好区分。碳水化合物的原料产气率理论值大约为 $0.7~\mathrm{m}^3/\mathrm{kg~TS}$。当用 COD 作为原料浓度单位时，理论产气率为 $0.35~\mathrm{m}^3\mathrm{CH}_4/\mathrm{kg~COD}$。实验值是采用一定方法在实验室测得的最大原料产气率，一般为理论值的70%左右。生产经验值是通过生产实践总结得出的原料产气率数值。农村户用沼气池常用发酵原料的产气率及生产 $1~\mathrm{m}^3$ 沼气的原料用量见表2-3。

表2-3　农村户用沼气池常用发酵原料的产气率及
生产 $1~\mathrm{m}^3$ 沼气的原料用量

发酵原料	含水率（%）	原料产气率（m^3沼气/kg DM）	生产 $1\mathrm{m}^3$ 沼气原料用量	
			干重（kg DM）	鲜重（kg FM）
猪粪	82	0.30	3.33	18.52
牛粪	83	0.19	5.26	30.96
鸡粪	70	0.33	3.03	10.10
人粪	80	0.31	3.23	16.13
羊粪	75	0.22	4.55	18.18
稻草	15	0.31	3.23	3.80
麦草	15	0.30	3.33	3.92
玉米秸	18	0.33	3.03	3.70
水葫芦	93	0.31	3.23	46.08
水花生	90	0.29	3.45	34.48

第二节　户用沼气池发酵工艺

户用沼气池发酵间是微生物进行沼气发酵的场所，首先要密闭，为沼气发酵过程提供严格的厌氧环境；第二要满足发酵原料及沼渣、沼液方便地进出发酵间；第三需满足有一定的沼气储存及缓冲能力。从工艺角度看，世界范围内农村户用沼气池主要分为两类：第一类是由中国开发并发展的固定顶盖沼气池，在中国通常称作水压式沼气池；第二类是印度及其他南亚国家比较流行的浮动顶盖沼气池，也称作"哥巴"式沼气池。

一、固定顶盖沼气池

固定顶盖沼气池，在中国通常称作水压式沼气池，国外又称作中国式沼气池（图2-1）。水压式沼气池是中国农村应用最广泛的池型。

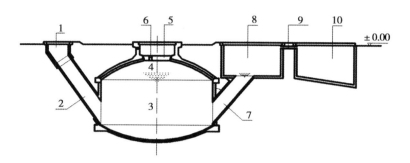

图2-1　固定顶盖（水压式）沼气池示意
1—进料池；2—进料管；3—发酵池；4—储气间；5—活动盖；6—导气管；
7—出料管；8—水压间；9—溢流管；10—沼液储存池

水压式沼气池主要由进料间、发酵间、储气间、水压间等几部分组成。沼气池启动之初没有沼气产生或者储气间与大气相通时，池内的沼气压力与大气压力相等，进料间、发酵间、水压间内料液处在同一水平面，此时的液面位置即为零压液面，也称作零压线。当发酵间上部储气间完全封闭后，发酵间中微生物降解有机物产生的沼气上升到储气间，随着沼气的增加，储气间沼气气压随之升高，当储气间沼气压力超过大气压力时，沼气压力将发酵间内的料液压至进料间和水压间，发酵间液位下降，进料间和水压间液位上升，产生了液位差，由于液位差而使储气间内的沼气保持一定的压力，这个过程称作"气压水"。该过程直至池内外压强平衡时结束。当产生的沼气被农户利用，沼气从导气管排出，沼气池内气压降低，进料间和水压间内的料液返回发酵间内，进料间和水压间液位下降，发酵间液位上升，液位差减少，相应地沼气压力变小。如果发酵间产生的沼气小于用气需要，则发酵间液位将逐渐与进料间和水压间液位持平，最后压差消失，沼气停止输出，此时液面位置重新回到零压线，以维持新的气压平衡，该过程称作"水压气"。由于不断地产气和用气，池内外的液面差不断变化，但始终保持内外压强平衡状态，这就是水压式沼气池的工作原理。水压式沼气池的沼气压力随着进料间、水压间与发酵间液位差的变化而变化，因此，用气时压力不稳定。

水压式沼气池的优点主要有：

（1）结构合理，受力均匀，施工方便，坚固耐用，使用方便。

（2）普遍采用砖混或钢混结构，建池材料来源广泛。

（3）造价低廉，比较适合农村地区经济水平。

（4）一般建于地下，受力性能好，有利于冬季保温。

水压式沼气池各组成部分的功能与作用介绍如下。

（一）进料间

进料间是沼气池新鲜原料的聚集场所及原料入口，通常情况下可采用盖板将其覆盖。一般用斜管将进料间和发酵间连接以方便进料。进料口下端开口位置的下沿在池底到池顶盖的 1/2 左右处。太高，会减少储气间容积；太低，新投入的原料不易进入发酵间的中心部位。进料口的大小根据原料的特性和沼气池的体积确定，一般不宜过大。

（二）发酵间和储气间

发酵间和储气间是一个整体，是沼气池的核心。池体下部是发酵间，上部是储气间。发酵间的功能是产生沼气，发酵原料中的有机物被沼气发酵微生物转化为沼气。发酵间产生的沼气逸出后，上升到储气间，储气间的功能是储存沼气。在正常运行过程中，发酵间的液面位置是变动的，所以发酵间和储气间的体积也是变动的。发酵间和储气间的总容积一般称作户用沼气池的有效容积。

（三）水压间

水压间也就是出料间，与发酵间在底部连通。水压间有两个作用，一是排出沼渣、沼液，二是在产气时储存发酵间和储气间压出的发酵料液；在用气时，水压间提供回流料液，为用气提供压力。水压式沼气池是通过"气压水"的过程来储存沼气，所以水压间需要有较大的容积来储存料液，进而使储气间内可以储存更多的沼气。

（四）活动盖板

活动盖板设置在池盖的顶部，中间插有导气管，一般为扁平的瓶塞状，多采用圆形反盖板。活动盖有四个作用，一是使沼气池密封；二是通过导气管将产生的沼气导出沼气池，供农户使用；三是在沼气池大换料或维修时作为原料或维修工人的进出口；四是沼气池内压力过高时，活动盖板可被气压进出，可作为沼气池的一种压力保护装置。

二、浮动顶盖沼气池

国外多数文献表明，浮动顶盖沼气池是由印度人于 1962 年开发的。浮动顶盖沼气池主要由进料间、发酵间、储气浮罩、出料间等几部分组成。进料间、发酵间的功能与水压式沼气池一样。出料间仅仅起排出沼渣沼液的作用，基本没有水压间的作用。该类型沼气池的池体是发酵间，发酵间顶部是类似于沼气工程中湿式储气柜浮罩的储气装置（图2-2），靠浮罩的上下浮动储存沼气，浮罩的重量给沼气提供了一定的压力来保证沼气的输送和使用。没有产沼气时或者储气浮罩与大气相通时，储气浮罩内表面紧贴发酵间上液面，此时，沼气的压力为0.00 Pa。当发酵间中微生物降解有机物产生沼气时，随着沼气不断产生，沼气体积不断增加，沼气压力随之升高，沼气压力将储气浮罩内的料液压至储气浮罩外和进料间，储气浮罩内液位下降。当沼气压力与料液对储气浮罩的浮力之和大于储气浮罩重力时，储气浮罩上升，直至沼气压力与料液对储气浮罩的浮力之和等于储气浮罩重力。当使用沼气时，储气浮罩内沼气减少，储气浮罩下降。与固定顶盖沼气池相比，浮动顶盖沼气池最大特点是随着储气体积的变化，沼气的压力基本恒定不变，这有利于沼气利用设备的稳定运行。但是，该类型沼气池的缺点也比较明显：第一，如果浮罩采用金属材质的话，即使有防腐措施也比较容易腐蚀，会降低该池型的使用寿命；第二，沼气发酵原料中如果存在大块物质或大量纤维类物质，容易堵塞浮罩和池体的搭接部位，阻碍浮罩上下移动；第三，相对于完全建在地下的固定顶盖沼气池，该类型沼气池的保温效果较差。这也是该类型沼气池仅能在印度、巴基斯坦等南亚国家、东南亚国家和中国部分南方地区推广的原因之一。

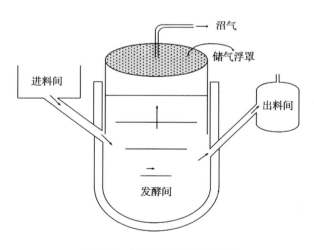

图 2-2　浮动顶盖沼气池示意

第三节　户用沼气池的衍生池型

科研和推广人员在农村户用沼气池使用过程中，通过不断的研究与实践探索，以基本池型（图2-1）为基础，开发了多种新池型。

一、曲流布料沼气池

曲流布料沼气池属于水压式沼气池的一种衍生池型，其特点是沼气池的池底由进料口向水压间倾斜，底部最低位置在水压间底部，倾斜池底有利于沼渣流动，可以在不打开活动盖板的前提下去除绝大部分的沼渣。曲流布料沼气池有 A、B、C 等系列池型。A 系列池型为传统池型（图2-3），池内无特殊构造。B 池型增设了中心进出料管和塞流板（图2-4）。中心管有利于从发酵间中心部位进出料，塞流板有利于控制物料在池底的流速和固体停留时间。C 池型增设了布料板、中心破壳输气吊笼和原料预处理池（图2-5）。这些新增设施有效改善了新鲜物料在池内的分布，提升了沼气池的负载能力，可提高沼气发酵效率。

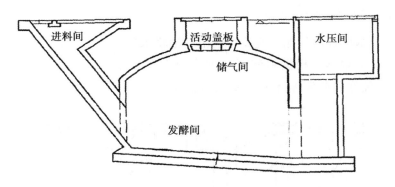

图 2-3　A 型曲流布料沼气池示意

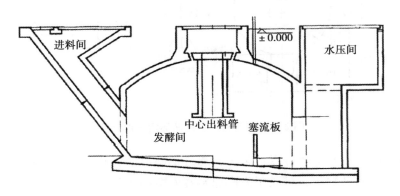

图 2-4　B 型曲流布料沼气池示意

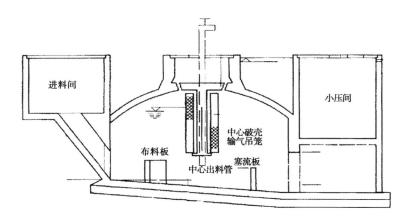

图 2-5　C 型曲流布料沼气池示意

二、旋流布料沼气池

相对于传统水压式沼气池，旋流布料沼气池将水压间和出料间分开，增设了旋流布料墙与抽渣管等设施。根据料液循环方式的不同，分为旋流布料自动循环沼气池（图 2-6）和旋流布料强制循环沼气池（图 2-7）。

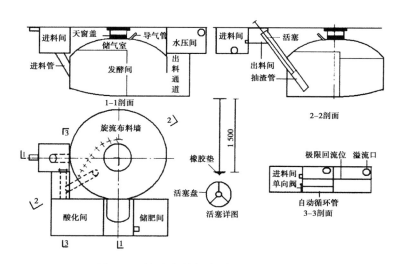

图 2-6　旋流布料自动循环沼气池示意

旋流布料沼气池有以下特点：第一，通过螺旋形池底和圆弧形布料墙的合理布局及配合，减少了料液短流，延长了发酵原料在发酵间中的流程和滞留时间；第二，通过圆弧形布料墙表面的微生物附着，固定和富集高活性厌氧微生物，减少了微生物随出料的流失；第三，利用厌氧消化的产气动力和料液自动循环，实现了自动搅拌、循环、破壳等动态连续发酵过程，减轻了人工管理的强度；第四，通过出料搅拌器和料

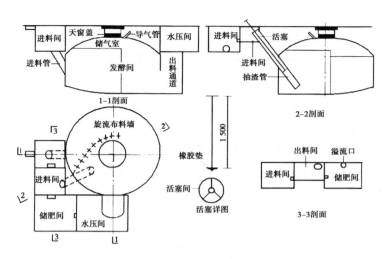

图 2-7　旋流布料强制循环沼气池示意

液回流系统，达到人工强制回流搅拌和清渣出料的目的，从而实现方便管理和持续利用的目标。

三、强回流沼气池

强回流沼气池是在沼气池出料管上部安装回流管和抽料器，强制性地将发酵料液从出料间抽出，然后又从进料管或水解酸化间注入沼气池内，从而产生大量料液回流，以达到搅拌、破壳和菌种回流的目的（图 2-8）。强回流沼气池的池底通常建成球形，这样更有利于物料的回流及池底料液的传质。强回流是间断性强回流，要求间隔一段时间再进行回流，一般 1~2 个月进行 1 次强回流。

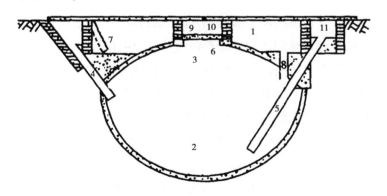

图 2-8　强回流沼气池示意

1—水解酸化间；2—发酵间；3—储气间；4—进料管；5—出料管；6—活动盖；
7—回流冲刷管；8—限压回流管；9—蓄水圈；10—导气管；11—出料间

四、塞流式沼气池

塞流式沼气池的池体一般为倾斜一定角度、水平放置的圆柱体，进料口和出料口分别位于池体的两端（图2-9）。可以建在地上也可以建在地下，通常采用钢结构、PVC、玻璃钢、红泥塑料等材料建设。塞流式沼气池的特点主要有以下几点：第一，池体容积恒定不变，但是沼气的压力也是随着沼气产生和使用而变化；第二，由于池体较长，在靠近进料口的部位易形成产酸相，在靠近出料口的部位易形成产甲烷相，从而在池内形成类似两相发酵的体系；第三，若池体建在地上，则沼气池可以根据用气、用肥方便而移动沼气池的位置。塞流式沼气池在拉丁美洲国家和地区建设较多，特别是秘鲁在安第斯山区大力推广了此类型沼气池。另外，美国环境保护局统计，由该机构负责建设的小型沼气池有超过一半采用的塞流式沼气池。

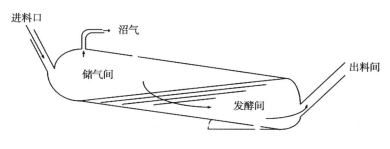

图2-9 塞流式沼气池示意

五、分离浮罩式沼气池

传统水压式沼气池利用池体上部的储气间来储存沼气，而分离浮罩式沼气池则在沼气池外部另外建设水封池和浮罩来储存沼气（图2-10）。由于储气方式的改变，分离浮罩沼气池已不属于水压式沼气池的范畴，其优点主要有以下几个方面。

（1）分离浮罩沼气池的发酵间与储气间分离，没有水压间，这样有利于扩大发酵间的容积，最大投料量为沼气池容积的98%。

（2）相对于水压式沼气池，浮罩储气的气压比较稳定，有利于用气设备的稳定运行。

（3）相对于浮动顶盖沼气，其发酵间的保温性能较好，有利于发酵的正常进行。

六、其他池型的户用沼气池

除了以上几种池型外，中国还开发多种不同类型的池型，例如圆筒形沼气池、椭

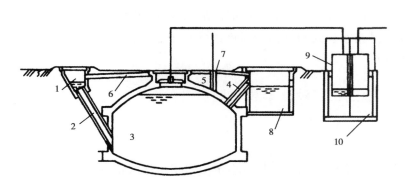

图 2-10　分离浮罩式沼气池示意

1—进料间；2—进料管；3—发酵间；4—溢流管；5—出料搅拌器；
6—污泥回流沟；7—排渣沟；8—储肥池；9—浮罩；10—水封池

球形沼气池等，但不同类型沼气池的优点无外乎提高沼气发酵效率、简化运行管理、降低建设或运行成本等。

第四节　户用沼气池的设计

如果说沼气发酵微生物学和生物化学是沼气发酵的基础，那么，沼气池的设计与建造便是满足沼气发酵工艺、发酵残余物利用、沼气利用、环保与卫生、技术管理等方面要求必不可少的重要手段。因此，应按发酵工艺的要求科学合理地设计沼气发酵装置。由于户用沼气池的种类繁多，不同池型的沼气池在设计中会存在一定的差异，本书以中国应用最广泛的水压式沼气池为例，介绍户用沼气池的设计。

一、沼气池的设计原则

（一）"三结合"原则

"三结合"是指沼气池、畜禽养殖舍、厕所三结合。在选择地址时要靠近畜禽养殖舍、厕所。建设沼气池时使沼气池、畜禽养殖舍和厕所相互连通，使人畜粪便能直接进入沼气池。"三结合"不但节省劳动力，还可以使发酵间不断得到新的原料，保证连续产气。

（二）"圆、小、浅"原则

"圆"是指水压式沼气池发酵间的俯视图应为圆形，有利于池内发酵原料均匀混合，节省建设材料，确保结构稳定；"小"是指水压式沼气池的体积在满足沼气产量的前提下越小越好，通常小于 10 m³，沼气池容积通常采用 4 m³、6 m³、8 m³、10 m³；"浅"是指水压式沼气池的深度通常小于 2.5 m，便于施工，在地下水位高时容易排出地下水。

二、沼气池的工艺设计参数

（一）气压

沼气利用设施要求沼气气压相对稳定。对于水压式沼气池，如果设计沼气气压过小，则不能满足用气设备对压力的要求，并且出料间面积过大，占地多；设计沼气气压过大，要求的池体强度增大，池体深度增加。因此，户用水压式沼气池常用设计气压为 4 000 ~ 8 000 Pa。

（二）容积产气率

容积产气率指每立方米沼气池每天的沼气产量。影响沼气池容积产气率的因素很多，如温度、搅拌、原料种类及浓度、原料的预处理程度、接种物、技术管理、池型、发酵工艺、滞留时间等。由于各地情况不同，其容积产气率也不是一个固定的数字。户用沼气池的设计容积产气率一般采用 0.15 ~ 0.30 m³／（m³·d）。对于不同原料、不同发酵温度下容积产气率，可根据试验或经验确定。

（三）储气量

水压式沼气池靠池内的沼气压力将部分发酵料液压到出料间（大部分）、进料间（小部分）而储存沼气，故出料间容积大小决定储气量的多少。储气容积的确定和用户用气的情况有关。农村户用沼气池设计储气量一般为沼气日产量的一半。

（四）容积

沼气池容积的确定，是沼气池设计的核心。沼气池容积设计过小，不能充分利用原料和满足使用要求；如果设计过大，又没有足够的发酵原料，容积利用率低，造成人力物力的浪费。因此，沼气池的容积应根据可利用的发酵原料、发酵工艺、用气量等因素合理确定。根据目前生活水平和多能互补情况，每人每天平均用气量 0.2 ~ 0.3 m³，沼气池容积主要有 4 m³、6 m³、8 m³、10 m³ 等几种。几种容积户用沼气池对应的畜禽养殖量见表 2-4。

表 2-4　农村户用沼气池容积与畜禽饲养量的关系*

项目	单位	育肥猪	产蛋鸡	育肥牛	产奶牛	育肥羊
排粪量	kg/d	3.0	0.1	15	30	1.2

（续表）

项目	单位	育肥猪	产蛋鸡	育肥牛	产奶牛	育肥羊
总固体含量	%	18	30	18	17	30
粪便原料产气率	m³沼气/kg TS	0.30	0.33	0.19	0.19	0.22
6 m³沼气池	头（只）	7	121	2	1	15
8 m³沼气池	头（只）	10	162	3	2	20
10 m³沼气池	头（只）	12	202	4	3	25

注：* 容积产气率按 0.20m³/（m³·d）计算

水压式沼气池在生产沼气的过程中，发酵间、储气间和水压间三部分的料液所占的空间在不停地相互变化。当沼气池内压力为 0.00 Pa 时，发酵间内的发酵料液体积为最大设计体积（设计最大值），而储气间的沼气体积和水压间的料液体积为最小体积（即设计最小值）。为了尽量增加发酵间料液体积，增大沼气池产量，发酵间的容积应为沼气池有效容积的 85%～95%，储气间的容积不宜大于 15%。

（五）投料量及原料配比

沼气池的设计投料量为沼气池净空容积的 80%～90%。料液上部，留有适当空间，以免导气管堵塞和便于收集沼气。最小设计投料量以不使沼气从发酵间和水压间连通部位溢出为原则。

根据原料总固体，可按发酵工艺的要求，进行发酵液浓度、加水量及配料量的计算。

1. 混合原料总固体含量计算

$$m_0 = \frac{\sum X_i m_i}{\sum X_i} \times 100\% \qquad (2-4)$$

式中 m_0——混合原料总固体含量；

X_i——某种原料重量；

m_i——某种原料总固体含量。

设：人粪 $X_1 = 100$ kg $\qquad m_1 = 20\%$

猪粪 $X_2 = 100$ kg $\qquad m_2 = 20\%$

稻草 $X_3 = 98.9$ kg $\qquad m_3 = 90\%$

求混合原料的总固体含量。

根据公式（2-4）

$$m_0 = \frac{100 \times 20\% + 100 \times 20\% + 98.9 \times 90\%}{100 + 100 + 98.9} \times 100\% = 43.2\%$$

即：混合原料的总固体含量为 43.2%，含水量则为 56.8%。

2. 混合原料加水量计算

将上述例题中的混合原料配成 10% 的发酵料液，求加水量 W。

根据目标浓度（M_0）的定义：

$$M_0 = \frac{\text{干物质重量}}{\text{发酵液重量}} \times 100\% \qquad\qquad (2-5)$$

$$10\% = \frac{\sum X_i m_i}{\sum X_i + W} = \frac{100 \times 20\% + 100 \times 20\% + 98.9 \times 90\%}{100 + 100 + 98.9 + W}$$

$$10\% = \frac{129.01}{298.9 + W}$$

$$W = 991.2 \text{kg}$$

通过以上计算，将 100 kg 人粪，100 kg 猪粪，98.9 kg 稻草和 991.2 kg 水混合，可以配成浓度为 10% 的发酵料液。

3. 按碳氮比和总固体浓度计算

一个 8 m³ 的农村户用沼气池有效容积为总容积的 80%，碳氮比要求为 25∶1，发酵料液浓度为 10%，接种物总固体含量为 10%，接种物加入数量为原料总重量的 30%。现以猪粪、稻草为发酵原料，假设混合料液的容重为 1，求应加入的猪粪、稻草、接种物和水的重量（不考虑接种物的氮、碳含量）。

已知：猪粪 $m_1 = 20\%$ 稻草 $m_2 = 85\%$

$C_1 = 7.8\%$ $C_2 = 42\%$

$N_1 = 0.6\%$ $N_2 = 0.63\%$

设猪粪需要量为 X_1；设稻草需要量为 X_2；

接种物 $m_3 = 10\%$，设接种物需要量为 X_3；

求加水量 W（kg）。

$$\frac{C}{N} = 25 = \frac{0.078X_1 + 0.42X_2}{0.006X_1 + 0.0063X_2}$$

得：$X_1 = 3.646X_2$

$$m_0 = 10\% = \frac{X_1 m_1 + X_2 m_2 + X_3 m_3}{8\,000 \times 80\%} = \frac{0.2X_1 + 0.2X_2 + 0.1X_3}{8\,000 \times 80\%}$$

$6\,400 = 0.23X_1 + 0.88X_2 = 0.23\,(3.646X_2)\,+0.88X_2$

$6\,400 = 0.838X_2 + 0.88X_2$ $X_2 = 372$（kg）

$X_1 = 3.646 \times 372 = 1\,358$（kg）

$X_3 = (1\,358 + 372) \times 30\% = 519$（kg）

$W = 8\,000 \times 80\% - 1\,358 - 519 - 372 = 4\,151$（kg）

根据发酵原料配比要求，计算的结果为猪粪 1 358 kg，稻草 372 kg，接种物 519 kg，加水量为 4 151 kg。

三、沼气池的设计尺寸和设计方法

（一）进料间

进料间通常为砖混结构。长度 400 mm，宽度 500 mm，深度 300~500 mm。进料间尺寸也可以根据地形条件进行调整。

（二）发酵间和储气间

1. 容积的确定

发酵间的容积由沼气使用量和容积产气率按以下公式确定：

$$V_{23} = \frac{Q}{R_p} \tag{2-6}$$

式中　　V_{23}——发酵间容积，包括池底削球壳容积（V_2）和池体圆柱体容积（V_3）（m^3）；

　　　　Q——日沼气使用量（m^3/d）；

　　　　R_p——容积产气率 [$m^3/（m^3·d$）]。

储气间容积按日沼气产量的一半确定。

2. 几何形状及符号

圆形水压式沼气池的发酵间由正削球形池盖，圆柱形池墙、反削球形池底三部分组成，其几何形状如图 2-11 所示。

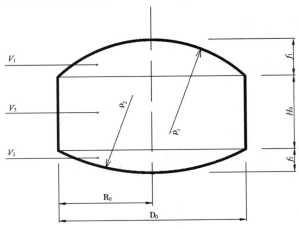

图 2-11　圆形沼气池几何形状示意

D_0—池体净空直径；R_0—池体净空半径；f_1—池盖净空矢高；f_2—池底净空矢高；

ρ_1—正削球盖净空曲率半径；ρ_2—反削球底净空曲率半径；H_0—池墙高度

3. 根据容积计算几何尺寸

设池盖部分削球体净空容积为 V_1，池底削球体净空容积为 V_2，圆柱体净空容积 V_3，则由圆柱体和削球壳的体积公式可得到：

$$V_1 = \frac{\pi}{6} f_1 (3 R_0^2 + f_1^2) \tag{2-7}$$

$$V_2 = \frac{\pi}{6} f_2 (3 R_0^2 + f_2^2) \tag{2-8}$$

$$V_3 = \pi R_0^2 H_0 \tag{2-9}$$

$$V = V_1 + V_2 + V_3 \tag{2-10}$$

$$\rho_1 = \frac{R_0^2}{2 f_1} + \frac{f_1}{2} \tag{2-11}$$

$$\rho_2 = \frac{R_0^2}{2 f_2} + \frac{f_2}{2} \tag{2-12}$$

令：

池盖净空矢高 f_1 与池体净空跨度 D_0 之比为 $\alpha_1 = \dfrac{f_1}{D_0}$；

池底净空矢高 f_2 与池体净空跨度 D_0 之比为 $\alpha_2 = \dfrac{f_2}{D_0}$；

池墙高度 H_0 与池体净空跨度 D_0 之比为 $\alpha_3 = \dfrac{H_0}{D_0}$；

将 α_1、α_2、α_3 代入式（2-7）~式（2-10）得到：

$$V_1 = \frac{\pi \alpha_1}{6} (0.75 + \alpha_1^2) D_0^3 \tag{2-13}$$

$$V_2 = \frac{\pi \alpha_3}{6} (0.75 + \alpha_3^2) D_0^3 \tag{2-14}$$

$$V_3 = \frac{\pi \alpha_2}{4} D_0^3 \tag{2-15}$$

通常情况下，α_1、α_2、α_3 分别设为 $\dfrac{1}{5}$、$\dfrac{1}{8}$ 和 $\dfrac{1}{2.5}$，式（2-10）~式（2-12）即为：

$$V_1 = 0.822\ 7 D_0^3$$

$$V_2 = 0.050\ 1 D_0^3$$

$$V_3 = 0.314\ 2 D_0^3$$

式（2-7）即为：

$$V = V_1 + V_2 + V_3 = 0.447\,0\,D_0^3 \tag{2-16}$$

根据式（2-16），如果知道了沼气池发酵间和储气间的总容积 V 即可计算出直径 D_0，根据 α_1、α_2、α_3 的关系即可计算出 f_1、f_2、H_0，然后根据式（2-8）和式（2-9）即可计算出 ρ_1 和 ρ_2。

4. 表面积计算

表面积指沼气池表面的面积，有内、外表面和中面之分，根据表面积即可计算建造沼气池所需的材料用量。表面积 F 由池盖表面积 F_1、池墙表面积 F_2、池底表面积 F_3 三部分组成。下面各式表面积均指池体内表面。对于容积较大的沼气池，由于池体各部位厚度尺寸加大，因此，要计算材料用量，应计算中面面积。

$$F_1 = 2\pi\rho_1 f_1 = \pi(R_0^2 + f_1^2) \tag{2-17}$$

$$F_2 = 2\pi R_0 H_0 \tag{2-18}$$

$$F_3 = 2\pi\rho_2 f_2 = \pi(R_0^2 + f_2^2) \tag{2-19}$$

$$F = F_1 + F_2 + F_3 \tag{2-20}$$

（三）水压间

水压间容积按日沼气产量的一半确定。水压间的形状，根据地形、地质条件等因素确定。

第五节　以沼气为纽带的能源生态模式

随着户用沼气池的发展，各地区针对当地的自然和社会环境，研究、探索出南方"猪-沼-果"、北方"四位一体"和西北"五配套"等多种以沼气为核心的农业生态模式。这些模式将农村沼气、庭院经济与生态农业紧密地结合起来，变革了农村传统的生产、生活方式和思想观念，实现了农业废弃物资源化、农业生产高效化、农村环境清洁化和农民生活文明化，取得了显著的经济、生态和社会效益。

一、南方"猪-沼-果"能源生态模式

南方"猪-沼-果"能源生态模式是以农户为基本单元，利用山地、大田、水面、庭院等资源，采用适宜的技术，建设畜禽养殖舍、沼气池、果园等模式单元，同时使沼气池建设与养殖舍和厕所结合，形成养殖-沼气-种植"三位一体"庭院经济格局（图2-12），实现生态良性循环。该模式的基本运作方式是，沼气用于农户日常生活用能，沼肥用于果树或其他农作物的肥料，果园套种蔬菜和饲料作物，满足庭院畜禽养殖饲料需求。该模式围绕农业主导产业，因地制宜开展沼液、沼渣综合利用。除养

猪外，还包括养牛、养羊、养鸡等庭院养殖业；除与果业结合外，还与粮食、蔬菜、经济作物等相结合，构成"猪-沼-果""猪-沼-菜""猪-沼-鱼""猪-沼-稻"等衍生模式。

该模式的种植业面积、畜禽养殖规模应与沼气池的容积合理组合。以果园、生猪为例，按农村地区四口之家建设一个 6~8 m³ 的农村户用沼气池、1.5 m² 的厕所和 6~10 m² 的猪舍、常年饲养 4~6 头生猪、种植果园约 0.26 hm² 进行配套。

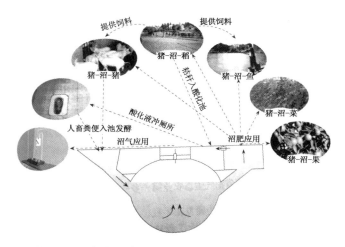

图 2-12　南方"猪-沼-果"能源生态模式结构示意

二、北方"四位一体"能源生态模式

北方"四位一体"能源生态模式是在农户田园或庭院修建的由沼气池、日光温室、种植业和养殖业"四位一体"组成的，使沼气发酵和种、养殖业相结合的综合利用体系（图 2-13）。该模式在农户庭院内建日光温室，在温室的一端地下建沼气池，沼气池上建猪圈和厕所，温室内种植蔬菜或水果。该模式以太阳能为动力，以沼气为纽带，种植业和养殖业相结合，形成生态良性循环。

日光温室是该模式的基本生产单元，沼气池，畜禽舍，厕所，栽培室都位于日光温室中。其利用塑料薄膜的透光和阻散性能及复合保温墙体结构，将日光能转化为热能，阻止热量及水分的散发，达到增温、保温和保湿的目的，从而解决了反季节果蔬生产、畜禽和沼气池安全越冬问题。温室内饲养的畜禽以及燃烧沼气可以为日光温室增温并为农作物提供二氧化碳气肥，农作物光合作用又能增加畜禽舍内的氧气含量；沼气池发酵产生的沼气、沼液和沼渣可用于农民生活和农业生产，从而达到环境改善，能源利用，促进生产，提高生活水平的目的。

沼气池是"四位一体"模式的核心，起着连接养殖与种植、生产与生活用能的

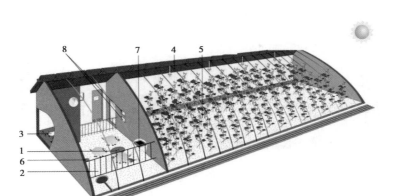

图 2-13　北方"四位一体"能源生态模式结构示意

1—沼气池；2—猪圈；3—厕所；4—沼气灯；5—日光温室；6—进料口；

7—出料口；8—通气孔

纽带作用。沼气池位于日光温室内的一端，利用畜禽舍产生的粪尿进行沼气发酵并生产沼气，为生活和生产提供能源。同时，沼气发酵的残余物为蔬菜、果品和花卉等生长发育提供优质有机肥。

畜禽舍是"四位一体"模式的基础，根据日光温室设计原则设计，使其既达到冬季保温、增温，又能在夏季降温、防晒。使动物全年生长，缩短生长时间，节省饲料，提高养殖效益，为沼气池提供充足的原料。

"四位一体"模式的面积依据场地大小而定，通常为 $100 \sim 500 \ m^2$，在日光温室的一端修建 $20 \sim 25 \ m^2$ 的畜禽舍，畜禽舍北侧一角修建 $1 \ m^2$ 的厕所，地下建 $6 \sim 10 \ m^3$ 的户用沼气池。庭院面积较小的农户，可将畜禽舍建在日光温室的北面。

三、西北"五配套"能源生态模式

西北"五配套"能源生态模式是由沼气池、厕所、太阳能暖圈、水窖、果园灌溉设施等五个部分配套建设而成（图 2-14）。沼气池是西北"五配套"能源生态模式的核心部分，通过高效沼气池的纽带作用，将农村生产用肥和生活用能有机结合起来，形成以牧促沼，以沼促果，果牧结合的良性生态循环系统。

沼气池是西北"五配套"能源生态模式的核心，起着连接养殖与种植、生活用能与生产用肥的纽带作用。沼气池的建设一方面可以改善农村生态环境，另一方面，沼气池发酵后的沼液可用于果树叶面喷施肥、农药，沼渣可用于果园施肥，从而达到利用能源，促进生产，提高生活水平的目的。

太阳能暖圈是西北"五配套"能源生态模式实现以牧促沼、以沼促果、果牧结合的前提。采用太阳能暖圈养猪，解决了猪和沼气池的越冬问题，提高了猪的生长率

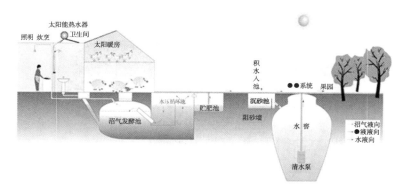

图 2-14 西北"五配套"能源生态模式结构示意

和沼气池的产气率。

水窖及集水场是收集和贮蓄地表径流雨、雪等水资源的集水设施。为果园配套集水系统，除供沼气池、园内喷药及人畜生活用水外，还可弥补关键时期果园滴灌、穴灌用水，防止关键时期缺水对果树生长的影响。

果园灌溉设施是将水窖中蓄积的雨水通过水泵增压提水，经输水管道输送、分配到滴灌管滴头，以水滴或细小射流均匀而缓慢地滴入果树根部附近。结合灌水可使沼气发酵子系统产生的沼液随灌水施入果树根部，使果树根系区经常保持适宜水分。

该模式的典型结构是以 0.33 hm² 的成龄果园为基本生产单元，果树行间种草保墒促畜，在农户庭院或果园配套建设一座 12 m² 的太阳能猪舍，一个 8~10 m³ 的农村户用沼气池，一眼 40~60 m³ 的水窖和一套简易滴灌或渗灌系统。

第六节　户用沼气池的启动与运行管理

一、户用沼气池的启动

无论是新建成的或已大出料的沼气池，都需要调试启动，从沼气池投入原料和接种物，到正常稳定产生沼气，这个过程称为沼气池的启动。

（一）发酵原料的收集与预处理

发酵原料应在沼气池附近就近收集，其配比应尽量满足碳氮比（C/N）（20~30）：1、TS 浓度 6%~12% 的要求。种植业废弃物发酵原料，必须经过切碎或粉碎成长度 6 cm 以下。通过粉碎不仅破坏了秸秆表面蜡质层，促进原料和沼气发酵微生物的接触，加快原料的分解，同时也便于进出料。为了避免原料入池后大量漂浮结壳，并适当降低原料碳氮比，便于发酵和启动，在投入沼气池前，也可将纤维含量较高的发酵原料预先进行堆沤、酸化等处理。

（二）接种物的准备

在准备发酵原料的同时也需要准备接种物，一般从正常运行的沼气池取部分料液作为接种物，也可采用粪坑沉渣、污水沟污泥以及富含微生物的河泥等作为接种物。接种量一般为沼气池容积的 10%～30%。接种量越多，正常产气越快，启动时间越短。

（三）投料及加水

沼气启动配料比例为接种物∶原料∶水 = 1∶2∶5。以 8 m³ 的沼气池为例，接种物为 1 m³ 左右，原料为 2 m³ 左右，水为 5 m³ 左右。将收集的接种物和预处理后的原料按上述比例投入沼气池。农作物秸秆原料可由活动盖口投入沼气池，接种物、畜禽粪便原料可由进料口直接入池。水在发酵料液中占很大的比例，所以水温对发酵料液温度的影响很大。启动时，最好能从正常产气的沼气池内取出富含菌种且温度较高的沼液。在气温较高的季节启动时，也可预先在蓄水池内将水晒热，避免将刚抽出的温度较低的地下冷水直接加入池内。

（四）检测 pH 值

在投入物料和水之后，封闭活动盖之前，需要检测料液的 pH 值，若 pH 值为 6.8～7.5 时，即可进行封池。

（五）封池

封池前需将活动盖、活动盖口和蓄水圈处清理干净。通常用黏性较大的黏土将活动盖与活动盖口密封。之后在蓄水圈加水，保持密封黏土湿润，同时也可通过气泡检测活动盖处是否漏气。

（六）放气试火

发酵开始时，由于启动时储气间内存在一定量的空气，同时产气初期也有大量二氧化碳产生，启动一两天内虽然产气量较多，但因气体中含甲烷量较低，不能点燃。一般在气压表水柱上升到 4 000～6 000 Pa（40～60 cm）时，应放气试火，放气 2～3 次后，随着气体中甲烷含量增加，所产生的沼气即可点燃使用。注意在放气试火时，应在灶具上进行，切忌在沼气池进出料口附近，或在导气管上点火试气，以防回火引起爆炸。

（七）启动后进入正常运转管理

当产气进入旺盛期，每天产气量基本稳定后，沼气池内的沼气发酵微生物活动已达到高峰，产酸菌和产甲烷菌活动已趋于平衡，酸碱度比较适宜。这时沼气发酵的启动阶段全部完成，进入正常运转，进行正常的日常管理。

二、户用沼气池的运行管理

运行良好的沼气池通常是"三分建，七分管"，说明日常运行管理对沼气池正常使用十分重要。沼气池日常管理，应抓好以下几个方面。

（一）进出料

进出料应视沼气池满足的目标而定。三结合沼气池，应连续进出料，人畜粪便每天产生，每天自流进入沼气池。以产生沼气和沼肥为目标时，间歇进出料，平时进出料应注意下面三个问题：第一，应先出料，后进料。出、进料量要相等；第二，出料时，应保证料液不低于进、出料口与发酵间连通孔的上沿，防止沼气逸出；第三，进出料后，若发现液面低于进、出料口与发酵间连通孔的上沿，应马上加入适量水封闭。

（二）适当搅拌

农村户用沼气池一般都未安装搅拌装置，通常采用的搅拌方法有两种：一种是采用长棍或其他用具，从出料口（或进料口）插入池内，来回用力抽动数次，以达到搅动池内发酵原料的目的；另一种是采用潜污泵从出料口抽出一定数量的发酵液，再从进料口将发酵液冲入池内，进行人工强制回流搅拌，可以起到搅动池内发酵原料和破除浮渣的作用。

需要指出的是，只有在发酵原料充足的情况下，经常搅拌才能提高产气率。如果沼气池长期不出料、不进料，搅拌作用不大，甚至不起作用。

（三）保持发酵原料适宜的浓度

因为季节性利用沼肥的原因，沼气池需要经常间歇性进出料，所以需要经常调节池内的水量，才能保持池内发酵原料适宜的浓度。池内水量过多或过少，都不利于沼气发酵的正常进行。一般农村户用沼气池内料液量应保持在池容的 85%~95%，发酵原料干物质浓度，夏季不低于 6%，冬季不高于 12%。池内干物质浓度过大或过小，都要进行调节。

（四）保持一定的温度

目前，农村户用沼气池多数建于地下，受地温影响较大，池内发酵料液温度保持在 10 ℃ 以上，沼气发酵才能正常进行。北方地区冬季气温低，池内温度随着降低，如低于 10 ℃ 以下就不能正常产气，这时必须采取保温和增温措施，保证沼气发酵微生物的正常活动，以利于正常产气。常用的保温方法有覆盖温室大棚、挖防寒沟、覆盖保温材料等。另外，气温较低时，沼气管道内容易形成冷凝水堵塞沼气管道，发现有冷凝水应及时清除。

（五）检查 pH 值

沼气池内料液 pH 值过高或过低，都对沼气发酵过程不利，需要测试 pH 值。pH 值通常用 pH 值计、pH 值试纸或酸碱指示剂来测定。通常情况下，可由发酵料液的颜色粗略地判断 pH 值。料液颜色发黑，表示 pH 值基本正常；料液颜色发黄，表示 pH 值偏低。另外，料液 pH 值偏低时，发酵料液气味发酸。

在沼气池启动时，由于一次投料过多或投入接种物不足，常会出现酸化速度超过甲烷化速度，造成挥发酸大量积累，使 pH 值下降到 6.5 以下，不利于沼气发酵微生物活动，沼气生产受到影响。应采取措施进行调节 pH 值，通常有以下几种方法。

（1）料液酸化不严重时，可停止进料，待挥发酸逐渐被微生物利用，pH 值自然恢复。

（2）补充接种物，提高挥发酸的代谢速度。

（3）加入适量草木灰，并搅拌均匀。

（4）加入石灰调节 pH 值，但要使用得当。不能直接加入石灰，而是加石灰的澄清液，加入石灰水要与发酵原料搅拌均匀。避免强碱区影响沼气发酵微生物的活动。在加入石灰水时，需要检查发酵料液的 pH 值。

在沼气发酵一般经过一个月以后，有机物质消化过多，如果不补充原料，会使 pH 值逐渐上升，当 pH 值大于 8 时，发酵原料碱性过大，也会影响沼气发酵微生物活动。这时应向池内加入新鲜发酵原料，并加水调节其浓度。

（六）大换料

沼气池经过一段时间的运行，会在池底沉积大量无法生物降解的固体残渣，残渣的堆积会占用一定容积，减少沼气池的有效容积，导致沼气产量降低。因此，需要根据发酵原料的种类在一定的周期进行大换料。发酵原料中秸秆较多时大换料周期较短，畜禽粪污较多时大换料周期较长。一般每年大换料 1～2 次。大换料要在气温较高的时期进行，同时将换料排出的沼渣、沼液用于作农肥还田利用。大换料时，要安排好劳力，备足发酵原料。大换料时要做到以下几点。

（1）大换料前应停止进料，既可避免发酵原料浪费，又可将积存下的原料，供大换料时使用。

（2）备足发酵原料，待出料后，立即投入新的原料，进行启动。

（3）留足菌种。大换料时，要清除沉渣，留下原发酵料液的 10% ~ 30% 作为接种物。

（4）出料避免池内产生负压。出料时，应打开活动盖，防止池内出现真空。一旦出现真空，会造成池内粉刷层脱落，密封性变差，甚至导致沼气池漏气。

（5）迅速进料。出料后，应迅速对沼气池进行检修，在检修完后立即投料装水。因为沼气池都是建在地下，沼气池在装料时，其内外压力平衡，出料后，料液对池壁压力为零，失去平衡。此时，地下水的压力容易损坏池壁和池底，尤其是在雨季和地下水位高的地方，出料后更应立即投料装水。

三、户用沼气池的安全管理

（一）安全发酵

当沼气发酵微生物接触到超过限度的有毒物质就会中毒，轻者停止新陈代谢活动，重者失去活性甚至死亡，造成沼气池停止产气。因此，应避免向沼气池内投入下列有害物质。

（1）各种剧毒农药，特别是有机杀菌剂、抗生素、驱虫剂。

（2）重金属化合物、有毒工业废水、盐类。

（3）消过毒的畜禽粪便、喷洒过农药的作物茎叶。

（4）部分植物茎叶，如：苦瓜藤、泡桐叶、梧桐叶、桃树叶、核桃叶、槐柳树叶、马前子果等。

（5）辛辣食物，如：葱、蒜、辣椒、韭菜、萝卜茎叶等。

（6）柴油、洗衣粉等。

如果发现沼气发酵微生物中毒，沼气池停止产气时，应及时将池内发酵料液排出，并保留池内 20% 左右的料液作为活性接种物，再投新料调试到正常产气。

（二）日常安全管理

沼气是易燃、易爆气体，同时沼气中的硫化氢是剧毒物质，所以在使用沼气池时必须加强安全管理。

（1）沼气池进、出料口必须加盖，以防人、畜掉进池内，造成意外伤亡。

（2）当沼气池沼气产量较多时，池内压力过大，要立即用气、放气，以防冲开活动盖，破坏池体结构，造成事故；如果活动盖已冲开，应立即熄灭附近明火，以免引起火灾。

（3）严禁在沼气池进、出料口或导气管口点火，以免造成回火。

（4）经常检查沼气管道、开关、接口是否漏气，如发现漏气，应立即更换或修理，不用气时，立即关上开关。

（5）若在室内发现沼气泄漏，应立即打开门窗、切断气源，并禁止使用明火、吸烟，人员要快速撤离室内，以免中毒。待室内无臭味时，再对漏气部位进行检修。

（6）如沼气管道遇冰冻阻塞，需用热水融化，严禁火烤。

（三）安全检修

沼气池需要进行安全检修时应注意以下几点。

（1）若维修人员需要进池，应先打开沼气管道，之后将活动盖和进出料口盖打开，用机具排出池内发酵料液，用清水冲洗三遍，排出冲洗污水。

（2）向沼气池内鼓入空气，待池内有足够的氧气后，人才能下池。下池前先用小动物放入池内，30 min 内若无异常发生，在池外人员的监护下，维修人员方可入池。

（3）入池期间持续强制通风，操作可用手电筒或电灯照明，切忌使用明火照明，以防沼气爆炸。

（4）入池人员必须系安全带，如有头晕、发闷等感觉时，应立即撤出抢救。

（5）严禁在池顶部和导气管上部，直接点火、试气，以免发生回火引起爆炸，造成人身伤亡。

（6）沼气灯、沼气灶和输气管道应远离易燃物。沼气灯与屋顶需保持一定距离，一般在 50 cm 以上。

四、户用沼气池的维修和保养

为了保证农村户用沼气池在正常产气条件下有较长的使用寿命，需要对沼气池做好经常维修和保养。

（一）沼气池的检查

1. 池外检查

在输气管道、阀门等管材、管件的连接处上涂抹肥皂水，待沼气压力升高后，看肥皂水是否鼓起气泡，有气泡则漏气。导气管和活动盖板的连接处，活动盖板与池体接缝处，也容易漏气，通常情况下，活动盖板上部有蓄水圈，可从水里气泡判断是否漏气。

2. 池内检查

在排出料液，置换池内气体，确保安全后，进入沼气池内，逐块检查池壁、池底、池盖、进、出料间和池体连接部位，检查有无裂缝、砂眼和小气孔。用手指和小

木棒叩击池体各处，如有空响，说明粉刷的水泥浆有翘壳或出现空洞。

（二）沼气池维修

在逐步检查，排除疑点，查明原因之后，就需要对沼气池进行维修。沼气池的维修主要有以下几方面。

1. 正常池的维修

使用正常的沼气池也需要定期维修。一般在每次大换料时同时进行，大出料后，在池体内壁用高标号水泥粉刷2~3遍。

2. 对病态池的维修

池墙裂缝维修。如建池材料为石材，要先将裂缝凿成"V"字形或"人"字形的槽，并将铁屑或碎石片，嵌入缝中，用水冲洗干净，水泥砂浆抹平，再用高标号水泥粉刷2~3遍。如为混凝土或砖砌沼气池，可将裂缝周围打成毛面，用1∶1的水泥砂浆堵塞漏处，并用力压实抹光，然后再用高标号水泥粉刷2~3遍即可。如储气间部分粉刷的砂浆脱落或已翘壳，要全部铲除，并清扫干净，然后抹平，再用高标号水泥粉刷2~3遍。如导气管与活动盖板连接处漏气，应在衔接处剔缝，重新用水泥砂浆黏结，并加高、加大水泥砂浆护座。对池底下沉和池壁四周交结处有裂缝的部位，应先将四周裂缝剔开一条2 cm宽、3 cm深的围边槽，然后在整个池底上和周边沟内，浇灌4~5 cm厚混凝土，使之连接成为一个整体。对轻微漏气的储气间部分，可用高标号水泥和1∶1的水泥砂浆，交替粉刷2~3遍即可。以上采用的粉刷材料，除用高标号水泥外，有的地方也使用水玻璃或塑料胶等新型密封材料。

（三）沼气池的保养

1. 沼气池的潮湿养护

目前，中国建造的沼气池一般为砖混结构或钢筋混凝土结构。由于水泥是一种多孔性材料，干燥的天气会使毛细孔开放，容易造成漏气。因此，必须注意沼气池长期保持潮湿养护。有的地方将新建的沼气池加上夹层水密封，效果很好。也有的在沼气池上方覆盖25 cm厚的土层，在土层上种菜、种花，以保持沼气池池体的湿润。

2. 防止空池暴晒

新建的沼气池，经检查符合质量要求后，应马上装料，切忌空池暴晒。干旱季节不宜大换料，若农时季节需要肥料，必须在大换料时备足发酵原料，及时装料，尽量缩短空池时间。发酵原料暂时不足时，不能将池子掏空，应加盖养护，以防空池暴晒。

3. 增加保潮层

为了防止沼气池池顶的水分蒸发，可在池顶刷一层柏油；也可在池顶上面铺一层废塑料薄膜，以截断土壤的毛细孔，防止水分蒸发。要求各种保潮层的覆盖面积应大于沼气池池顶的水平面积。

4. 防腐蚀

沼气池内层经常受沼气发酵原料（一般呈微酸性或微碱性）的浸蚀，对水泥（或其他建筑材料）有轻微的腐蚀作用，当沼气池使用几年后，密封层受到破坏，部分砌筑材料和粉刷的水泥脱落。应在每年大换料时进行粉刷，将池壁的坑凹处抹平，再刷一至两遍纯水泥浆，使之恢复密封性能。

第三章　生活污水净化沼气池

20世纪80年代以前，中小城镇居民产生的粪便污水，大多采用粪坑储存，主要依靠城镇周边农民进城清掏，运往庄稼地作农肥。20世纪80年代以后，农村推行家庭联产承包责任制，生产体制发生了变革，农村劳动力向城市、工业转移，加之化肥施用简便、增产高效的优势，农民不再进城清运粪便污水，导致城镇粪便填满粪坑，随水外溢，滋生蝇蛆，传播疾病，污染环境，严重威胁居民的健康。新建的楼房虽然建有化粪池，但是化粪池容积偏小，粪便污水在化粪池中停留时间短，净化处理效果差，不能满足卫生、环保的要求。化粪池要求污泥清掏周期短，如果粪渣污泥清运不及时，化粪池的有效容积就会很快减少，只能起到简单沉淀作用，失去净化功能。因此，迫切需要寻找一种适宜技术解决粪便污水的处理。基于当时的社会经济情况，中国沼气技术研究与推广人员吸收了国际上厌氧消化技术最新研究成果，在水压式沼气池、化粪池的基础上，开发了生活污水净化沼气池，也称城镇净化沼气池。初期，生活污水净化沼气池主要用于中小城镇生活污水的处理，随着城市污水集中处理厂的新建以及排放标准的提高，生活污水净化沼气池逐步转向了村镇、农村公用设施以及旅游景点等场所生活污水的分散处理。

第一节　农村生活污水水质水量特征

农村生活污水是指农村居民生活活动所产生的污水，主要包括居民冲厕、洗涤、洗浴和厨房排水，也包括农村中小学校、农村公用设施、旅游景点、旅馆饭店等场所的排水，不包括工业废水和规模养殖场（户）的畜禽养殖废水。农村生活污水的产生和排放有其自身的特点和规律，并且随村落的地理位置、气候情况、村民的生活习惯的不同而具有较大差异。总体来说，农村生活污水的产生和排放具有以下特点。

一、水质、水量波动大

与城市给水不同，农村给水来源复杂多样，有河水、井水和自来水等。自来水通常作为饮用水，河水、井水作为辅助用水，用于洗涤衣物、冲刷地面、饲养家禽等。

农村生活污水水质水量因经济发展水平、生活习俗以及季节的差异而有着较大的不同。农村生活污水来自于家庭生活不同用水环节，其中，冲厕污水是农村生活污水污染物的主要来源，其 COD、总氮、总磷排放量分别占每人每年 COD、总氮、总磷排放总量的 58.3%、86.3%、80.5%；厨房污水是农村生活污水中 BOD 的主要来源，约占每人每年 BOD 排放总量的 50.2%；生活洗涤污水的排放量最大，约占农村生活污水排放量的 50% 以上（侯京卫等，2012）。农村生活污水主要含有有机污染物、氮和磷，几乎不含重金属和有毒物质，但含有较多的合成洗涤剂以及细菌、病毒、寄生虫卵等。

农村生活污水量较小，排放不均匀，水量变化明显，瞬时变化较大。时变化系数（最高日最高时污水量与该日平均时污水量的比值）一般在 3.0~5.0 之间，在某些变化较大的情形下甚至可能达到 10.0 以上。由于农村居民生活规律相近，农村生活污水的排放一般在上午、中午、下午有一个高峰时段，夜间排水量小，甚至可能断流，即污水排放呈不连续状态。如果村镇为旅游地区，不仅昼夜变化系数大，而且季节性变化系数亦较大（孙瑞敏，2010）。

我国村镇数量众多，不同地域的村庄，人口密度和用水量差异较大。具体村庄或散户的排水量可根据实地调查结果确定。在没有调查数据的地区，可根据用水量估算污水量。具体方估算方法为，洗浴和冲厕排水量可按相应用水量的 60%~80% 计算；洗衣污水排水量为相应用水量的 70%；厨房排水量则需要询问当地村民的厨房排水用途，取决于是否用于家畜饲养，如果通过管道排放则一般按用水量的 60% 计算。总体来说，在设计村镇污水处理设施时，排水量一般按用水量的 60%~80% 计算。不同农村地区的自然、经济和生活习惯各不相同，用水量相差很大。建设部《农村生活污水处理适用技术指南》给出的东北、华北、西北、西南、中南、东南六个地区农村生活用水量见表3-1。

表 3-1　农村居民生活用水量参考取值

农村居民类型	用水量（L/人·日）
经济条件好，有水冲厕所，淋浴设施	75~200
经济条件较好，有水冲厕所，淋浴设施	40~120
经济条件一般，无水冲厕所，简易卫生设施	30~90
无水冲厕所和淋浴设施，主要利用地表水、井水	20~70
游客（住带独立淋浴设施的标间）	150~250
游客（住不带独立淋浴设施的标间）	80~150

农村生活污水包括黑水与灰水两部分，黑水主要指厕所和圈养家畜的圈舍冲洗水，灰水则主要指厨房排水、洗涤排水、洗浴排水，以及黑水经化粪池或沼气池处理后的澄清部分。黑水中污染物浓度显著高于灰水。两种污水的主要水质指标对比见表3-2（李希希，2015）。

表3-2 黑水与灰水水质对比

指标	黑水（mg/L）	灰水（mg/L）	
		南方地区	北方地区
COD	1 000~2 000	200~350	350~500
TN	200~600	10~30	20~50
TP	20~60	0.5~4.0	2.0~7.0

设计农村生活污水处理设施时，农村生活污水水质一般需要到现场测定。无法进行现场测定时，可参考表3-3列出的生活污水水质指标。

表3-3 农村生活污水水质参考范围　　　　　　　　　　单位：mg/L

主要指标	pH	SS	COD	BOD_5	NH_3-N	TP
取值范围	6.5~8.5	100~200	100~450	50~300	20~90	1.0~7.0

二、点多面广、规模小

根据我国建设部颁布的《城市污水处理工程项目建设标准（2001）》，污水处理厂规模从大到小分为五类，其中最小的 V 类污水处理厂的规模为 10 000~50 000 m^3/d。在我国，一般把日污水处理量小于 10 000 m^3 的污水处理厂称为小型污水处理厂。但就农村生活污水处理的规模来说，其日污水处理量远小于 10 000 m^3，还达不到小型污水处理厂的规模。以四川省乐山市沐川县为例，在 2013 年至 2015 年期间，该县修建了 18 个村镇污水处理厂，总处理规模仅 6 900 m^3/d，平均每个污水处理厂日处理量不到 400 m^3，远小于小型城镇污水厂的规模，但是点多面广。我国大多数村镇，其生活污水排放规模和分散程度，与该县情况相近。表现为人口居住分散，污水排放点多，单点污水排放量小。因此，对污水处理技术的要求与城市集中管控的污水处理厂大不相同。

三、可生化性较强

虽然各地农村生活污水水质差异较大，但总体来说，生活污水水质在一定程度上存在共性，农村生活污水有机物浓度较高，BOD_5多在$50\sim300$ mg/L，COD_{cr}多在$100\sim450$ mg/L范围内，BOD_5/COD_{cr}的值通常在$0.4\sim0.5$，属于可生化性较好的废水，非常适合采用生物法进行处理。

第二节　生活污水净化沼气池的特点及适用范围

生活污水净化沼气池，是以农村水压式沼气池和传统化粪池为基础，通过设置生物填料、滤料等措施发展形成的适宜于分散生活污水处理的技术，德国、印度等国将其称为DEWATS（Decentralized Wastewater Treatment Systems）（Sasse，1998）技术。这种技术多用于公共厕所粪污、小城镇和村庄生活污水处理，在地下水温10 ℃以上、或者建设日光温室可以升温达到10 ℃以上的地区，都可以采用该类技术处理生活污水。污水在装置中的水力停留时间多在3 d以上，流入净化装置后有充分时间被净化处理。生活污水净化沼气池可分散建设，能切合农村污水排放分散、水质水量波动大的实际，其出水水质优于化粪池和户用沼气池，可以达到国家规定的卫生标准和一些较低等级的污水排放标准。在生活污水处理过程中，基本不消耗动力，运行成本较低，且运行管理方便。自20世纪80年代以来，我国各级农村能源部门对此技术进行了广泛推广，取得了比较满意的卫生、环保效果。

农村生活污水分散厌氧处理装置主要有三类，即户用沼气池、化粪池和生活污水净化沼气池。三种分散厌氧处理装置的对比见表3-4。

表3-4　三种生活污水分散厌氧处理装置的对比

项目	户用沼气池	化粪池	生活污水净化沼气池
建设目标	能源、环保、卫生	环保、卫生	环保、卫生、能源
处理过程	一级、简单	多级、简单	多级、复杂
处理原料	人畜粪尿污水、有机垃圾	人粪尿及污水	人粪尿及污水
原料浓度	高	中、低	中、低
停留时间	60~90 d	0.5~2.0 d	3~5 d
处理出水	农田利用	进一步处理	农用、排放或进一步处理

户用沼气池主要以获取能源为主，其发酵原料主要是人畜粪尿污水、有机垃圾和秸秆等，处理出水还田利用。化粪池用于初级处理粪便污水，主要功能是杀灭病原微生物，达到卫生效果，改善粪便流动性，便于输送。化粪池出水中污染物浓度仍然较

高，不能满足排放要求，通常排入下水道输送到污水集中处理厂进一步处理。生活污水净化沼气池主要处理粪尿及生活污水，功能是净化污水，其次才是获取可再生能源，其出水水质相对较好，出水农用、直接排放或进一步处理。

生活污水净化沼气池是一种建造和管理相对简单的低维护污水处理技术，可用于处理以下场所生活污水。

（1）近期不修建污水处理厂的中、小城镇住宅、居民点、办公楼、工厂生活区、学校和其他公共场所的粪便污水和其他生活污水。

（2）未纳入城镇污水管网的分散、独立住宅和公厕的粪便污水和其他生活污水。

（3）风景旅游区生活污水。

（4）农村分散住户、公厕以及集中收集的粪便污水和其他生活污水。

第三节　生活污水净化沼气池工艺流程及结构

一、生活污水净化沼气池工艺流程

根据粪便污水和其他生活污水是否一同进入生活污水净化沼气池，可分为分流制和合流制两种工艺。

分流制是将粪便污水与其他生活污水分开排放，即通过两个独立的管道系统分别排入净化沼气池，分流制生活污水净化沼气池工艺流程见图3-1。

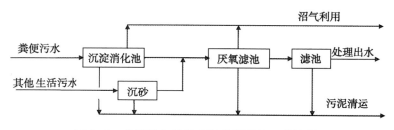

图3-1　分流制生活污水净化沼气池工艺流程

在分流制工艺中，粪便污水经过格栅去除粗大固体后进入沉淀消化池（前处理Ⅰ区），增加粪便污水的消化时间，其他生活污水经过沉砂后直接进入厌氧滤池（前处理Ⅱ区）。

合流制是指粪便污水与其他生活污水使用同一个管道，即通过同一个管道系统一起排入净化沼气池内，合流制生活污水净化沼气池工艺流程见图3-2。

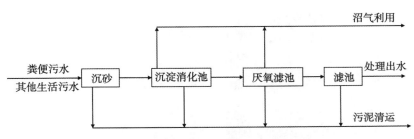

图 3-2 合流制生活污水净化沼气池工艺流程

二、生活污水净化沼气池工艺单元

生活污水净化沼气池主要由沉砂井（池）、沉淀消化池、厌氧滤池、兼性滤池等工艺单元组成，各单元的功能分述如下。

（一）沉砂井（池）

沉砂井（池）主要用于去除污水中的砂砾、玻璃、金属、塑料、硬质渣屑等比重较大的无机颗粒杂质，防止这些杂质在后续处理过程中沉积，造成堵塞或者占用有效处理空间。

（二）沉淀消化池

多数地区将沉淀区与厌氧消化区合建在一起，也有地方（池型）将沉淀区与厌氧消化区分开。沉淀消化池也称前处理 I 区，其作用类似传统化粪池及农村水压式沼气池，首先将污水中的颗粒状的无机、有机物质和寄生虫卵沉淀分离，去除部分悬浮物，减少进入厌氧滤池的悬浮物浓度，并通过厌氧微生物分解有机物。另外，通过厌氧消化还能去除部分病原微生物。

（三）厌氧滤池

厌氧滤池也称前处理 II 区，池内设置填料附着微生物，其作用是去除大部分溶解性有机污染物。厌氧滤池中常用的填料有以下几种。

① 软填料，其形状模仿天然水藻，软填料多数采用维尼纶（聚乙烯醇缩甲醛）、涤纶（聚对苯二甲酸乙二醇）等材料制成，耐腐蚀、耐生物降解，比表面大，造价低廉，适用于上流式厌氧滤池，由于净化沼气池进水并非连续流，且水流速度很小，所以容易结团，使用寿命较短（图 3-3a）。② 半软性填料，是在软性填料中间加设一塑料（PVC 或 PE）圆环，以避免软填料结团，比表面积比软性填料小得多，造价较高。③ 弹性填料，回弹性好，对均匀布水有利，比表面积不如软性填料大，造价高（图 3-3b）。④ 硬填料，种类多，无机硬填料如膨胀陶粒、炉渣、焦炭、碎石等

a 软性填料　　　　　　b 弹性填料

c 碎石填料　　　　　　d 塑料空心填料

图 3-3　几种填料照片

（图 3-3c）；有机硬填料如空心塑料球、鲍尔环（图 3-3d）。有机硬填料疏水，耐腐蚀、耐生物降解，比表面积较大，坚硬空隙多，价格昂贵。无机硬填料粗糙亲水，比表面积较小，坚硬空隙少，价格低廉，但是容易堵塞，并且自重大，支承结构较费材料。

大多数地区采用的填料是软填料，部分经济较发达的地区采用硬质球形填料，而一些经济比较落后地区则采用碎石、碳渣等作填料，而效果较好的半软性填料、弹性填料却因价格高而在应用上受到限制（肖羽堂等，2007）。

（四）滤池

滤池通常作为后处理区，内设滤料，留有通气空隙，使池内处于兼氧状态。功能是截留少量漂浮物质，兼氧细菌分解去除有机污染物。滤料主要使用碎石、碳渣、棕垫、焦炭及陶瓷，部分地区使用聚氨酯泡沫滤板作为滤料。

在实际应用中，上述滤料在一定程度上均会出现堵塞的情况，与填料级配、污水中悬浮物浓度及过水流速等都有关系，在设计建造时需要注意上述几个方面的影响，并且在实际运行过程中应按时清洗，以消除堵塞现象。另外，聚氨酯泡沫滤板在运行一段时间后，常会出现堵塞较为严重的现象，若不及时处理，泡沫滤板会出现断裂，污水直接从断裂口流出，达不到预期的处理效果。

三、生活污水净化沼气池池型

最初的生活污水净化沼气池主要仿照水压式沼气池或化粪池建设。在实施过程中，随着各地探索与经验积累，生活污水净化沼气池在工艺组合、池型结构等方面都呈现出多样化的趋势，许多地区根据当地的出水水质要求、地形条件和施工水平等进行了一些适应当地条件的改良（夏邦寿等，2008）。目前，生活污水净化沼气池装置的形式有矩形池、圆拱池以及组合型。在地域狭窄的地方，也有采用同心环状圆柱的形式，内环为沉淀消化池，外环为厌氧滤池和滤池。

（一）矩形池

该结构是我国生活污水净化沼气池的一个基本池型，整个装置分为沉淀区、厌氧区（Ⅰ区、Ⅱ区）和后面的兼氧区。其中沉淀区占装置总有效体积的20%左右，两个厌氧区占50%（Ⅰ区约占40%，Ⅱ区约占10%），兼氧区占30%。该类生活污水净化沼气池以沉淀和厌氧处理为主，与化粪池十分相似。该池型在污水处理方面的强化主要体现在两方面，一是在厌氧Ⅱ区安装了填料，以滞留更多的微生物在反应器内，二是在厌氧区之后增加了兼氧区，在一定程度上增强了处理低浓度污水的性能（图3-4）。但是，在使用过程中，这种类型生活污水净化池仍有一些局限性，一是矩形的长条形结构，受力性能较差，而且在一些地形较为复杂的农村地区难以应用，二是兼氧滤池部分主要靠自然复氧，兼氧区水中的氧含量依然有限。这种池型在四川、重庆等西南地区较多采用。

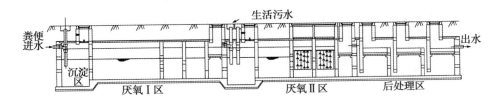

图3-4　矩形净化沼气池剖面示意

（二）圆拱池

该结构是几个水压式沼气池的串联，在后两个池设置填料和滤料。每个池池顶都采用了与水压式沼气池类似的拱顶设计。一些地方还采用同心环状圆柱形式，池内布置了一定数量的导流墙，厌氧Ⅰ区内设有同心圆回流墙和折流墙，污水直接流入同心圆小池内,在小池内折流墙作用下呈"S"形流动,从小池另一端流入两同心墙之间,循环流动一周后从管口流出,延长了污水的流经路径,避免了短流。厌氧Ⅱ区分布有三角形的折流墙,污水流入后经折流墙分开后,进入不同的处理单元,完成有机物及悬浮物的去除之后,又汇聚在出管流出,污水经过了"合—分—合"的过程,混合充分(图3-5)。

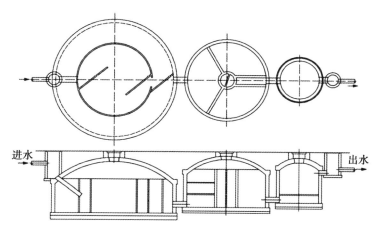

图3-5 同心环状圆柱型净化沼气池剖面示意

这种圆形池及其拱顶设计与方形池相比,在力学结构上更合理,受力条件较好。同时,进料间设在沼气池拱弧之上,侧墙范围之内,有效节约了占地面积。从水流流向看,圆形池通过导流墙的布置,可有效地避免一些流动死角,提高了整个装置的空间利用效率。但是,这种池型容易堵塞。在工艺的选择上,其厌氧Ⅰ区、厌氧Ⅱ区和兼氧区的体积比约为6:3:1,即两个厌氧区几乎占了整个装置体积的90%左右,而兼氧区只有10%。该池型主要靠厌氧部分处理污染物,通过隔墙、填料、滤料等方式强化厌氧区的处理效果,后面的兼氧区主要起稳定出水水质和辅助处理的作用。这种池型在四川、重庆等西南地区有一些应用。

(三)组合型

组合型净化沼气池是圆拱池与矩形池的串联。圆拱池主要作厌氧区,矩形池作后处理(兼氧滤池)区。

在预处理方面,该种池型仅在装置前端增加了一个简单的沉砂池,沉砂池底部有10%的坡度。

厌氧处理区(厌氧Ⅰ区和厌氧Ⅱ区)的形状和结构与户用沼气池更为接近,且是单独的池体。厌氧Ⅰ区不设填料,利于清渣;厌氧Ⅱ区预留有其他污水进水孔,内装有软填料。在后处理区,前两格采用软性填料,后两格采用滤料。

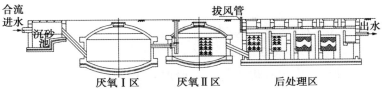

图 3-6 组合型净化沼气池剖面示意

厌氧Ⅰ区、厌氧Ⅱ区和后处理区占装置总有效体积的比例分别约为40%、25%、35%。前两级采用水压式沼气池的结构，其受力较好，并且利于沼气的储存和利用。另外，可将起不同作用的池体分开建设，在布置上更为灵活，可以使不同农村地形满足建池场地的需求。但是，该池型由于各部分相对独立，其建设成本比一体化装置高，并且对每部分的设计和施工也提出了更高的要求。这类净化沼气池在浙江、江苏等东部地区较多采用。

四、生活污水净化沼气池工艺设计

进行生活污水净化沼气池设计时，需要确定整个净化系统的容积。生活污水净化沼气池容积主要包括有效容积和保护容积两个部分，有效容积又分为污水容积和污泥容积 [式（3-1）]。

$$V_{有效} = V_1 + V_2 \tag{3-1}$$

式中　　$V_{有效}$——生活污水净化沼气池有效容积，m^3；

　　　　V_1——污水容积，m^3；

　　　　V_2——污泥容积，m^3。

污水容积（V_1）可按两种方式计算，一种是根据每日排水量及水力停留时间进行计算，如式（3-2）所示。

$$V_1 = nqt \tag{3-2}$$

式中　　n——实际使用生活污水净化沼气池的人数，在计算建筑物生活污水净化沼气池的容积时，为总人数乘以 α（α 值见表3-6）；

　　　　q——每人每天的生活污水量，一般按 $0.08 \sim 0.13 m^3/d$ 计算；

　　　　t——污水的水力停留时间，一般按 $3 \sim 5d$ 计。水力停留时间取值与每人每天的生活污水量及污水浓度有关，生活污水量小时，污水浓度会增加，因此，水力停留时间应该相应增加，生活污水不同 COD 浓度下的水力停留时间取值可参考表3-5。

污水容积（V_1）另一种计算方式是按容积负荷设计，如式（3-3）所示。

$$V_1 = \frac{QS}{L_v} \tag{3-3}$$

式中　Q——生活污水流量，m^3/d；

　　　S——生活污水 COD 浓度，kg/m^3；

　　　L_v——设计的容积有机负荷，一般取 0.15~0.25 kg COD/($m^3 \cdot d$)，当地气温低时，取低值。容积有机负荷取值可参考表 3-5。

实际上，按水力停留时间计算只有在污水浓度基本相同的条件下才有意义，相对准确合理的是按容积有机负荷计算。如果将污水浓度考虑进去，两种计算方式［式（3-2）、式（3-3）］都是基于容积有机负荷确定净化沼气池容积。

表 3-5　生活污水净化沼气池水力停留时间及容积有机负荷（曾华樑等，1994）

COD（mg/L）	生活污水量［L/(p·d)］	水力停留时间（d）	容积有机负荷［kg COD/(m³·d)］
600	140	3.0	0.200
700	120	3.5	0.200
800	100	4.0	0.200
900	90	4.5	0.200
1 000	80	5.0	0.200
1 200	67	6.0	0.200
1 400	57	7.0	0.200
1 500	50	8.0	0.200
2 000	40	10	0.200
2 500	31	13	0.200
3 000	25	16	0.200
3 500	22	18	0.200
4 000	20	20	0.200
4 500	17	23	0.200
5 000	15	26	0.200
6 000	13	30	0.200
7 000	11	35	0.200
7 500	10	38	0.200

污泥容积 V_2 可按式（3-4）计算。

$$V_2 = \frac{1.2knaT(1.0-b)}{1\,000(1.0-c)} \tag{3-4}$$

式中 n——同前；

a——每人每天的污泥量（L/人·日），当粪便污水与其他生活污水合流时，取 0.7（L/人·日），当粪便污水单独排放时，取 0.4（L/人·日）；

T——污泥的清掏周期（天）；

b——进入生活污水净化沼气池新鲜污泥的含水率，一般按 95% 计；

c——生活污水沼气池发酵浓缩后污泥的含水率，一般按 90% 计；

k——污泥发酵后体积缩减系数，一般按 0.8 计；

1.2——清掏污泥后须留熟污泥的容积系数。

当实地能收集到的数据有限，无法按照上述方法进行详细计算有效容积时，可按照公式（3-5）估算所需的生活污水净化池容积。

$$V_{有效} = RN \qquad\qquad (3-5)$$

式中 R——人均有效系数，m^3/人，可参考表 3-6；

N——总人数。

表 3-6　α 值及 R 值参考数据

建筑物类别	α 值（%）	R 系数（m^3/人）
疗养院、全托托儿所、单户住宅	100	0.30~0.35
集体宿舍、旅馆	70	0.25~0.30
办公楼、教学楼	40	0.06~0.10

保护容积一般为有效容积的 10%~50%，净化沼气池的有效容积越小，为了应对水量变化的冲击，保护容积应取较大的百分比，如单户使用的生活污水净化池，其保护容积通常为有效容积的 45% 以上；反之，当净化池有效容积较大时，则可取较小的百分比。另外，当收集到的基础数据不足，有效容积按简易公式预估时，也建议取较大的安全系数，以确保污水的出水水质达到设计的要求。

生活污水净化沼气池通常为多级结构，包括前段的厌氧部分及后处理部分，后处理部分多为兼氧区，当处理的污水主要是来自厕所的粪尿污水时，厌氧区容积应占较大比例，一般来说，不宜小于总有效体积的 2/3。除此之外，生活污水净化沼气池在设计时还要注意以下几点。

① 为保证水流的顺利流动，污水应单向流动，并采取进水压气，不应采用返水压气。② 生活污水净化沼气池进出水口需要一定的标高差，且池底应有一定坡度，以弥补水头损失。净化沼气池的水力坡度应 ≥5‰，且进出水标高差应 ≥200 mm。③ 净化沼气池平面布局应因地制宜，且便于清掏、管理，净化沼气池距离地下取水

构筑物的距离不得小于 30 m，离建筑物间距不宜小于 5 m。④ 净化沼气池深度不应低于 1.60 m，宽度不得小于 1.00 m，长度不得小于 2.00 m。圆形井口直径不得小于 0.60 m。长方形井口宽度不得小于 0.50 m，长度不得小于 0.70 m。净化沼气池的进料管直径不宜小于 200 mm。

在实际建设过程中，为了确保出现故障时能顺畅排水，生活污水净化沼气池应设置旁通管道。在设计进出水时，应考虑合理布水的要求，避免出现短流、流动死角等情况，在实施过程中应根据当地的具体情况进行调整。

第四节　其他生活污水厌氧处理技术

早在 1860 年，法国 Mouras 就建造了最早的化粪池，随后出现了许多厌氧处理系统。最著名的是 1905 年德国 Imhoff 开发的双层沉淀池。其后的几十年中，厌氧处理技术迅速发展并得到广泛应用，至 1914 年美国有 14 座城市建立了厌氧消化池。20 世纪 40 年代澳大利亚出现了连续搅拌的厌氧消化池。其后又相继开发了厌氧滤池（AF）、上流式厌氧污泥床（UASB）、厌氧颗粒污泥膨胀床（EGSB）等高效厌氧反应器，这些传统的和高效的厌氧反应器在生活污水处理中都有应用。

一、化粪池

化粪池是一种较为常见的生活污水初级处理设施，发源于欧洲。在 1860 年，法国的 Mmouras 和 Moigno 建造了最早的单格式化粪池（LENS P. 等，2001），并称之为"MOURAS 池"，1895 年，英国研究人员对 MOURAS 池进行了工艺改进，并申请了专利，称之为化粪池（Septic tank），随后，化粪池在世界范围内得到了广泛的传播与应用（Butler D 等，1995）。化粪池也被引进到我国，无论在城市还是在农村，基本上每个生活污水的排水系统都与化粪池相连，图 3-7 为常用的三格化粪池示意图。

化粪池作为生活污水的初级处理设施，主要利用重力分离和厌氧消化的原理净化污水。在重力作用下，生活污水中的悬浮物质沉降（形成沉渣）或上浮（形成浮渣），同时微生物通过厌氧消化作用降解部分有机物，实现污水的初步处理，便于后续处理，或满足一些要求较低的排水/回用标准。

如图 3-8 所示，污水在化粪池内逐渐分离为 3 层：浮渣层、中间层和沉渣层。比重轻的物质或夹带气泡的絮团向上悬浮，形成浮渣层，比重较大的固体沉淀在底层。在厌氧微生物作用下，污水中的污染物质分解产生 CH_4、CO_2 和 H_2S 等气体。尽管化粪池有盖板，由于没有密闭，产生的气体直接排入大气。化粪池的停留时间根据需要

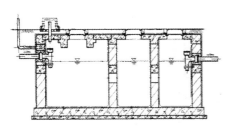

图3-7 化粪池基本构造示意

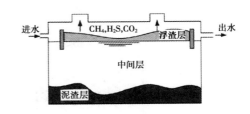

图3-8 化粪池净化原理

而有所不同，要求稳定化和无害化处理的化粪池通常要停留30 d以上（GB 19379—2012农村户厕卫生规范附录A），作污水预处理的化粪池一般停留时间为12~48 h。化粪池上层浮渣和底层沉渣需定期清掏，以免影响化粪池的处理效果，一般清掏周期是3~12个月，清掏的固体可以作为肥料，中间层的液体在环境要求不高时可以直接排放，否则应进入后续处理单元进行进一步处理。化粪池并不能使污染物彻底矿化，其出水中仍然含有较高浓度的污染物（如总氮、总磷等），化粪池有时也被视作较为原始的、低效的污水厌氧处理技术。

二、厌氧滤池（AF）

厌氧滤池（AF）是一种采用填充材料作为微生物载体的高效厌氧反应器，厌氧微生物在填料上附着生长形成生物膜。生物膜与填充材料一起形成滤床。经过预处理的污水流经滤床，与其间生长的微生物充分接触，污水中的污染物得以降解。厌氧生物滤池的特点是污泥龄较长，可达100d以上，其生物浓度高，可承担较高的有机负荷，抗冲击能力强，且启动时间短，停止运行后再启动较为容易，一般不需要污泥回流。厌氧滤池的缺点是容易发生堵塞和短路，与其他厌氧处理过程类似，对氮磷的去除效果也较差（Seggelke等，1999）。

厌氧滤池可采用中温（30~35 ℃），高温（50~55 ℃）和常温（10~25 ℃）运行，生活废水处理一般采用常温运行。为了避免堵塞，可回流部分处理水对进水进行稀释和加大表面水力负荷。厌氧生物滤池按水流方向可以分为升流式和降流式，废水向上流动通过反应器称为升流式厌氧滤池，反之称之为降流式，如图3-9所示。升流式生物滤池可将填料床改为两层，下层不使用填料而成为悬浮污泥层，上层仍使用填料床，成为复合式厌氧生物滤池，在一定程度上可避免堵塞。另外，降流式生物滤池水流向下流动，由于沼气上升的搅动作用和填料空隙间污泥的存在，其混合情况更接近于完全混合工艺；而升流式更接近于推流工艺。为平衡各处理器的负荷，可将两个厌氧滤池串联布置，并定期更换串联的前后位置，以充分发挥各反应器的作用。

厌氧滤池在一些小规模的生活污水处理设施中有所应用（Kobayashi等，1983）

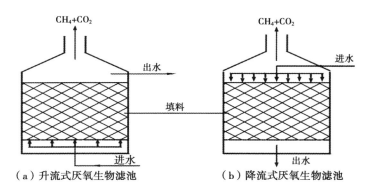

图3-9 厌氧滤池示意

也可以作为其他处理系统的工艺单元，例如，生活污水净化沼气池的厌氧Ⅱ区采用的是厌氧滤池工艺，主要是升流式。

三、上流式厌氧污泥床（UASB）

升流式厌氧污泥床（UASB）技术是在升流式厌氧滤池（AF）的基础上发展起来的。升流式厌氧滤池下半部分的填料特别容易造成堵塞。UASB工艺取消了填料层。在反应器相应部位（主要是底部）培养形成一层截留、吸附与降解有机物的厌氧颗粒污泥层，当废水从下部进入反应器时，由于水的向上流动和产生的大量气体上升形成了较为良好的自然搅拌作用，并使一部分污泥在反应器中上部形成了相对稀薄的污泥悬浮层。在反应器上部设置了气—液—固三相分离器，使经过厌氧处理的污水、产生的沼气和厌氧污泥有效分离（图3-10）。

UASB反应器在功能分区上主要有三个区，即进配水区、反应区、三相分离区。进配水区在下部，主要功能是使污水进入并在过水断面均匀通过，避免产生涌流或死水区。反应区主要在反应器中部，废水与厌氧污泥在这里充分接触，通过截留、吸附等方式使大部分污染物得到降解。三相分离区在反应器的上部，主要使气、液、固三相分离，其分离效果直接影响反应器的处理效果。

迄今为止，UASB是一项广泛应用的厌氧生物处理技术，具有容积负荷率高、污泥截流效果好、反应器紧凑等一系列优点。UASB在20世纪90年代开始应用于生活污水处理。在巴西、墨西哥、哥伦比亚等热带、亚热带国家建设了多座以UASB为主体的生活污水处理厂，取得了比较良好的运行效果（Barbosa等，1989；Uemura等，2000）。

四、厌氧颗粒污泥膨胀床（EGSB）

厌氧颗粒污泥膨胀床（EGSB）是在UASB的基础上发展起来的。EGSB通过出水

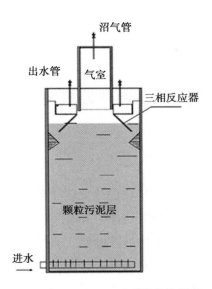

图 3-10 UASB 反应器结构示意

回流、较大的高径比获得较高的上升流速，使污泥床膨胀。一般来说，EGSB 膨胀率在 10%~20%，流化后的固体颗粒与液体接触，两者之间传质得到了强化，同时反应器可采用小颗粒生物填料，可避免固定生物膜反应器堵塞的情况。其结构图如 3-11 所示，在结构方面，EGSB 与 UASB 较为相似，但细节上有不同的侧重点，EGSB 上升流速相对较快，因此 EGSB 反应器对布水系统要求较为宽松，但对三相分离器要求更为严格，因为高水力负荷使污泥易流失。因此三相分离器的设计成为 EGSB 反应器高

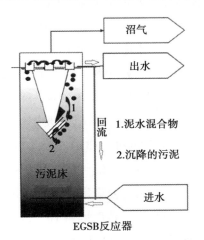

图 3-11 EGSB 反应器结构示意

效稳定运行的关键。同时，EGSB 可采用较大的高径比（3~8），细高型的反应器构造可有效减少占地面积。与 UASB 类似，EGSB 主要是用于高浓度废水处理方面，用

于处理生活污水的 EGSB 技术目前还处在实验室研究阶段。 （Seghezzo 等， 1998； Mario 等， 1997）

第五节　生活污水净化沼气池的净化效果

一、对有机物的去除及沼气产生

生活污水净化沼气池对污水中污染物的去除，主要是靠厌氧微生物的分解作用，同时通过沉淀、过滤、兼氧性微生物的处理作为辅助，改善处理效果。从微生物的净化机理上来说，在厌氧条件下，微生物可以将大分子的有机物降解为一些小分子的有机物，甚至将其彻底分解为二氧化碳和水，从而去除污水中的有机物污染物。

陈玉谷等 （1988） 在 $25 ℃ ±2 ℃$ 条件下，采用一级厌氧消化接二级兼性好氧处理单元的流程进行了生活污水处理的研究，装置容积 15L，一级厌氧消化单元分三格，后两格装有填料，二级兼性好氧处理单元也分三格，并安装滤料，水力停留时间分别为 2 d、2.5 d、3 d，容积负荷 $0.18 \sim 0.53 \ kg \ COD/ （m^3 \cdot d）$。结果表明，进水 COD $753 \sim 1\ 058 \ mg/L$，出水 COD $70.4 \sim 190 \ mg/L$，COD 去除率 $73.8\% \sim 84.8\%$；进水 BOD_5 $350 \sim 640 \ mg/L$，出水 BOD_5 $60.0 \sim 100 \ mg/L$，BOD_5 去除率 $77.1\% \sim 84.4\%$；SS 进水 $148.3 \ mg/L$，出水 $4.7 \ mg/L$，去除率 96.8%。一级厌氧消化单元对 COD 平均去除率大多在 70% 以上，二级兼性好氧处理单元对 COD 平均去除大多在 10% 以下。说明有机物主要在厌氧消化单元去除。而曾华樑等 （1994） 的模拟小试 （30L 装置） 获得了更好的处理结果，处理粪便污水时，进水 COD $3\ 127 \sim 5\ 591 \ mg/L$，出水 COD $97.9 \sim 216 \ mg/L$，COD 去除率 $93.1\% \sim 97.9\%$；进水 BOD_5 $1\ 329 \sim 2\ 777 \ mg/L$，出水 BOD_5 $86.4 \sim 98.3 \ mg/L$，BOD_5 去除率 $93.5\% \sim 98.3\%$；SS 进水 $289 \sim 1\ 476 \ mg/L$，出水 $37.6 \sim 59.4 \ mg/L$，去除率 $96.0\% \sim 98.7\%$。处理生活污水时，进水 COD $737 \sim 1\ 041 \ mg/L$，出水 COD $73.7.9 \sim 90.5 \ mg/L$，COD 去除率 $90.0\% \sim 90.5\%$；进水 BOD_5 $304 \sim 450 \ mg/L$，出水 BOD_5 $29.3 \sim 35.3 \ mg/L$，BOD_5 去除率 $90.4\% \sim 92.2\%$；SS 进水 $397 \sim 661 \ mg/L$，出水 $22.8 \sim 31.7 \ mg/L$，去除率 $92.0\% \sim 96.6\%$。

沈东升等 （2005） 采用更短的水力停留时间 （1d、2d），在常温下，对比研究了填充空心球状填料的管式和折流式厌氧生物反应装置 （容积约 $1m^3$） 处理生活污水的效果，处理装置的对 COD，BOD_5，SS 的去除情况如表 3 - 7 所示。COD 去除率 $66.1\% \sim 80\%$，BOD_5 去除率 $26.8\% \sim 85.7\%$，SS 去除率 $11.7\% \sim 90.2\%$。中试出水有机物浓度与曾华樑等 （1994） 小试试验结果相近，说明生活污水净化沼气池出水

COD 能达到 100 mg/L 以下，出水 BOD_5 与 SS 能达到 40 mg/L 以下。

表 3-7 中试管式和折流式厌氧生物反应装置对有机物的去除效果（沈东升等，2005）

停留时间 (d)	分析指标	进水浓度 (mg/L)	管式装置出水浓度 (mg/L)	去除率 (%)	进水浓度 (mg/L)	折板式装置出水浓度 (mg/L)	去除率 (%)
1	COD	287.2	97.5	66.1	288.4	91.3	68.3
	BOD_5	120	35.0	70.8	139.8	32.5	76.8
	SS	73.3	14.3	80.5	96.8	9.5	90.2
2	COD	288.1	67.0	76.7	291.6	58.3	80.0
	BOD_5	120	26.8	77.7	139.8	20.0	85.7
	SS	73.3	11.7	84.0	96.8	15.0	84.5

其研究结果表明，折板式厌氧生物反应装置的 COD_{cr}，BOD_5 和 SS 的去除能力要优于管式厌氧生物反应装置，在停留时间为 2d 时，折板式装置出水 COD，BOD_5 和 SS 三项指标可以达到《城镇污水处理厂污染物排放标准》（GB 18918—2002）中的一级 B 排放要求。

因为温度、水质水量波动等原因，生活污水净化沼气池工程应用的处理效果还达不到小试与中试的处理效果。四川省四个县市 78 处净化沼气池处理住宅生活污水效果监测表明，出水 COD、BOD_5、SS 平均值分别为 152 mg/L、49.7 mg/L、56.1 mg/L（曾华樑等，1994）。另一项四川某市 88 处生活污水净化沼气池连续三年（1998—2000）监测结果表明，1998—2000 三年出水 COD 平均值分别为 152 mg/L、174 mg/L、240 mg/L，出水 BOD_5 平均值分别为 81 mg/L、84 mg/L、94 mg/L，出水 SS 平均值分别为 43 mg/L、33 mg/L、46 mg/L（田洪春等，2002）。从农业部沼气科学研究所与德国不来梅海外研究与发展协会（Bremen Overseas Research and Development Association，简称 BORDA）合作进行的生活污水净化沼气池处理住宅、医院、学校、公厕污水工程示范效果看，进水 COD 1 686~11 206 mg/L，出水 COD 104~256 mg/L，COD 去除率 84.5%~98.3%，进水 SS 708~5 633 mg/L 时，出水 SS 32~179 mg/L，SS 去除率 37.3%~99.3%，沉淀消化池在污染物的去除中起主导作用（邓良伟等，1997）。谢燕华等（2005）对四川阆中市净化沼气池的调查显示了相似的结果，进水 COD 852~1 034 mg/L，出水 COD 128~166 mg/L，COD 平均去除率 84.5%；进水 BOD_5 821~835 mg/L，出水 BOD_5 80.0~84.5 mg/L，BOD_5 平均去除率 90.1%；SS 进水 350~421 mg/L，出水 31.0~45.2 mg/L，去除率 90.2%。尽管小试、中试装置生活污水净化沼气池出水 COD 能达到 100 mg/L 以下，出水 BOD_5 与 SS 能达到 40 mg/L 以下，生产规模装置出水 COD 只能达到 150 mg/L 左右，出水 BOD_5 只能达到 80 mg/L

左右，SS 能达到 50 mg/L 左右。

小试装置容积产气率 0.060~0.102 L/（L·d），沼气中甲烷含量 60.0%~74.2%（曾华樑等，1994；陈玉谷等，1988）。处理公厕污水的生产规模装置容积产气率为 0.05~0.15 L/（L·d）（邓良伟等，1997），说明净化沼气池产沼气的效率较低，主要作用是去除污染物。

二、氮磷去除

在去除营养物质（氮、磷等）方面，生活污水净化沼气池的效果甚微，主要是因为生活污水净化沼气池处理过程在厌氧或兼氧的条件下进行，缺乏好氧的生物处理过程。目前主要的生物脱氮工艺中，需要经过氨化、硝化和反硝化作用才能完成氮的去除，硝化过程需要在好氧条件下进行，将水中的氨氮和其他形式的氮转化为硝酸盐氮或者亚硝酸盐氮。而污水中磷的去除主要有两个途径，一是靠微生物吸收用于细胞合成，具有这类功能的代表性微生物是聚磷菌，当污水处于好氧（曝气）状态时，聚磷菌会吸收污水中的磷，而厌氧条件下，聚磷菌则会将吸收的释放磷到污水中，故仅具有厌氧/兼氧过程的生活污水净化沼气池难以达到较好除磷效果。磷去除的第二个途径是依靠颗粒物质沉淀以及污泥的吸附沉淀，后者需要有较好的水力条件，使污水与污泥充分接触，使磷得到去除。总体来说，由于好氧条件的缺乏，生活污水净化沼气池对营养物质的去除较为有限。

填充空心球状填料的管式和折流式厌氧生物反应装置（容积约 1m³）中试试验结果表明，HRT 为 2 d，在平均进水总氮（TN）分别为 66.10 mg/L 和 66.65 mg/L 条件下，管道式和折流式厌氧生物反应装置出水 TN 浓度分别为 53.0 mg/L 和 51.5 mg/L，总去除率分别为 19.9% 和 22.9%。平均进水总磷（TP）浓度分别为 7.27 mg/L 和 7.40 mg/L，平均出水 TP 分别为 3.93 mg/L 和 4.05 mg/L，总磷去除率分别达到 45.9% 和 45.3%。TP 去除率高于 TN 去除率，因为氮主要以溶解态氨氮存在，磷主要存在于颗粒物中，而磷的去除则由微生物吸收和吸附沉淀双重作用所致。延长水力停留时间后，NH_4^+-N 浓度反而有时出现上升的现象，因为有机物分解过程中，有机氮转化为铵态氮（沈东升等，2005）。

在生活污水净化沼气池实际工程的运行中，氮磷去除也是比较差。四川某市 88 处生活污水净化沼气池连续三年监测结果表明，1998—2000 年三年出水氨氮平均值分别为 20 mg/L、32 mg/L、24 mg/L（田洪春等，2002）。现行的《城镇污水处理厂污染物排放标准》（GB 18918—2002）中，二级排放标准要求氨氮浓度为 ≤ 25 mg/L（当水温低于 12 ℃时 ≤ 30 mg/L），因此单靠生活污水净化沼气池难以达到此排放标准。

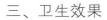

三、卫生效果

在卫生效果方面，与沼气池和化粪池类似，生活污水净化沼气池的厌氧处理、沉淀、过滤等过程会去除污水中的部分病原微生物，达到一定卫生防疫的效果。从运行情况来看，生活污水净化沼气池在卫生防疫方面能起到一定作用。沈东升（2005）等利用地埋式无动力厌氧反应装置（UUAR）对生活污水进行处理，并对其卫生指标进行了检测，其结果如表3-8所示。管道式装置对总大肠菌群数、细菌总数和蛔虫卵的去除率均很高，HRT为1 d时，二次测定平均去除率分别为95.8%、82.9%和100%；HRT为2 d时，二次测定平均去除率分别为95.8%、86.1%和100%。而折流式装置因第二次取样时有少量污泥流失，致使折流式装置对细菌总数和蛔虫卵的平均去除率较低。HRT为1 d时，二次测定总大肠菌群数、细菌总数和蛔虫卵的平均去除率为99.8%、37.4%和78.7%；HRT为2 d时，二次测定的平均去除率分别为99.8%、59.3%和98%。

表3-8 地埋式无动力厌氧反应装置的卫生指标（沈东升等，2005）

序号	反应器类型	水样	细菌总数（个/mL）	去除率（%）	总大肠菌群（个/mL）	去除率（%）	蛔虫卵（个/mL）	去除率（%）
第一次检测	管道式装置	进水	$9.3×10^6$	—	$3.5×10^5$	—	85	—
		1d 出水	$2.7×10^6$	71.0	$2.4×10^4$	93.1	0	100
		2d 出水	$2.2×10^6$	76.3	$2.4×10^4$	93.1	0	100
	折流式装置	进水	$7.9×10^6$	—	$5.4×10^6$	—	225	—
		1d 出水	$2.0×10^6$	74.7	$2.4×10^4$	99.6	15	93.3
		2d 出水	$4.2×10^5$	94.7	$2.4×10^4$	99.6	0	100
第二次检测	管道式装置	进水	$1.9×10^6$	—	$2.4×10^6$	—	70	—
		1d 出水	$1.0×10^5$	94.7	$3.5×10^4$	98.5	0	100
		2d 出水	$8.0×10^4$	95.8	$3.5×10^4$	98.5	0	100
	折流式装置	进水	$2.1×10^6$	—	$2.4×10^7$	—	125	—
		1d 出水	$2.1×10^6$	0	$2.4×10^4$	99.9	45	64
		2d 出水	$1.6×10^6$	23.8	$3.5×10^3$	99.99	5	96

四川某市88处生活污水净化沼气池连续三年监测结果表明，1998—2000年三年出水寄生虫卵数平均值分别为0个/L、0.55个/L、0个/L（田洪春等，2002）。处理住宅、医院、学校、公厕污水的生产规模装置进水粪大肠菌值10^{-5}～$4×10^{-7}$，出水10^{-3}～$4×10^{-5}$，去除率99.0%～99.7%以上，进水寄生虫卵160～320个/L，出水0～28个/L，去除率91.3%～100%，出水中未检出沙门氏菌、志贺氏菌、痢疾杆菌和结核杆菌等致

病菌（邓良伟等，1997）。说明生活污水净化沼气池具有较好的卫生效果。

《粪便无害化卫生标准》（GB 7959—2012）要求，常温沼气发酵工艺的蛔虫卵去除率高于95%，粪大肠菌值要大于10^{-4}。从试验结果来看，厌氧反应器对粪大肠菌和蛔虫卵去除较为显著，但部分粪大肠菌值仍未达到相关标准。在反应装置中，这两者去除的机理有所不同，大多数大肠杆菌是好氧菌，不能长时间存活在厌氧条件下，还有一部分大肠杆菌是兼性厌氧微生物，但是它需要有硝酸盐代替氧气的情况下才能存活（Bertero M G 等，2003）。生活污水净化沼气池内部处于厌氧状态，既没有氧气，硝酸盐含量也很低，因此大肠杆菌难以在该反应过程中存活。蛔虫卵平均尺寸大于大肠杆菌，一般在 45 μm×60 μm 左右，因此沉淀和过滤可能是蛔虫卵去除的主要机理。在短的水力停留时间下，即比较高的上升流速下，蛔虫卵很难被完全沉淀和杀灭。试验也反映出延长停留时间可在一定程度上可提高出水的卫生效果，停留时间为 48 h 的处理效果均优于 HRT 为 24 h 的处理效果，我国要求化粪池的最小水力停留时间为 12 h，难以达到良好的卫生效果。

四、其他厌氧生物处理工艺对生活污水的净化效果

各种厌氧生物处理反应器在污染物去除原理上基本相同，即通过厌氧，兼性微生物的分解发酵作用和过滤/沉淀等方式去除污染物，不同的只是工艺的实现形式。

表3-9 是王玉华等（2008）监测的我国江苏省传统三格式化粪池的处理效果。COD 去除率只有 30%~50%，TN 去除率 3%~10%，TP 去除率 13%~49%。四川省四个县市 30 处标准化粪池处理住宅生活污水效果监测表明，出水 COD、BOD_5、SS 平均值分别为 544 mg/L、47.9 mg/L、291 mg/L（曾华燊等，1994）。两者报道的化粪池出水 COD 浓度比较高，均在 500 mg/L 以上，说明化粪池对有机物的去除效果远不及生活污水净化沼气池。

表 3-9 三格式化粪池对生活污水的净化效果（王玉华等，2008）

地区	进口浓度（mg/L）			出口浓度（mg/L）			去除率（%）		
	COD	TN	TP	COD	TN	TP	COD	TN	TP
苏南	1370.5	81.8	15.2	641.7	73.2	7.7	53.18	10.55	49.34
苏中	2470.5	71.5	20.8	1116.8	69.4	17.9	54.80	2.94	13.80
苏北	1350.0	75.0	16.7	914.3	70.1	14.5	32.28	6.49	13.37
平均	1730.3	76.1	17.7	890.9	70.9	13.4	48.51	6.83	23.92

UASB、AF 等高效厌氧生物处理反应器在热带、亚热带地区进行了一些生活污水处理的尝试，表3-10 列出了部分处理工程的基本情况及处理效果（李亮等，2004）。

UASB、AF 等高效厌氧生物处理反应器处理生活污水的水力停留时间一般在 12 h 以内，但是对 COD、BOD_5 去除效果普遍优于化粪池，与生活污水净化沼气池的处理效果差不多。但是，这些高效厌氧生物处理反应器需要动力，管理比较复杂，运行费用比生活污水净化沼气池高。

表 3-10　其他生产规模厌氧生物处理反应器处理生活污水的运行结果（李亮等，2004）

项　目	荷兰（伯杰姆巴赫特）	荷兰（伯杰姆巴赫特）	巴西（圣保罗）	哥伦比亚（布卡拉曼加）	哥伦比亚（卡利）	印度（孟买）	印度（坎布尔）
反应器类型	UASB	UASB	UASB	UASB	UASB	AF	UASB
反应器容积（m^3）	20	6	120	35	6	12	6
HRT（h）	10	8	4.7~9.0	5	6	12	6
温度（℃）	15~16	15~19	20~25	23~27	25	15~25	20~30
容积负荷[kg COD/(m^3·d)]	0.4~0.9	0.5~1.0	—	—	2	0.7	—
COD 去除率（%）	49	55	70	66	78	49~78	62~70
BOD 去除率（%）	—	—	80	80	66	69~83	65~75
TSS 去除率（%）	60	60	79	70	75	68	67~79
出水 COD（mg/L）	170~303	220	96	145	120	92~198	91~103
出水 BOD（mg/L）	69	40~110	31	39	25	22~55	50~56
出水 TSS（mg/L）	51	43~80	35	70	30	117	134

第六节　生活污水厌氧处理出水后处理技术

无论是传统的生活污水净化沼气池还是改良后的池型，其基本的特征都是以厌氧处理为主，辅以兼氧措施强化处理效果，主要去除有机污染物和病原微生物，但对氮、磷等营养物质的去除效率较差。随着社会经济的发展，生活水平不断改善，人们对赖以生存的生态环境也提出更高要求，污水排水标准日渐提高，生活污水净化沼气池出水水质难以满足较高的排放标准。因此，为了达到更高的排放标准，生活污水净化沼气池常常需要增加后续处理工艺，与其他技术联合使用，以克服自身在污水处理上的一些局限。常用的后续处理工艺有好氧生物处理技术和自然生态处理技术。

一、好氧生物后处理技术

目前，作为生活污水净化沼气池后续处理的好氧生物处理技术主要有生物滤池、生物接触氧化法等。

（一）生物滤池

生物滤池是根据土壤自净原理发展形成的一种人工生物处理技术。在生物滤池工艺中，污水呈滴状喷洒在块状滤料表面，污水流经的表面会逐渐形成生物膜。生物膜成熟后，会截留流经污水的悬浮物质，吸附污水中的有机污染物质，对其进行分解、代谢合成自身物质，使污水得到净化。其水流条件与滤池类似，滤料空隙相对比较小，因此容易堵塞，故生物滤池的进水应控制悬浮物浓度。目前，常用于农村生活污水后处理的有阶梯式生物滤池、塔式生物滤池、拔风溅水充氧生物滤池等几种类型。

生物滤池主要优点为：① 维护管理简单，运行费用低。② 能耗较低，节约能源。③ 剩余污泥量小且易于分离。

生物滤池主要缺点为：① 容易堵塞。② 滋生蚊蝇，卫生环境差。

生活污水净化沼气池后增加生物滤池，主要目的是强化悬浮物和营养物质的去除，以达到排放标准。韩国忠清南道公州市的一农村社区采用厌氧挡板反应器（ABR）（类似生活污水净化沼气池）—生物滤池—人工湿地组合工艺处理生活污水，其工艺见图 3-12（易齐涛等，2016）。

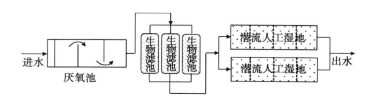

图 3-12　ABR—生物滤池—人工湿地处理生活污水工艺流程

运行结果表明，ABR—生物滤池—人工湿地组合工艺处理农村生活污水，系统稳定后表现出良好的净化效能，绝大部分时段出水 COD 和 NH_4^+-N 浓度分别低于 15 mg/L 和 30 mg/L，出水 TP 浓度均值维持在 1.5 mg/L 左右。其中 TSS、COD 和 NH_4^+-N 的去除效率分别为 97.7%、89.6% 和 63.3%，但对 TN 和 TP 的处理效果相对较差，仅为 26.7% 和 32.4%。组合工艺中，ABR、生物滤池和人工湿地对 TSS 去除的贡献率分别为 35.7%、9.8% 和 52.1%，对 COD 去除的贡献分别为 22.4%、33.8% 和 31.3%，对 TN 去除的贡献 5.4%、0.0% 和 22.0%。生物滤池主要表现为 COD 和 NH_4^+-N 的强化处理，而人工湿地则能有效去除 TSS、TP 及 TN。

（二）生物接触氧化

生物接触氧化法是生活污水净化沼气池出水后处理常用技术。其实质是在曝气充氧的生物反应池内充填填料，已经充氧的污水浸没全部填料，并以一定的流速流经填料。微生物在填料上生长形成生物膜，污水与生物膜广泛接触，在微生物的新陈代谢作用下，污水中有机污染物被去除，污水得到净化。

总体来说，生物接触氧化法具有以下特点：① 生物反应池充填填料之后，单位池容内的生物量显著增加（活性污泥法一般污泥浓度为 1.5~6.0 g/L，而生物接触氧化法为 10~20 g/L），提高了处理负荷，减少了占地面积，可节省用地和基础建设投资。②对水力冲击负荷和有机物冲击负荷变化的抗性高。③接触氧化法污泥沉降性能好，无须污泥回流，可以有效克服污泥膨胀的问题，可减少运维人员的工作量。

但是，同生物滤池、活性污泥法相似，若设计或运行不当，生物接触法容易出现布水不均、曝气效率低、局部存在流动死角等问题，在应用中应加以注意。

生物接触氧化池可采用一段式或者两段式。一般有效水深为 3~5 m。填料可全池布置、两侧布置、单侧布置，填料应分层安装，每层高度不超过 1.5 m。以碳氧化为主时，容积负荷方面宜为 2.0~5.0 kg BOD_5/（$m^3 \cdot d$）；以碳氧化/硝化为主时，宜为 0.2~2.0 kg BOD_5/（$m^3 \cdot d$）。

采用生物接触氧化法作为净化沼气池后处理单元，可以进一步去除有机物，对氨氮有较好的转化效果，但是对总氮去除效果差，因为大部分有机物在净化沼气池单元被去除，好氧后处理单元的反硝化脱氮缺乏电子供体。在一个厌氧折流板反应器（ABR）—生物接触氧化池（BCO）组合工艺处理农村生活污水的系统中，厌氧折流板反应器（ABR）对 COD 去除平均贡献 92%，而生物接触氧化池平均贡献只有 6%。系统对氨氮去除率为 99%，总氮去除率为 40%，氨氮主要由生物接触氧化池去除，总氮去除主要是因为生物接触氧化池局部厌氧区域发生反硝化作用以及微生物的同化作用（袁惠萍，等 2012）。

二、自然生态后处理技术

好氧生物处理技术作为生活污水净化沼气池系统的补充，能进一步去除有机污染物，并且弥补生活污水净化沼气池在氮磷去除上的缺陷。总体上来讲，好氧生物处理技术较为成熟，处理效率较高，污染物去除也比较彻底。然而，好氧生物处理技术能耗较大，运营管理要求高，投资和运行费用比较昂贵，要求当地农村具备较好的经济条件和较高的运行管理水平。对于一些经济较为落后，环境容量相对较大，对于处理出水水质要求较为宽松的地区，可采用自然生态处理技术进一步处理净化沼气池出水。自然生态处理技术主要有稳定塘、人工湿地和土地处理系统等。

（一）稳定塘

稳定塘（Stabilization Pond），又称氧化塘（Oxidation Pond），是指经过人工适当修整或者修建的设有围堤和防渗层的污水池塘，主要通过水生生态系统的物理、化学和生物作用对污水进行自然净化。氧化塘主要分为五类：好氧塘、兼氧塘、厌氧塘、曝气塘、深度处理塘。用于净化沼气池出水后处理的稳定塘主要是兼性塘和好氧塘。好氧塘一般采用较低的有机负荷值，通常 BOD_5 负荷低于 3 g/（$m^2 \cdot$ d），池深较浅，多在 0.3～0.5 m，阳光能透到池底，塘内存在藻、菌及原生动物共生系统，塘内复氧主要靠藻类的光合作用和自然的风力搅动。兼性塘池深多在 1.0～2.5，塘内生物相较为丰富，塘的上层是好氧层，中层和底层是兼性和厌氧层，兼性塘的 BOD_5 负荷多为 5～10 g/（$m^2 \cdot$ d），出水 BOD_5 一般 < 100 mg/L，SS 多在 30～150 mg/L 范围（图 3-13）。

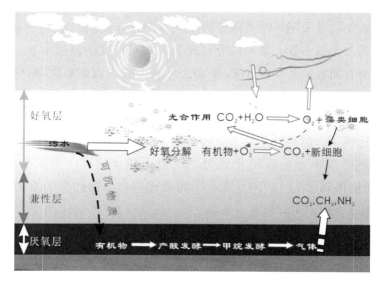

图 3-13　兼性稳定塘的工作机理

稳定塘作为农村生活污水处理的一种简易设施，主要优点如下。

（1）可利用旧河道、沼泽地、谷地作为基础改造成为稳定塘，基建投资低。

（2）除曝气塘外，其他类型稳定塘能耗较低，处理费用低，便于人工维护。

（3）稳定塘内有藻类、植物、浮游动物等多种生物，可种植/养殖有经济价值的动植物。

稳定塘也存在以下缺点。

（1）处理负荷低，占地面积较大。

（2）稳定塘是自然开放的系统，处理效果受自然环境影响大。

（3）可能污染地下水，产生臭氧和滋生蚊蝇。

（4）管理不当易产生底泥淤积问题。

在农村生活污水处理中，稳定塘主要用于有水沟、低洼地或者池塘的干旱、半干旱地区以及土地面积丰富的区域。稳定塘常作为组合处理工艺的后端处理单元，位于厌氧处理（化粪池、生活污水净化沼气池）或好氧处理单元之后，主要用于进一步去除污染物，并储存一部分污水。在很多情况下，氧化塘可在春夏季节作为污水处理池用，秋冬季节作为污水存储池塘，图3-14和图3-15是农村地区修建的稳定塘。稳定塘用于生活污水净化沼气池出水后处理，在我国已有很多的实践案例。例如，成都市湔江水泥厂曾利用净化沼气池+稳定塘的工艺处理生活污水（赵锡惠等，1995），日处理生活污水400吨，建设有净化沼气池总容积438 m³（人均池容0.35 m³），稳定塘面积1 000 m²，水深1.7~1.8 m。其工艺流程为，"生活污水→沉砂池→厌氧消化池→水压池→折流式滤池→自然氧化沟→稳定塘→农灌渠"。

经过五年的运行和检测，其出水水质均值如表3-11所示。

表3-11　净化沼气池+稳定塘处理生活污水的运行效果（赵锡惠等，1995）

采样点	色度	pH	COD_{cr}（mg/L）	BOD_5（mg/L）	SS（mg/L）	氨氮（mg/L）	粪大肠菌值	虫卵数（个/L）
净化沼气池	<50	7~8	85.3	53.3	17.2	16.8	$10^{-5} \sim 10^{-4}$	0.72
自然氧化沟	<20	7~8	42.1	15.5	13.8	10.8	$10^{-5} \sim 10^{-4}$	0.5
稳定塘	<20	7~8	37.4	12.2	9.7	7.87	10^{-4}	0
总出水口	<20	7~8	23.6	10.7	6.4	5.7	10^{-4}	0

图3-14　农村地区修建的稳定塘

图3-15　带生物浮岛的稳定塘

（二）人工湿地

人工湿地污水处理技术是以植物、土壤及微生物构成的自然生态系统为基础，利用生态系统的物理、化学和生物的三重协同作用，通过过滤、吸附、共沉、植物吸收和微生物分解实现废水的高效净化、资源化及再生利用。相对天然湿地来说，其设计和建造主要强化了自然生态系统中截流、吸附、转化分解有机物等物理、化学和生物过程。首先，人工湿地基质区域的土壤可拦截悬浮颗粒，也可以吸附部分溶解性污染物。此外，种植的植物可以吸收水中的氮、磷等营养物，植物根系可以为系统提供污水处理所需的氧，并且为微生物提供附着表面。系统中的微生物可以有效地降解水中的污染物质，湿地系统中的微生物种类较为丰富，在这些微生物相互协同的作用下，污水可以得到较为彻底的处理。

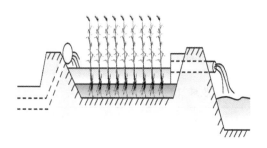 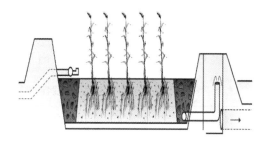

图 3-16　表流型人工湿地示意　　　　　　图 3-17　潜流型人工湿地示意

按照废水在人工湿地中的流经方式，可以将人工湿地分为表流型人工湿地（图 3-16）和潜流型人工湿地（图 3-17）两类，不同类型的人工湿地对污染物的去除效果不同，具有各自优缺点。从工艺特点上来说，人工湿地负荷普遍较小，主要是靠增大占地面积来保证处理量。在设计负荷选取时，对于污染物浓度高、水质水量波动大的情况，负荷值应尽量取得小一些。因为有机物已经在净化沼气池单元去除，人工湿地作为后处理单元，主要功能是去除氮磷，因此，应按氮磷负荷进行设计。

人工湿地作为净化沼气池的一项后处理技术，在我国农村生活污水处理中广泛应用，其主要特点如下。

（1）运行费用低，在有一定地形高差的地区，人工湿地运行几乎不消耗能源，也无须投加任何药剂。

（2）运维便利，技术要求低。其日常维护运行非常简单，主要靠自然生态处理，需要人工干预较少。

（3）处理效果较好。只要是按照规范设计、施工的人工湿地，都能达到较好的出水水质，耐冲击负荷能力强。

（4）有一定的景观作用，可以与当地的旅游、种植等结合起来。

尽管如此，人工湿地还是存在占地面积较大，单位面积处理效率相对较低的问题，在土地较为紧张的地区不宜使用。

朱凯等构建了 ABR 反应器-复合人工湿地的实验装置来处理校园的生活污水，取得较好的污染物去除效果和出水水质，实验期间出水 COD 和 NH_4^+-N、TN、TP 的平均质量浓度分别为 47.1 mg/L 和 11.6 mg/L、18.2 mg/L、0.6 mg/L，平均去除率分别为 84.6%和 59.3%、58.0%、78.1%。组合工艺对 NH_4^+-N 和 TN 的去除率受温度的影响较大，而温度对系统 COD 和 TP 的去除效能影响较小。各处理单元对污染物的去除贡献率列于表 3-12（朱凯等，2014）。

表 3-12　厌氧—人工湿地组合工艺各处理单元对生活污水中污染物去除的贡献率

处理单元	去除贡献率（%）			
	COD	TN	氨氮	TP
ABR	75.4	20.2	12.7	13.2
水平潜流湿地	14.5	45.8	48.9	41.7
上行垂直流湿地	3.8	8.7	12.3	28.7
下行垂直流湿地	6.3	25.3	26.1	16.4

第七节　生活污水净化沼气池的运行及管理

生活污水净化沼气池的处理效果主要由两方面决定，一方面是工程建设，需要合理设计和精心施工；另一方面是管理运行，建成后的净化沼气池需要完善的管理和运行才能达到治理污染，改善环境的目的。运行维护的关键是为净化沼气池内微生物提供合适的生长代谢条件，提高微生物的净化处理效率，并保持净化沼气池不堵塞、不漏水、不漏气。具体来说，需要注意以下几点。

（1）防止废弃农药、电石、消毒剂等进入生活污水净化池，以免对微生物产生抑制作用。

（2）沉砂井（池）中的沉降物，如瓦片、石头、玻璃、金属、塑料等，要及时清理，并注意防止进口产生的结壳堵塞进料管。

（3）厌氧区必须密闭，应保证池体的密封性，防止厌氧区池体开裂，避免氧气进入。

（4）定期清洗或更换填料和滤料。软填料清洗可在池内冲洗，防止结团；硬性、半硬性填料需要从池内取出，洗刷干净后装入池内。每 10 年更换软填料，每 4~5 年更换聚氨酯过滤泡沫板滤料。

（5）每 1~2 年应清掏污泥 1 次，当出水水质没有出现明显下降或无污泥流失情况可延长清掏时间，清掏时温度应在 10 ℃ 以上。清掏污泥可用粪车抽吸，抽吸时打开活动盖，人员不得进入池内。清掏出的污泥经过无害化处理后宜用作农肥或作为新启动生活污水净化沼气池的接种物。

（6）发现生活污水净化沼气池发生渗漏时应及时维修。例如，当进水口有进水而出水口无出水，或出水量明显小于进水量时，需要检查池体是否存在渗漏，同时检查各池间连接管道是否存在破损现象。

（7）应对进出水水质进行定期监测，当出水水质明显恶化，不能达到设计标准时，需要查明原因，及时维护，例如及时清淤，更换填料或过滤材料等。

（8）人员不得进入产生有毒有害气体的厌氧消化池、厌氧滤池和兼氧滤池。当维护池体、更换填料、滤料等情况必须进入时，应严格按照相关规范操作，防止事故发生。

（9）净化沼气池处理出水优先用于浇灌蔬菜、粮食、果木等作物，既节约灌溉用水，又能提供氮磷养分。达到当地排放标准后，可直接排入水体。

第四章　沼气工程

沼气工程是指采用厌氧消化技术处理各类有机废弃物(水)，日产沼气量大于等于 5m³ 的系统工程，分为小型、中型和特大型沼气工程。相对农村户用沼气池，沼气工程系统更加复杂，其发酵装置一般建在地上或半地上，运行需要动力。沼气工程的建设内容包括主体工程、配套工程、生产管理与生活服务设施等，需要工艺、结构、设备、电气与控制等专业人员根据原料和现场情况进行专门设计。沼气工程不仅需要科学的设计，而且需要专业的施工建造和精心的运行管理。

第一节　沼气工程发酵原料及特性

沼气工程发酵原料主要有五类：畜禽粪污、作物秸秆、工业废弃物、市政废弃物以及水生植物。

一、畜禽粪污

畜禽粪污（包括畜禽粪便、尿及冲洗废水），是良好的沼气发酵原料。产生沼气的底物是有机物，因为尿液中有机物含量很少，因此，估算沼气产量时，一般以畜禽粪便量作为依据。畜禽粪便的排泄量与品种、体重、生理状态、饲料组成和饲喂方式等因素相关，表4-1汇总了郭德杰等（2011）、刘忠等（2010）、张田等（2012）、庄犁等（2015）报道的畜禽粪便产生量。

表4-1　畜禽粪便产生量

畜禽种类	粪便量（kg/d）
猪	1.4~1.8
奶牛	30~33
肉牛	12~15
羊	1.1~1.2

畜禽种类	粪便量（kg/d）
兔	0.36~0.42
鸡	0.10~0.15
鸭	0.10~0.12

畜禽粪污作为沼气发酵原料具有许多优势：① 碳氮比一般在（15~30）:1 范围，适合厌氧微生物的生长。② 具有较高的缓冲能力，能应对不严重的酸化问题。③ 一些畜禽粪便（例如牛粪）中含有瘤胃微生物，可以为沼气发酵体系补充沼气发酵菌种。

然而，畜禽粪污作为沼气发酵的原料也有不利因素：①畜禽粪污体积大、干物质含量比较低，粪便干物质含量一般小于30%，冲洗污水低于2%，所以单位体积原料的沼气产量较低，原料或沼液的运输成本较高。②某些畜禽粪便中重金属和抗生素含量较高，会影响沼气发酵过程以及沼渣沼液的处理和还田利用。③ 禽类粪污中氨的含量较高，容易造成沼气发酵体系氨抑制。为解决上述问题，通常将畜禽粪污和秸秆、市政有机废弃物混合进行共发酵。相对于畜禽粪污原料单一发酵，混合发酵体系更加稳定。畜禽粪污原料特性及原料产气率见表4-2。

表4-2　畜禽粪污原料特性及原料产气率

（ Al Seadi，2008；Wellinger 等，2013；万仁新，1995；宋立等，2010；董仁杰等，2000）

原料种类	TS（%）	VS/TS（%）	C:N	原料沼气产率			原料甲烷产率	
				（m³/kg FM*）	（m³/kg TS）	（m³/kg VS）	（m³/kg FM）	（m³/kg VS）
猪粪	20~25	77~84	13~15		0.252~0.352			
奶牛粪	16~18	70~75	17~26	0.060~0.120	0.180~0.250		0.033~0.036	0.130~0.330
肉牛粪	17~20	79~83	18~28		0.180~0.250			
羊粪	30~32	65~70	26~29		0.206~0.273			
鸡粪	29~31	80~82	9~11		0.323~0.375			
鸭粪	16~18	80~82	9~15		0.359~0.441			
兔粪	30~37	66~70	14~20		0.174~0.210			

注：* FM，鲜重

不同种类的畜禽粪便，具有不同的理化特性，会影响沼气工程运行性能，在沼气工程设计与运行时，需要特别注意。牛粪中杂草较多，沉淀物较少，浮渣多于沉渣。奶牛粪含砂量较高，在沼气工程预处理阶段需要精心设计除砂。猪粪中沉淀物比较多，沉渣多于浮渣。由于冲洗污水较多，所以猪场粪污水量大、浓度低，升温困难，冬季产气少，全年运行不稳。鸡粪中含有羽毛、砂粒，并且砂粒包裹于有机物之中，需要在沼气工程预处理阶段去除羽毛和砂粒。羊粪和兔粪中含草较多，水分含量低，呈颗粒状，需在预处理阶段设置泡粪池溶化颗粒。

二、作物秸秆

农作物生物量一般包括农作物经济产量、地上茎秆产量、根部生物量三部分，通过以上三部分质量的测定，可以得出三部分之间的比例系数，再根据作物的经济产量即可估算作物秸秆的产量。目前，主要采用草谷比法进行秸秆产量估算，表4-3是根据王晓玉等（2012）获得的平均草谷比系数、国家统计局公布的作物产量估算得到的秸秆产量。

农作物秸秆作为沼气发酵原料，干物质含量高，单位鲜重的沼气产率高，原料和沼渣的运输比较经济，并且产生沼液少。但是农作物秸秆作为沼气发酵原料也有一些缺点：①秸秆中含有大量的纤维素、半纤维素和木质素，纤维素和半纤维素的降解需要较长的时间。②秸秆原料的碳氮比较高，一般在50以上，不适宜沼气发酵微生物的正常生长，所以纯秸秆沼气工程启动时间较长。③作物秸秆季节性强，需要较长时间储存，储存设施占地大。④秸秆在沼气发酵装置中容易产生浮渣，出料困难。

表4-3　主要农作物秸秆草谷比和秸秆产量

项目	草谷比	平均经济产量（kg/hm²）	秸秆产量（kg/hm²）	秸秆亩产量（kg/亩）
水稻	1.04	7 779	8 090	539
小麦	1.28	4 687	5 999	400
玉米	1.07	5 870	6 281	430
高粱	1.60	4 101	6 561	419
大豆	1.35	1 820	2 457	164
油菜	2.90	1 885	5 467	364
棉花	2.87	1 458	4 184	279
烟草	0.66	2 134	1 408	94
甘蔗	0.34	68 600	23 324	1 555
甜菜	0.37	49 793	18 423	1 228

秸秆原料特性及工程规模的原料产气率见表4-4。从产气率上看，玉米秸秆产气率最高，小麦秸秆次之，水稻秸秆较低。

表4-4　农作物秸秆原料特性及原料产气率

原料种类	TS（%）	VS/TS（%）	C : N	原料产气率（m³/kg TS）
玉米秸秆	80~95	74~89	51~53	0.33~0.35

原料种类	TS （%）	VS/TS （%）	C∶N	原料产气率 （m³/kg TS）
水稻秸秆	82~88	74~83	68~87	0.32~0.33
小麦秸秆	83~95	82~84	51~67	0.30~0.31

三、工业有机废弃物

大多数工业有机废弃物都可作为沼气发酵原料，主要有食品和饮料生产、饲料加工、制糖、淀粉加工、水果加工废弃物及废水等。工业废弃物的排放量多根据单位工业产品的废弃物/废水排放量来估算，表4-5是部分工业有机废弃物、废水的排放量数据。

表4-5　食品与发酵工业废渣及废水单位排放量（王凯军等，2000b）

行业	废渣水名称	单位排放量（m³/t 产品）*	单位排放量（m³/t 产品）**
粮薯酒精	酒精糟	15	80
糖蜜酒精	酒精糟	15	60
味精	米渣	3	400
	废母液	20	
柠檬酸	薯干渣	3	300
	中和液	10	
	浸泡水	25	
淀粉	黄浆	10	50
	皮渣	10	
淀粉糖	玉米浆渣	0.3	—
啤酒	麦糟	0.2	20
	废酵母	0.01	
白酒	白酒糟	3	60
黄酒	黄酒糟	3	4
甜菜制糖	甜菜粕	6.7	100
	甜菜泥	1	
甘蔗制糖	甘蔗渣	10	20
	甜菜泥	1	
乳制品	—	—	8
罐头	—	—	100
软饮料	—	—	100

注：* 仅包括主要废渣水

　　** 除主要废渣水外还包括洗涤水、冲洗水、冷却水工业有机废弃物来源不同，其组成成分、干物质含量和原料产气率等都有较大差别（表4-6、表4-7）。碳水化合物、脂类、蛋白质含量高的工业废弃物，易于生物降解，适合作为沼气发酵原料。工业有机废水水量较大，经沼气发酵后产生的厌氧消化液还田利用较为困难，通常在沼气发酵单元的后端还需建设后处理设施，将厌氧消化出水进一步处理，达到排放标准。

表4-6　工业废水原料特性及原料产气率

（王凯军等，2000a；王凯军等，2000b；惠平，1995；韩生健等，1988）

原料种类	COD（mg/L）	BOD$_5$（mg/L）	原料产气率（m³/kg COD）
糖蜜酒精糟	80 000~110 000	40 000~70 000	0.360~0.495
粮薯酒精糟	50 000~70 000	20 000~40 000	0.331~0.678
淀粉废水	3 000~9 000	1 500~5 000	0.340~0.440
高浓度啤酒废水	4 000~6 000	2 400~3 500	0.420
柠檬酸废水	10 000~44 000	6 000~25 000	0.430~0.530
味精废水	30 000~70 000	20 000~42 000	0.340~0.520

表4-7　工业废渣原料特性及原料产气率（董仁杰等，2000）

原料种类	TS（%）	VS（%）	C：N	原料沼气产率		原料甲烷产率	
				（m³/kg FM）	（m³/kg VS）	（m³/kg FM）	（m³/kg VS）
小麦酒糟	20~25	70~80		0.105~0.130		0.062~0.112	0.295~0.443
谷物酒糟	6~8	83~88		0.030~0.050		0.018~0.035	0.258~0.420
土豆酒糟	6~7	85~95		0.026~0.042		0.012~0.024	0.240~0.420
水果加工废弃物	15~20	75	35		0.250~0.500		
粗甘油				0.240~0.260		0.140~0.155	0.170~0.200
菜籽饼	92	87		0.660		0.317	0.396
土豆渣	13	90		0.070~0.090		0.044~0.050	0.358~0.413
土豆浆	3.7	70~75		0.050~0.056		0.028~0.031	0.825~1.100
甜菜渣	22~26	95		0.060~0.075		0.044~0.054	0.181~0.254
苹果渣	25~45	85~90		0.145~0.150		0.098~0.101	0.446~0.459
葡萄渣	40~50	80~90		0.250~0.270		0.169~0.182	0.432~0.466

四、市政废弃物

（一）城市有机垃圾

城市生活垃圾指人们生活活动中所产生的固体废物，主要有居民生活垃圾、商业垃圾和清扫垃圾，将生活垃圾中的有机部分分离出来，称为城市有机垃圾，可用作沼气发酵的原料。城市有机垃圾产量主要受人口密度、能源结构、地理位置、季节变化、生活习俗、经济状况以及回收习惯等因素的影响。我国城市生活垃圾人均产量已经达到 1.2 kg/（人·d）（付杰，2014）。人类生活垃圾种类复杂，为了保证沼气发酵过程（包括预处理、料液输送、混合搅拌、发酵产气、沼肥利用等过程）的持续、稳定运行，必须在源头对生活垃圾进行有效的分离，使各种有机垃圾相对单一，杂质含量应尽量低。

城市有机垃圾作为沼气发酵原料，需要考虑两大因素：① 垃圾收集和分离的成本。② 垃圾源分离的效果，垃圾中金属、玻璃、塑料和砂石等杂质会严重影响沼气工程的正常运行，需要在预处理阶段将这些杂质去除。有机垃圾通常还含有一些病原菌，在利用前后还需采取消毒措施使其利用更加安全。

城市生活垃圾成分与生活习惯、经济发展水平有很大关系，燃煤区有机成分一般在 30% 左右，燃气区可达 75%（郭亚丽等，2001），有机垃圾的 VS/TS 一般在 80% 左右，C/N 为 12~20，适合作为沼气发酵原料，其产沼气潜力为 0.22~0.27 m^3/kg TS 或 0.30~0.40 m^3/kg VS（项昌金等，1989；张记市等，2005；叶诗瑛，2007）。

（二）餐厨垃圾

餐厨垃圾是餐饮垃圾和厨余垃圾的总称。餐饮垃圾是指餐馆、饭店、单位食堂等场所的饮食剩余物以及后厨的果蔬、肉食、油脂、面点等加工过程废弃物。厨余垃圾指家庭日常生活中丢弃的果蔬及食物下脚料、剩菜剩饭、瓜果皮等易腐有机垃圾。国内目前所说的餐厨垃圾主要还是指餐饮垃圾，厨余垃圾一般归入生活垃圾。餐饮垃圾的单位产量与饮食习惯、经济条件和就餐方式有关，人均餐饮垃圾产生量大约为 0.1 kg/（人·d），针对不同城市，可以乘以修正系数，经济发达城市、旅游业发达城市或高校较多城市的修正系数可取 1.05~1.15，经济发达旅游城市、经济发达沿海城市的修正系数可取 1.15~1.30。

相对于其他沼气发酵原料，餐厨垃圾的油脂含量和盐分含量较高，其来源也比较复杂，不同饮食习惯地区的餐厨垃圾的成分也有很大的区别。表 4-8 是刘家燕等（2016）报道的南方某城市餐厨垃圾组分，表 4-9 是马磊与刘肃报道的北方城市餐厨垃圾的理化特性，在我国餐厨垃圾中较具代表性。

餐厨垃圾含水率一般高达 80%~90%，油脂含量高达 1%~5%，盐分（NaCl）含量为 1%~2%；餐厨垃圾富含有机物，可挥发性有机质占有机质的比例高达 90%~94%（干基）（靳俊平等，2013）。1 吨鲜垃圾可以产生沼气 70~110 m^3 沼气，餐厨垃圾原料产气率为 0.45~0.50 m^3/kg TS（马磊等，2012；刘家燕等，2016）。餐厨垃圾作为沼气发酵原料，具有以下特点：① 含有骨头、刀叉筷子、碗等坚硬的杂物，容易损坏泵、管道等设备，在预处理阶段应该将这些杂物去除。② 盐分和蛋白质含量较高，在发酵过程中容易造成氨和盐抑制。③ 产生的沼气中硫化氢含量较高。④ 易降解有机物比例高，容易酸化。

表 4-8　南方某市餐厨垃圾组分（刘家燕等，2016）

名称	干基占比（%）	湿基占比（%）	湿基中水分含量（%）
水分	84.82		
食物残渣	10.1	87.16	88.41
纸类	0.08	0.29	72.41
金属	0.45	0.52	13.46
塑料	0.48	0.75	36.00
木竹	0.03	0.05	40.00
骨类	1.59	3.72	57.26
油脂	2.2	7.22	69.53
玻璃陶瓷	0.25	0.29	13.79

表 4-9　北方某市餐厨垃圾理化特性

项目	TS（%）	VS/TS（%）	有机质（%）	N（%）	C/N（%）	P_2O_5（%）	K_2O（%）	pH 值
范围	20.19~26.15	90.71~95.87	78.60~95.48	1.70~2.35	22.28~27.68	0.60~2.84	0.12~0.27	3.87~4.55
平均值	23.28	93.75	89.16	2.05	25.38	1.36	0.20	4.15

注：TS、VS/TS 以湿基计，有机质、N、P_2O_5、K_2O 均以干基计

（三）市政污泥

市政污泥是市政污水处理厂在污水处理过程中产生的各种污泥，主要包括：格栅渣、沉砂池残渣、初沉池和二沉池污泥等。市政污泥含水率高，体积庞大，性质不稳定。其中初沉池污泥和二沉池污泥富含有机物，易降解，可以用作沼气发酵的原料。在污水处理过程中，污泥的产量一般为污水处理量的 0.3%~0.5%（污泥含水率为 97%）（张自杰，2000）。初沉池和二沉池污泥的产沼气潜力与畜禽粪污的产沼气潜力相近，单位体积的污泥产气率为 4~14 m^3/m^3 污泥，平均 7.54 m^3/m^3 污泥（吴静等，2008）。采取一些预处理，如化学分解、热解、酶解等，可增加沼气产量。

市政污泥用作沼气发酵原料的最大限制因素是污泥中含有一些有害物质，特别是初沉池污泥中含有病原体和一些重金属化合物，会影响沼渣沼液的还田利用。在一些国家，使用市政污泥作为原料的沼气工程，沼渣沼液禁止作为肥料在农田中

施用。

五、水生植物

水生植物在净化污水的同时，也可生产可再生能源。水生植物塘、人工湿地以及富营养化水体生长的水生植物如水葫芦、水花生，大型藻类和微藻等，繁殖速度快、产量高、有机质含量大，可消化性好，也是沼气发酵的良好原料，水生植物特性及产气性能见表4-10。

表4-10　水生植物原料特性及原料产气率

（何加骏等，2008；刘圣根等，2011；黄文星等，2006；黄辉等，2013）

原料种类	TS（%）	VS（%）	原料产气率	
			（m³/kg TS）	（m³/kg VS）
水葫芦	8	80	0.245~0.302	0.292~0.362
水花生	10	75	0.184~0.334	0.250~0.447
蓝藻	4	90	0.255~0.345	0.285~0.366

六、原料的适应性和供应保障

沼气发酵原料应满足以下条件。

（1）化学需氧量（COD）浓度宜大于3 000 mg/L，或者总固体（TS）浓度宜大于0.4%。

（2）碳氮比宜为20~30：1。

（3）BOD_5/COD比值应大于0.3。

（4）pH值宜为5.0~8.0。

（5）重金属、盐分、杀虫剂、抗生素等沼气发酵抑制物浓度不应超过抑制浓度。

理论上，沼气发酵原料的资源量十分丰富，但是从生态、技术以及经济性上考虑，并不是所有的资源都可以加以利用。沼气发酵原料的潜在利用量还取决于它们的空间分布、收集难易、运输距离及成本。欧洲沼气工程的经验表明，畜禽粪污和能源作物原料的经济运输半径应分别小于5 km和15 km。除了原料产地与沼气工程距离，沼渣沼液的运输距离也必须考虑，一般应小于15 km。

沼气发酵的安全卫生也是一个需要注意的问题，如果畜禽粪便原料来源于不同的养殖场，需要采用措施防止病原菌的传播。

第二节 沼气工程系统组成与工艺流程

一、沼气工程系统组成

沼气工程是由一系列复杂的设施与装置组成的废弃物处理与能源回收系统，由多个工艺单元构成。根据功能，通常将沼气工程分为五个工艺单元，见图4-1。

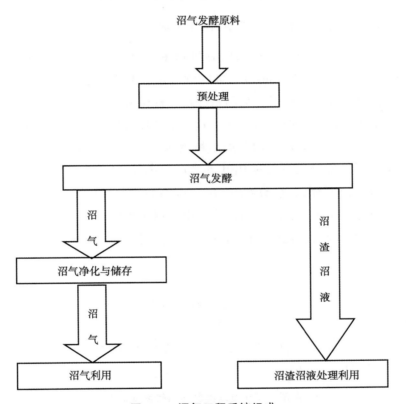

图4-1 沼气工程系统组成

（1）原料预处理，包括原料收集、运输和储存、各种不同的预处理设施设备。

（2）沼气生产，包括厌氧反应器、进出料、增温保温、搅拌、安全保护等设备。

（3）沼气净化与储存，包括脱水脱硫、沼气提纯等设备。

（4）沼气利用，如集中供气、沼气发电、生物天然气注入天然气管网，生物天然气作车用燃气等设施设备。

（5）沼渣沼液处理利用，包括沼渣沼液分离、沼渣制肥、沼液浓缩、沼渣沼液输配及田间施用、沼液达标处理等设施设备。

沼气工程的沼气净化与储存、沼气利用、沼渣沼液利用单元与农村户用沼气、生活污水净化系统具有共同点，将在后面章节单独介绍。本章主要介绍预处理单元和沼气生产单元。

二、工艺流程

沼气工程的规模和设计主要取决于可用原料数量与类型。原料数量决定沼气工程规模，原料类型和特性决定工艺技术路线。原料多种样决定了工艺路线、发酵装置和运行操作的多样性。以下是几类典型原料沼气发酵系统的工艺流程。

（一）溶解性有机废水类原料沼气发酵工艺流程

溶解性有机废水的特点是，原料的有机物主要以溶解性形式存在，悬浮物含量（SS）比较低，一般小于 1 500 mg/L，如啤酒废水、淀粉废水；或者经过固液分离以后，分离液中悬浮物含量比较低，如酒精废水、柠檬酸生产废水等。溶解性有机废水类原料沼气发酵工艺流程如图 4-2 所示，这种工艺模式以处理废水为导向，同时回收能源。对于含砂量较高的废水，如薯类酒精废水、薯类淀粉废水，需要设置沉砂池。处理这类废水的沼气发酵装置可采用升流式污泥床（UASB）、厌氧颗粒污泥膨胀床反应器（EGSB）、内循环厌氧反应器（IC）等高效厌氧反应器。由于产生这类废水的工厂地处城镇或工业园区，厌氧消化液还田利用比较困难，一般需要好氧、物化后处理以后达标排放。厌氧消化产生的沼气主要用作锅炉燃料，或者用于发电供工厂自身使用。

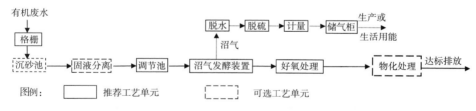

图 4-2 溶解性有机废水类原料沼气发酵基本工艺流程

（二）中浓度中固体有机废水类原料沼气发酵工艺流程

中浓度中固体有机废水的特点是，有机物和悬浮物浓度不是很高，TS 在 0.5%~4%范围，COD 3 000~35 000 mg/L，SS 1 000~30 000 mg/L，如畜禽粪便污水、屠宰污水、食品废水等。中浓度中固体有机废水类原料的沼气发酵工艺流程如图 4-3 所示，这种工艺模式主要以处理废水为导向，同时回收能源。由于 SS 含量较高，厌氧消化不易形成颗粒污泥，难以采用高效厌氧处理工艺进行处理。另外，由于废水中有机物浓度不是很高，加热升温比较困难，难以保证所有废水都能加热到中温或近中温。因此这类废水在预处理过程中，需要进行浓稀分离，通过重力沉淀将废水分离为上层清液（稀污水）和底层沉淀物（浓污水）。干清粪便或废渣可与浓污水混合，一并发酵处理。通过浓稀分离，浓污水量大约占原废水的20%，但是却可以产生总沼气量70%左右的沼气，可利用热源优先用于浓污水沼气发酵过程升温保温，可保证浓污水沼气发酵温度达到中温或近中温。稀污水厌氧消化处理采用常温沼气发酵工艺。浓污水厌氧消化出水优先还田利用，利用不完的厌氧消化出水与稀污水一起经过好氧、物化处理后达标排放（Deng等，2012，2014）。中温沼气发酵装置选用完全混合式厌氧反应器（CSTR）和升流式厌氧固体反应器（USR）。常温沼气发酵装置宜采用厌氧接触工艺（AC）、厌氧挡板反应器（ABR）、升流式厌氧复合床（UBF）等。厌氧消化产生的沼气用作养殖场或工厂生活燃气，或者用于发电供养殖场（工厂）自用。

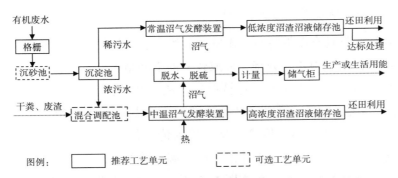

图4-3　中浓度中固体有机废水类原料沼气发酵基本工艺流程

（三）高浓度高固体有机废水类原料及混合原料沼气发酵工艺流程

高浓度高固体有机废水的特点是，有机物和悬浮物浓度均很高，TS 4%～12%，COD一般在30 000 mg/L以上，SS一般在35 000 mg/L以上，如餐厨垃圾、酒精糟液、高浓度畜禽粪污等。在混合原料沼气工程中，即使废水中有机物浓度不高，通过添加固态有机废弃物，如畜禽粪便、有机垃圾、工业有机废渣、作物秸秆等，也使得发酵原料成为高浓度高固体有机废水。高浓度高固体有机废水类原料沼气发酵工艺流程如图4-4所示，这种工艺模式主要以生产沼气或生物天然气为导向，开发利用可再生能源。由于进料固体浓度高，沼气发酵装置采用完全混合式厌氧反应器（CSTR），中温或高温发酵。产生的发酵残余物（沼渣沼液）浓度也比较高，主要作肥料还田利用。产生的沼气用于发电，电上网，或者沼气提纯生产生物天然气，注入天然气管网或用作车用燃气。

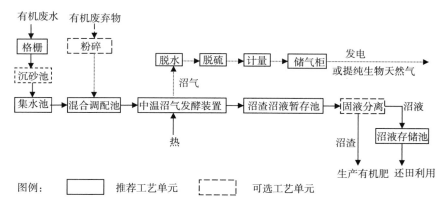

图例： ☐ 推荐工艺单元 ☐（虚线） 可选工艺单元

图 4-4 高浓度高固体有机废水类原料及混合原料沼气发酵基本工艺流程

（四）秸秆类原料沼气发酵工艺流程

秸秆类发酵原料具有以下特点：①富含纤维素、半纤维素、木质素，纤维素、半纤维素、木质素在秸秆中相互缠绕，形成致密的空间结构，不易被厌氧微生物及酶直接利用。②秸秆密度小、体积大，容易形成浮渣，并且流动性差，出料困难。③秸秆的 C/N 比高，在消化开始阶段容易导致酸的产生与消耗不平衡，引起酸积累，造成酸中毒现象。④由于固体浓度高，反应器内传热传质不均匀，物料与接种物接触不充分，消化条件不易控制。⑤固体浓度高，流动性差，搅拌要求高，动力消耗比较大。秸秆类原料沼气发酵工艺流程如图 4-5 所示，这种工艺模式主要以生产沼气或生物天然气为导向，开发利用可再生能源。沼气发酵装置选用完全混合式厌氧反应器（CSTR）或竖向推流式发酵工艺（VPF）。由于秸秆 C/N 低，沼液回流能增加氮素含量，沼液可以较长时间回流，因此，几乎没有沼液外排。产生的沼渣，腐殖质含量高，有害物质含量少，是优质有机肥。产生的沼气用于集中供气，或提纯生产生物天然气，注入天然气管网以及用作车用燃气，或者沼气发电，电上网。

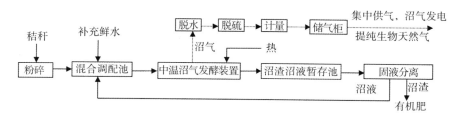

图 4-5 秸秆类原料沼气发酵基本工艺流程

第三节 沼气工程工艺单元

一、预处理单元

预处理单元包括发酵原料的收集和输送，水质、水量、温度、酸碱度的调节，以及杂质、泥砂的去除。设计沼气工程时，应根据沼气发酵原料特性设置相应的预处理设施、设备，各种原料经预处理后，温度、原料浓度应调配均匀，且不得含有直径或长度大于 40 mm 的固态物质。

（一）原料收集与运输

原料收集是发酵原料保障的第一个环节。原料收集包括两个方面，一是将原料从产地汇集到收集容器中或运输车辆上，应按照原料特性以及收集量，划定收集作业区域，合理安排原料收集方式和集中地点；二是将收集到容器中或运输车辆上的原料从产地或中转站运送到沼气工程厂区。在运输过程中，应采取相应的安全防护和污染防治措施，包括防火、防中毒、防腐蚀、防泄漏、防飞扬、防雨或其他防止污染环境的措施。下面主要介绍沼气发酵常用两种类型原料（粪污类、秸秆类）的收集和运输。

1. 粪污原料的收集与输送

粪污原料首先应收集到养殖场（户）的临时储存设施中，液态粪污可以储存在集水池中，固态粪便临时储存在堆棚中。粪污原料的收集应设置粪便收集专用通道，避免交叉感染。此外，收集期间应做好防雨雪和防渗措施，防止原料的渗漏和遗撒。

根据粪污物理形态特征、运输要求等因素确定运输设备，如果为固态（含水率<85%），使用自卸式卡车运输；如果是半固态或液体（含水率>85%），可以采用沟渠、管道或罐车输送。运输车辆应当采取密封、防水、防渗漏和防遗撒等措施。运输车辆厢体应与驾驶室分离，厢体内壁光滑平整、易于清洗消毒，厢体材料防水、耐腐蚀，厢体底部防液体渗漏并设清洗污水的排水收集装置。

2. 秸秆原料的收集与输送

秸秆原料的收集应根据物料性状、收集量划定收集作业区域。采用的收集设备有秸秆青贮收割机和秸秆联合收获机。秸秆青贮收割是在玉米长到罐浆期后，将全株玉米收割切碎，运输车辆采用与秸秆青贮收割机配套使用的装载车，除了与拖拉机配套的悬挂式、牵引式机械外，还有自走式联合收割设备。黄贮秸秆（如玉米秸秆、小麦秸秆等）的收集，一般采用分段收获，即联合收获机收获粮食后将秸秆铺放在田间晾晒，待含水率符合要求后，再利用捡拾打捆机对秸秆进行收集。

（二）原料储存

对收集到的原料，一般需要原料缓冲储存设施进行储存。储存的目的主要是解决季节性或生产周期波动而引起的原料供应不足或不均衡等问题，确保原料能稳定供应。粪污、工业废弃物类发酵原料每天产生，每天利用，储存时间较短，一般几小时到 2 天。秸秆类原料收集时间往往比较集中，而原料的利用则需要全年完成，储存时间较长，一般 10~12 个月。储存设施的设计应根据原料类型而定。设施大小取决于沼气发酵装置每天进料量和原料需要的储存时间。当使用有疫病风险的原料时，必须将原料接收区与养殖场操作区严格隔离。

储存设施的类型取决于原料的特性，通常分为储存固态原料（如能源作物、秸秆等）的储存仓和储存液态原料（如粪水等）的储存池。一般而言，储存仓能存储一年以上的原料量，而储存池只能存储几天的原料量。

1. 秸秆储存仓

秸秆沼气工程中，通常在站内设置秸秆短期堆放的场所，秸秆长期堆放场所宜选择在站外，并应配备有防潮、防雨雪和防火措施。秸秆储存容量应根据原料特性、收获次数、消耗量和储存周期等因素综合确定，满足工程连续运行对原料的需求。秸秆储存仓又分为通风仓和湿贮仓。对于干秸秆的储存，通常采用通风仓或者干燥仓，利用热风强制循环或空气被动通风的对流干燥方式，使热风在秸秆捆间或者缝隙之间流动进行热交换，确保捆型秸秆达到 12%~15% 的安全储存水分（王俊友等，2008）。

湿贮仓分为青贮仓和黄贮仓。青贮仓最初用于储存动物的青贮饲料，目前青贮仓也常用于储存沼气发酵用秸秆。

青贮是在玉米长到罐浆期后，水分含量在 65%~75% 时，将全株玉米收割切碎，然后及时窖藏，在密闭缺氧的条件下，通过乳酸菌的发酵作用，利用青贮原料中的可溶性碳水化合物合成乳酸，使原料 pH 值下降到 3.8~4.2，以抑制其他有害微生物的繁殖，这样能达到将农作物秸秆软化的目的，增加其可消化性能。青贮过程能够减少环境中的微生物对糖类的利用，同时抑制秸秆自身的木质化过程，最大程度地保留青贮秸秆中的游离糖含量。青贮后的秸秆，大部分有机质转移到液相，可大大提高沼气发酵的效率和秸秆的利用率。

青贮制作工序包括以下工序。收割：对于全株玉米秸青贮，一般在玉米籽乳熟期采收；对于收割穗后的玉米秸青贮，一般在玉米棒子蜡熟至 70% 完熟时，叶片尚未枯黄或玉米茎基部 1~2 片叶开始枯黄时立即采摘玉米棒，采摘玉米棒的当日，最迟次日将玉米茎秆采收制作青贮。切碎：秸秆青贮前都必须切碎到长 1~2 cm，青贮时才能压实。装填储存：通常采用窖藏，窖的形状一般为长方形，窖的深浅、宽窄和长度可根据所贮秸秆数量和需要储存的时间进行设计，一般每立方米窖可青贮全株玉米

500~600 kg。青贮窖四壁要平整光滑，最好用砖或混凝土垒砌。装窖前，底部铺 10~15 cm 厚的秸秆，以便吸收液汁。窖四壁铺塑料薄膜，以防漏水透气，装时要踏实，可用推土机、拖拉机碾压，将空气全部挤压出，一直装到高出窖沿 60 cm 左右，即可封顶。封顶时先铺一层切短的秸秆，再加一层塑料薄膜，再压上轮胎或沙袋，四周距窖 1 m 处挖排水沟，防止雨水流入。

黄贮是作物籽实收获后，将秸秆切碎装入黄贮窖中，加适量水和生物菌剂，然后压实储存。在适宜的厌氧环境下，微生物将大量的纤维素、半纤维素，甚至一些木质素分解，并转化为糖类，糖类经有机酸发酵转化为乳酸、乙酸和丙酸，并抑制丁酸菌和霉菌等有害菌的繁殖，最后达到与青贮同样的储存效果。黄贮制作程序包括以下工序。切碎：秸秆铡碎到 1~2 cm。装窖：切碎的原料要及时入窖，除底层外，需要逐层均匀补充水分，使其水分达到 65%~70%。压实：装填过程中要层层压实，充分排出空气，可以用拖拉机、装载机等机械反复碾压，尤其要将四周及四角压实。密封：原料装填至高出窖口 40~50 cm、窖顶中间高四周低呈馒头状时，即可封窖，在秸秆顶部覆盖一层塑料薄膜，将四周压实封严，用轮胎或土镇压密封，四周挖好排水沟，防止雨水渗入。制作后要经常检查，发现下陷、裂缝、破损等，要及时填补，防止漏气。

2. 固态粪便堆棚

固态粪便类原料可以采用堆棚储存。为了减少固体粪便原料堆放过程产生的气味，原料的储存以及准备都应当在封闭空间里进行，比如储存设施加顶棚，顶棚下包括接收、备料空间以及储存空间。固态原料堆棚通常设有负压系统，收集废气并除臭，尽可能阻止臭味的扩散。

3. 液态原料储存池

液态原料通常储存在混凝土储存池中，一般只能储存 1~2 d 的原料量，储存池上面需要加盖。原料可在储存池中通过压碎、匀浆等措施最终混合均匀成可泵送的混合物。为避免原料混合物在储存池中发生堵塞、沉积、漂浮等现象，储存池中需配备搅拌装置。液态原料储存池需要经常维护，去除池底的沉渣和泥砂等。

（三）格栅

格栅由一组或数组平行的金属栅条、塑料齿钩或金属筛网、框架及相关装置组成，倾斜安装在污水沟渠、泵房集水井的进口处或沼气站的前端，用于截留污水中粗大漂浮物和悬浮物，如：长纤维、垃圾、碎皮、毛发、蔬菜、木片、布条、塑料制品、石块和包装物等，防止堵塞和缠绕水泵机组、管道阀门、进出水口及其他设备与装置，保证后续设施的正常运行。按清渣方式，可分为人工清渣格栅和机械清渣格栅两种。处理料液流量小或所能截留的栅渣量较少时，可采用人工清渣的格栅。这类格栅采用直钢条制成，栅条间空隙宽度一般为 25~40 mm，为了便于人工清渣作业，避免清渣过程中栅渣回落水中，格栅安装角度一般与水平面成 30°~60°。当栅渣量大于 0.2 m³/d 时，为改善劳动和卫生条件，应采用机械清渣格栅机，即用机械的方法将拦截到格栅上的栅渣耙捞出液面。机械清渣格栅机种类很多，使用较多的是回转式机械格栅机。栅条间空隙宽度宜为 16~25 mm，安装角度宜为 60°~90°，料液过栅流速一般采用 0.6~1.0 m/s。如图 4-6 所示。

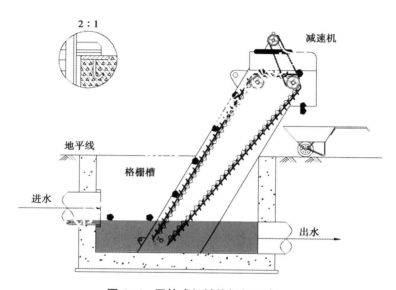

图 4-6　回转式机械格栅机示意

（四）除砂

一些沼气发酵原料，如采用砂卧床饲养的奶牛的粪便、鸡粪、木薯酒精废醪，含有较多泥砂，这些泥砂堵塞管道，磨损泵、切割机、搅拌桨和搅拌轴等，影响进料和搅拌系统；也会沉积在沼气发酵罐中，影响进料，减少沼气发酵装置有效容积，降低产气效率。因此，对于含泥砂量较多的发酵原料，在预处理单元应去除泥砂。沼气工程的除砂多采用沉砂池或直接选用除砂器。对于低浓度沼气发酵原料，常用的沉砂池形式有平流沉砂池、曝气沉砂池、旋流沉砂池等，沉淀的砂采用刮砂机或吸砂机从沉砂池池底收集，然后再用旋流式砂水分离器或水力旋流器加螺旋洗砂机将砂水分开，完成除砂、砂水分离、装车等工序。对于高浓度发酵原料，通常采用交互使用的浅沉砂渠、沉砂堰或专用的除砂器。对于奶牛场粪污处理沼气工程，目前的除砂方法还不能取得比较理想的效果，用沼渣或发酵干燥后的牛粪替代砂粒作为牛卧床的垫料，或许是最为彻底的解决办法。

（五）集水池

集水池用于短暂储存养殖场或工厂排放的废水。集水池容积应满足水工布置、格栅及污水提升泵吸水管的安装要求，在及时抽走来水和避免水泵起闭频繁的基础上，尽量减小池容，以减低费用和减少污物在池内淤积和腐化。在固液分离前，粪污在集水池中的停留时间不能太长，一般为 1 h 左右。为避免集水池中发生堵塞、沉积、漂浮等现象，集水池中需配备搅拌装置。集水池需要定期维护，去除池底的沉渣和泥砂等。

（六）沉淀池

沉淀池用于中浓度中固体有机废水的浓稀分离，便于稀污水、浓污水分别进行沼气发酵。沉淀池的形式有多种，按池内水流方向可分为平流式、竖流式和辐流式三种。浓稀分离沉淀池常用竖流式沉淀池。竖流式沉淀池可以批式运行，也可以连续运行。在批式运行中，料液从顶部进入，静止沉淀后，沉淀物从底部锥体排出，上清液从中部排出。在连续运行中，废水由设在池中心的进水管自上而下进入池内，管下设伞形挡板使废水在池中均匀分布后沿整个过水断面缓慢上升，悬浮物沉降进入池底锥形沉泥斗中，澄清水从池四周沿周边溢流堰流出。堰前设挡板及浮渣槽以截留浮渣保证出水水质。池的一边靠池壁设排泥管靠静水压将泥定期排出。竖流式沉淀池采用批式运行时，浓稀分离效果最好。竖流式沉淀池的平面可以为圆形、正方形或多角形（图 4-7）。

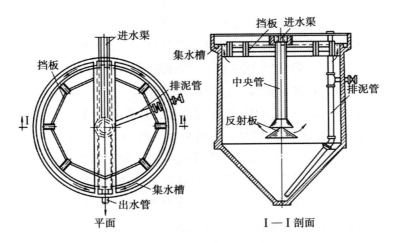

图 4-7 竖流式沉淀池平剖面示意

（七）调节池

工业企业由于生产工艺的原因，在不同工段、不同时间所排放的废水差别很大，尤其是操作不正常或设备产生泄漏时，废水的水质就会急剧变化，水量也大大增加，往往会超出处理利用设备的正常处理能力。畜禽养殖由于清洁冲洗时间不连续，用水量变化大、排放废水中污染物不均匀，使得其废水流量或浓度在一天内有较大的变化。这些问题都会给沼气工程运行操作带来一定难度，影响沼气工程设施设备正常运行。因此，对于水质水量波动比较大的原料，在废水原料进入沼气发酵装置之前，应先将废水导入调节池进行均和调节处理，使水量和水质都比较稳定，为后续的沼气发酵系统提供一个稳定和优化的操作条件。调节池的主要作用是均质和均量，也兼有沉淀、混合、加药、中和、加热以及预酸化等功能。调节池的形状宜为矩形、方形。矩形池底部一般保持5%的坡度，坡向放空口处或泵的吸料口。方形池池底宜设计成锥底，也可以设计成坡底。发酵原料在调节池的滞留时间，通常以发酵原料量变化一个周期的时间进行设计；有特殊要求的，应根据实际需要或类似工程经验参数确定。

（八）混合调配池

混合调配池用于固态发酵原料与液态发酵原料、水或回流沼液的混合，兼有酸碱度调节以及加热的功能。固态原料如秸秆，需要在混合调配之前进行粉碎。成分复杂的原料，如市政垃圾、餐厨垃圾需要精细分选。存在疫病风险的原料在与其他原料混合之前必须进行消毒预处理。常采用巴斯德消毒法（70 ℃，1 h）或高压灭菌法（133 ℃，0.3 MPa，20 min）等进行消毒。经过预处理的固态原料可由铲车或其他移动装置投加到混合调配池，在池中通过压碎、搅拌、匀浆等最终混合均质成可泵送的混合物。如果在调配过程混进了砂、石等干扰杂物，混合调配池也能起到隔离干扰杂物的作用。混合调配池的形状宜为圆形。池底部一般保持5%的坡度，坡向泵的吸料口。混合原料应该避免堵塞、沉淀、浮渣层和相分离。因此，混合调配池内应设搅拌设施，最好是带撕裂和切割功能的混合搅拌器，以破碎原料。搅拌机动力宜为4~8 W/m³，最小功率不宜低于2.2 kW，混合调配池的容积应至少能存放1个进料周期的原料量。有特殊要求的，应根据实际需要或类似工程经验参数确定。混合调配池应经常维护，如除砂、石块等，沉渣可以用刮渣机、输送螺旋、凹坑排水泵、沉孔聚集等方法排出。为了减少气味排放，混合调配池需要放在密闭房间内，密闭房间需要通风除臭，排除有毒有害气体。设施设备在房间内也可以得到保护，不管气候条件如何，都可以进行调配操作和监控。

（九）进料

沼气工程一般采用半连续进料，原料分批次添加到沼气发酵罐中，相应地，进料

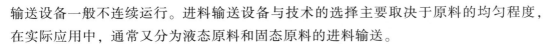

输送设备一般不连续运行。进料输送设备与技术的选择主要取决于原料的均匀程度，在实际应用中，通常又分为液态原料和固态原料的进料输送。

1. 液态原料的进料

液态原料通常从集水池或混合调配池进料，常用的进料设备有离心泵、潜污泵、转子泵及螺杆泵等，可用计时器或电脑进行控制，整个工艺可实现全自动或半自动运行。泵的安装需要有足够的空间，应预留泵维护（如故障检修）时的周围操作空间。即便是对原料进行了良好的预处理，泵也有可能被堵塞，此时需要快速地进行清理。为了不影响整个沼气工程的正常运行，必须在管道上安装截止阀，将泵与管道、沼气发酵系统分离开来，便于维护。此外，切割或粉碎机都可以直接安装在泵的前端以保护泵，也可以直接使用带切割的泵。

2. 固态原料的进料

固态原料可以采用直接或间接进料的方式输送到沼气发酵罐。间接进料首先需要将固态原料引入到混合调配池或原料进料管道内。直接进料可将固态原料直接进到沼气发酵罐中，不用在调配池或进料管道内混合调配成浆状物。

（1）间接进料。固态原料如有机生活垃圾、青贮、固体粪便等可以通过合适的计量设备（如仓泵）进到管道中。实际操作中可将固态原料推到液态物料管道，或者将液体直接通过仓泵打入管道中。管道中的液体主要是液态粪污、发酵后的沼液等。仓泵的泵压能达到 4.8 MPa，对料液的输出流量为 $0.5 \sim 1.1$ m³/min，而对固体的输出流量为 $4 \sim 12$ t/h，这种进料方式适用于基本没有干扰杂物的预粉碎原料。仓泵具有抗磨损、高抽送能力、底物可计量、可通过切割设备粉碎原料等优点，但在某些情况下会受到干扰杂物（如石头、长纤维物质、金属块）的影响。

（2）直接进料。直接进料有柱塞式给料机进料和螺旋输送机进料等形式。

柱塞式给料机采用液压动力，通过一侧的开口将原料直接压到沼气发酵罐底部，原料被浸在液体粪便中，可减少浮渣形成。该系统有反向旋转的螺杆使物料落到下方的柱体中，同时也能粉碎长纤维物质。进料系统通常连接到一个接收仓或直接安装在接收仓下面。

当使用螺旋输送机进料时，变距螺旋将原料推到沼气发酵罐液面以下的位置，以保证产生的沼气不会通过螺旋逸出。最简单的方法是将进料单元置于沼气发酵罐上，只需要一台垂直螺旋输送机将原料直接送到沼气发酵罐上面，螺旋输送机可以在任意角度从接收容器中取料，接收容器自身可带粉碎工具。

二、沼气发酵单元

（一）沼气发酵装置容积确定

沼气发酵装置容积可根据式（4-1）确定。

$$V = \frac{q}{r_p} \tag{4-1}$$

$$r_{p(T)} = r_{p(20)}\theta^{(T-20)} \tag{4-2}$$

式中　V——沼气发酵装置的容积，m^3；

　　　　q——沼气产量，m^3/d；

　　　　r_p——容积产气率，$m^3/m^3 \cdot d$，$r_{p(T)}$、$r_{p(20)}$ 分别为 $T℃$、$20℃$ 时的容积产气率；

　　　　θ——温度影响系数，根据试验或参照类似工程数据确定，没有可参考数据时，T $20\sim35℃$范围，θ可取 $1.02\sim1.04$；T $15\sim20℃$范围，θ可取 $1.20\sim1.40$。

（二）沼气发酵工艺

按微生物在反应器中的状态，沼气发酵工艺分为厌氧活性污泥法和厌氧生物膜法。厌氧活性污泥法包括传统消化池如水压式沼气池、完全混合式厌氧反应器（CSTR）、厌氧接触工艺（AC）、厌氧挡板反应器（ABR）、升流式厌氧污泥床（UASB）等；厌氧生物膜法包括厌氧生物滤池（AF）、厌氧流化床（AFBR）和厌氧生物转盘等。厌氧复合反应器（UBF）则属于厌氧活性污泥法和厌氧生物膜法的杂合工艺。

1. 完全混合式厌氧反应器

完全混合式厌氧反应器（CSTR）于 20 世纪 50 年代发展起来，是在传统消化池内采用搅拌和加热保温技术，使反应器生化降解速率大大提高。完全混合式厌氧反应器也被称为高速厌氧消化池。

沼气发酵原料定期从底部加入厌氧消化反应器，经过消化后的沉渣和发酵残余物分别由底部和上部排出，所产的沼气则从顶部排出（图 4-8）。为了使微生物和原料均匀接触，使所产的气泡及时逸出，完全混合式厌氧反应器设有搅拌装置，定期搅拌反应器内的混合液，以往常采用间歇搅拌，每隔2~4 h 搅拌一次。在排放发酵残余物时，通常停止搅拌，待沉淀分离后从上部排出。目前也有许多工程采用 24 h 连续搅拌。如果进行中温和高温发酵时，常需对发酵料液进行加热。一般在反应器内设置加热盘管，通过热水在盘管内循环进行加热。完全混合式厌氧反应器适合城市污水厂污

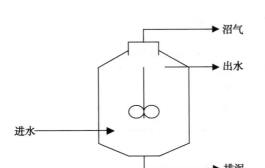

图 4-8 完全混合式厌氧反应器示意

泥、难降解有机废水、畜禽粪污、餐厨垃圾等悬浮物浓度和有机物浓度均高的发酵原料。

厌氧消化反应器的搅拌一般有以下 3 种方式。

（1）水力搅拌。水力搅拌是通过反应器外的水泵将料液从反应器中部抽出，再从反应器底部或上部泵入，进行循环搅拌。有时还在反应器内设射流器，由水泵压送的混合物经射流器喷射，在喉管处造成真空，吸进一部分反应器中的料液，形成较为强烈的搅拌。水力搅拌使用的设备简单、维修方便，比较适合进料浓度比较低的反应器。缺点是容易引起短流，搅拌效果较差，一般仅用于小型厌氧消化反应器。为了使料液完全混合，需要较大的流量。根据经验，每立方米的消化料液搅拌所需的功率约为 0.005 kW。

（2）机械搅拌。通过反应器内的叶轮或桨叶进行搅拌，当电机带动螺旋桨旋转时，带动桨叶周围的料液运动。有时设有导流筒，桨叶旋转推动导流筒内料液垂直移动，并带动反应器内料液循环流动。机械搅拌的优点是作用半径大，搅拌效果好。缺点是通过池盖时要有气密性设施。每立方米的消化料液搅拌所需的功率为 0.006 5 kW。

（3）沼气搅拌。沼气搅拌是将沼气从反应器内或储气柜内抽出，通过防爆鼓风机将沼气再压回反应器内，当沼气从料液中释放时，由其升腾造成的抽吸卷带作用带动反应器内料液循环流动。沼气搅拌的主要优点是反应器内液位变化对搅拌功能的影响很小；反应器内无活动的设备零件，故障少；搅拌力大，作用范围广。但是，在进料浓度较高的条件下，沼气搅拌难以达到良好的混合效果，在高固体物料厌氧消化中难以采用。由于需要防爆风机以及阻火器、过滤器、安全阀等复杂的安全设施，沼气搅拌在农场沼气工程中较少采用。每立方米的消化料液所需搅拌功率为 0.005 ~ 0.008 kW。

完全混合式厌氧反应器的容积产气率应通过实验或参照类似工程确定，无法通过实验或类似工程获得容积产气率数据参数时，可参考表 4-11 的数据，其他温度下的容积产气率可根据式（4-2）计算。

表 4-11　完全混合式厌氧反应器发酵不同原料的容积产气率（35 ℃）

发酵原料	猪场粪污	鸡场粪污	牛场粪污	玉米秸秆	小麦秸秆	水稻秸秆	酒精废醪
容积产气率 $m^3/（m^3 \cdot d）$	1.00~1.20	1.10~1.30	0.80~1.00	0.90~1.10	0.80~1.00	0.70~0.90	1.90~2.10

完全混合式厌氧反应器一般采用立式圆柱形，有效高度 6~12 m，总高与直径之比宜为 0.8~1.0。顶盖宜采用削球形球壳或圆锥壳，底部宜采用倒圆锥壳或削球形球壳或圆平板。

完全混合式厌氧反应器具有以下优点。

（1）设有搅拌系统，可使料液和沼气发酵微生物充分混合，提高生化反应速率；同时，搅拌可避免物料短路。

（2）沼气发酵装置立于地面，容易排出污泥（沉渣）。

（3）设有加热保温装置，通过加热和保温的协同作用提升发酵温度，可以改进沼气发酵效率。

（4）较能抗冲击负荷，由于设有搅拌系统，进料很快与反应器中料液混合、稀释。

完全混合式厌氧反应器的缺点如下。

（1）不能滞留微生物，完全混合式厌氧反应器具有完全混合的流态，反应器内繁殖起来的微生物会随沼液溢流而排出，因此，反应器中的污泥浓度低，只有 5 g mL VSS/L 左右。

（2）负荷较低，在短水力停留时间和低浓度投料的情况下，则会出现严重的污泥流失问题，所以完全混合式厌氧反应器必须要求较长水力停留时间（HRT）来维持反应器的稳定运行，一般 HRT 为 15~30 d。

（3）能量消耗多，由于停留时间长，用于加热和搅拌所需的能量较多。

2. 厌氧接触工艺（AC）

为了克服完全混合式厌氧反应器不能滞留厌氧微生物的缺点，在消化反应器后设沉淀池，再将沉淀污泥回流到消化反应器中，从而使消化反应器滞留尽量多的微生物，实现水力停留时间和固体停留时间的分离，可以在不增加水力停留时间的情况下，增加固体停留时间，从而可提高厌氧反应系统的有机容积负荷和处理效率，减少装置容积；通过出水沉淀，也降低了出料中污染物浓度（图 4-9）。厌氧接触工艺适合中等浓度有机废水和畜禽粪污的处理。

厌氧接触工艺容积产气率应通过实验或参照类似工程确定，无法通过实验或类似

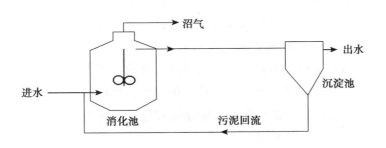

图 4-9 厌氧接触反应器示意

工程获得容积产气率数据参数时，可参考表 4-12 的数据，其他温度下的容积产气率可根据式（4-2）计算。

表 4-12 厌氧接触工艺发酵不同原料的容积产气率（20 ℃）

发酵原料	猪场废水	鸡场废水	牛场废水	屠宰废水
容积产气率 m³/（m³·d）	0.50～0.70	0.60～0.80	0.40～0.60	0.40～0.60

回流污泥量应根据消化器内污泥量、进料 pH 值以及温度等确定，以50%～200%为宜。由于污泥沉淀困难，应采取适当措施，如真空脱气、冷冲击等，加速沼气发酵残余物的泥水分离。厌氧接触工艺中消化器的几何尺寸与完全混合厌氧反应器相似。厌氧接触工艺的混合搅拌一般采用水力搅拌。厌氧接触工艺的沉淀池宜采用竖流式沉淀池。

厌氧接触工艺的优点如下。

（1）通过污泥回流，增加了消化反应器污泥浓度，其挥发性悬浮物（VSS）可达 5～10 g/L，耐冲击能力较强。

（2）容积负荷比完全混合式厌氧反应器高，其 COD 容积负荷一般为 1～5 kg COD/（m³·d），HRT 在 8～15 d，COD 去除率70%～80%。

厌氧接触工艺的缺点。

（1）增设沉淀池、污泥回流系统，流程较复杂。

（2）厌氧污泥沉淀效果差，从消化反应器排出的混合液含有大量厌氧污泥，一方面，污泥的絮体吸附着微小的沼气泡；另一方面，在沉淀池中，厌氧污泥还会产生沼气，因此污泥沉降效果差，有相当一部分污泥会上漂至水面，随水外流。目前主要采用搅拌、真空脱气、加混凝剂或者超滤膜代替沉淀池等方法，提高泥水分离效果。

3. 厌氧滤池（AF）

厌氧滤池是一种内部填充微生物载体（填料）的厌氧反应器（图 4-10）。厌氧滤池的填料一般为碎石、卵石、焦炭或各种形状的塑料制品。在厌氧滤池中一部分厌氧微生物附着生长在填料上，形成厌氧生物膜；一部分微生物在填料空隙空间呈悬浮状态。厌氧滤池底部设置布水装置，废水从底部通过布水装置进入装有填料的反应器，在附着于填料表面或被填料截留的大量微生物的作用下，将废水中的有机物降解转化成沼气，沼气从反应器顶部排出，被收集利用，处理后的发酵残余物通过排水管道排至反应器外。反应器中的生物膜不断新陈代谢，脱落的生物膜随出水带出，因此厌氧滤池后需设置沉淀分离装置。

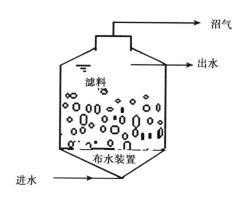

图 4-10 厌氧滤池示意

根据进水方式的不同，厌氧滤池可分为上流式和降流式。在上流式厌氧滤池系统中，废水从底部进入，向上流动通过填料层。在降流式厌氧滤池系统中，布水装置设于池顶，废水从顶部均匀向下流动通过填料层直到底部，产生的沼气向上流动可起一定的搅拌作用，降流式厌氧滤池不需要复杂的配水系统，反应器不易堵塞，但污泥或固体物质沉积在滤池底部会给操作带来一定的困难。传统的厌氧生物滤池进水均采用上流方式。

以往的厌氧滤池，填料占滤池高度的 2/3。为了避免堵塞，在滤池底部和中部各保持一填料层，成为部分填充填料的 UASB—AF 反应器（UBF），此后国内的注意力大多集中于部分装填填料的 UASB—AF（UBF），对厌氧滤池的研究应用很少。

厌氧滤池的优点如下。

（1）微生物固体停留时间长，一般超过 100 d，厌氧污泥浓度可达 10 ~ 20 g VSS/L。

（2）耐冲击负荷能力强。

（3）启动时间短，停止运行后再启动比较容易。

（4）有机负荷高，当水温为 25 ~ 35 ℃时，使用块状填料，容积负荷可达 3 ~ 6 kg COD/（m^3·d），比普通消化池高 2 ~ 3 倍，使用塑料填料，负荷可提高至

$5 \sim 10$ kg COD/（$m^3 \cdot d$）。一般情况下，COD 去除率可达 80% 以上。

厌氧滤池的缺点如下。

（1）容易发生堵塞，特别是底部，当采用块状填料时，进水中 SS 含量一般不应超过 200 mg/L。

（2）当厌氧滤池中污泥浓度过高时，易发生短流现象。

（3）使用大量填料，增加成本。

4. 上流式厌氧污泥床（UASB）

上流式厌氧污泥床（UASB）是一种在反应器中培养形成颗粒污泥，并在上部设置气、固、液三相分离器的厌氧生物处理反应器，结构如图 4-11 所示。反应器的底部具有浓度高、沉降性能良好的颗粒污泥，称为污泥床。待处理的废水从反应器的下部进入污泥床，污泥中的微生物分解污水中的有机物，转化生成沼气。沼气以微小气泡形式不断放出，微小气泡在上升过程中，不断合并，逐渐形成较大的气泡，在进水以及产生的沼气的搅动下，反应器中上部的污泥处于悬浮状态，形成一个浓度较稀薄的污泥悬浮层。气、固、液混合液进入三相分离器的沉淀区后，污水中的污泥发生絮凝，颗粒逐渐增大，在重力作用下沉降。沉淀至三相分离器斜壁上的污泥沿着斜壁滑回厌氧反应区内，使厌氧反应区积累起大量的污泥。分离出污泥后的处理水从沉淀区溢流，然后排出。在反应区内产生的沼气气泡上升，碰到三相分离器反射板时折向反射板的四周，然后穿过水层进入气室，集中在气室的沼气，用管道导出。上流式厌氧污泥床进料采取两项措施达到均匀布水，一是通过配水设备，二是采用脉冲进水，加大瞬时流量，使各孔眼的过水量较为均匀。

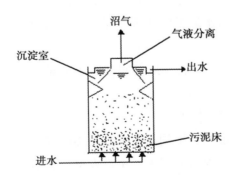

图 4-11 上流式污泥床示意

上流式厌氧污泥床适合处理悬浮物浓度 ≤1.5g/L 的发酵原料。上流式厌氧污泥床容积产气率应通过实验或参照类似工程确定，无法通过实验或类似工程获得容积产气率数据参数时，可参考表 4-13 的数据，其他温度下的容积产气率可根据式（4-2）

计算。

表 4-13　上流式厌氧污泥床絮状污泥和颗粒污泥条件下的容积产气率（35 ℃）

污泥类型	絮状污泥	颗粒污泥
容积产气率 m³/（m³·d）	1.5~3.0	2.0~3.5

注：原料 COD 浓度大于 9 000 mg/L 时取高值，COD 浓度 3 000~9 000 mg/L 时取低值

上流式厌氧污泥床的高度应根据污泥性状、水质特性等确定，宜为 4~10 m。

三相分离器沉淀区的水力负荷应保持在 0.8 m³/（m²·h）以下，水流通过气室空隙的平均流速应保持在 2 m/h 以下。沉淀区总水深应≥1.0 m，沉淀区的污水滞留时间以 1.0~1.5 h 为宜。

三相分离器集气罩缝隙部分的面积宜占反应器截面积的 10%~20%。

三相分离器集气罩斜壁角度宜采用 55°~60°。

三相分离器反射板与缝隙之间的遮盖宜为 100~200 mm。

出气管的直径应足以保证从集气室引出沼气，引出的沼气先进入水封装置。

在进行上流式厌氧污泥床配水系统设计时，应考虑进水均匀，宜设置多个进水点。进水系统可采用多种形式，但应遵循以下原则保证配水和水力搅拌的功能。

（1）确保各单位面积的进水量基本相同，即每 2~4 m² 宜设置一个进水点。

（2）尽可能满足水力搅拌的需要。

（3）很容易观察到进水管堵塞。

（4）发现堵塞后，易于清除。

出水系统设在上流式厌氧污泥床反应器顶部，宜采用多槽式出水堰出水，在出水堰之间应设置浮渣挡板。出水堰最大表面负荷不宜大于 1.7 L/（s·m）。出水堰上水头应大于 25 mm。

配水管可兼作排泥管。也可在反应器底部以及中部（反应器高 1/2 处）另设排泥管，用于排泥。

上流式厌氧污泥床的优点如下：

（1）反应器内污泥浓度高，平均污泥浓度为 20~40 g VSS/L。

（2）有机负荷高，水力停留时间短，中温发酵容积负荷可达 10 kg COD/（m³·d）左右。

（3）反应器依靠进料和沼气的上升达到混合搅拌的作用，不需要搅拌设备。

（4）反应器的上部设置有气、液、固分离系统，沉淀的污泥可自动返回到厌氧反应区内，不需要污泥回流设备。

（5）反应器内不设填料，节约造价，可以避免因填料发生的堵塞问题。

上流式厌氧污泥床的缺点如下。

（1）进水中悬浮物不宜太高，一般控制在 1 000 mg/L 以下。

（2）污泥床内有短流现象，影响处理能力。

（3）对水质和负荷突然变化比较敏感，耐冲击能力稍差。

上流式厌氧污泥床高效处理能力的核心在于反应器内形成沉降性能良好的颗粒污泥，高悬浮固体抑制颗粒污泥形成的密度，因此上流式厌氧污泥床只适合处理固液分离后的畜禽养殖污水。由于高氨氮含量不利于颗粒污泥形成，因此，处理畜禽养殖粪污的上流式厌氧污泥床难以达到很高的处理负荷。

5. 厌氧挡板反应器（ABR）

厌氧挡板反应器是在垂直于水流方向设多块挡板将反应器分隔成串联的几个反应室，以维持反应器内较高的污泥浓度。进入厌氧挡板反应器的水流由导流板引导上下折流前进，逐个通过上向流室和下向流室的污泥床层，进水中的底物与微生物充分接触而得以降解去除。上向流室较宽，便于污泥聚集，下向流室较窄。通往上向流室的挡板下部边缘处加 50°的导流板，便于将废水送至上向流室的中心，使泥水混合。上向流室都是一个相对独立的上流式污泥床（UASB）系统，其中的污泥可以是以颗粒化形式或以絮状形式存在。当进水浓度较高时，应进行出水回流。在构造上 ABR 可以看做是多个 UASB 反应器的简单串联，但工艺上与单个 UASB 有显著不同。UASB 可近似地看作是一种完全混合式反应器，在 ABR 单个反应室内水力特性接近完全混合，整体看则更接近于推流式工艺（图4-12）。我国的科研及工程技术人员对厌氧挡板反应器进行了改进，主要在上向流室设置填料滞留污泥，在最后一级或几级上向流室设置滤料防止微生物流失并改进出水水质，通常称为折流式厌氧反应器或污水净化沼气池。

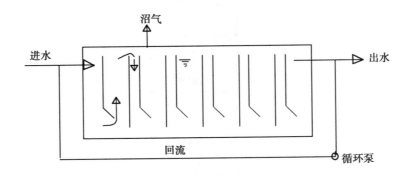

图 4-12　厌氧挡板反应器示意

厌氧挡板反应器的优点如下。

（1）结构简单，折流板的阻挡和污泥自身沉降，能截流大量污泥，不需三相分离器。

（2）处理效率比较高，在中温条件下，COD 容积负荷可达 $4 \sim 8$ kg COD/（$m^3 \cdot$ d）。

（3）对冲击负荷以及进水中有毒有害物质具有很好的缓冲适应能力。

（4）多次上下折流具有搅拌功能，水力条件好，不需混合搅拌装置。

（5）通常建于地下，利用高差进行进出料，不需动力。

（6）投资少、运行费用低。

（7）操作简单管理方便。

厌氧挡板反应器的缺点如下：

（1）较难保证进料均匀，容易造成局部（第一室）负荷过载。

（2）建于地下，排泥困难。

6. 厌氧复合反应器（UBF）

厌氧复合反应器是将厌氧生物滤池（AF）与升流式厌氧污泥反应器（UASB）组合形成的反应器，因此称为 UBF 反应器。厌氧复合反应器由布水器、污泥层和填料层构成。反应器上部装有填料，填充在反应器上部的 1/3 处，取消了三相分离器，减少了填料的厚度，在池底布水器与填料层之间留出一定空间，以便悬浮状态的絮状污泥和颗粒污泥在其中生长、积累。当废水从反应器的底部进入，顺序经过颗粒污泥层、絮体污泥层被厌氧降解，从污泥层出来的污水进入滤料层进一步处理，并进行气-液-固分离，处理水从溢流堰（管）排出，沼气从反应器顶部引出（图4-13）。

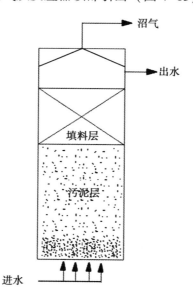

图 4-13 厌氧复合反应器示意

厌氧复合反应器适合处理悬浮物浓度≤1.5 g/L的中等浓度发酵原料。容积产气率应通过实验或参照类似工程确定，无法通过实验或类似工程获得容积产气率数据参数时，可参考表4-12的数据。

填料宜填充在反应器上部的1/3处，填料厚度以0.5~2 m为宜，填料上稳定水层高宜为0.4~0.5 m。

厌氧复合反应器的进水、出水和排泥系统可参照UASB的相应系统。

厌氧复合反应器填料选择应综合考虑填料的比表面、孔隙率、表面粗糙度、机械强度、重量、价格等因素，并宜采用多孔板或支架支撑填料。

厌氧复合反应器具有以下优点：

（1）对于不易（甚至不能）驯化出颗粒污泥的污水，例如含氮高的畜禽粪污、含盐量高、有生物毒性的污水，厌氧复合反应器更具竞争优势。

（2）与上流式厌氧污泥床相比，增加填料层使得反应器积累微生物的能力大为增加，在启动运行期间，可有效截流污泥，降低污泥流失，启动速度快。

（3）与厌氧滤池相比，减少了填料层厚度，减少了堵塞的可能性。

（4）运行稳定，对容积负荷、温度、pH值的波动有较好的承受能力。

7. 升流式固体厌氧反应器（USR）

升流式固体厌氧反应器（USR）是参照上流式厌氧污泥床（UASB）原理开发的一种结构简单、适用于高悬浮固体有机废水处理的反应器，如图4-14所示。料液从反应器底部进入，通过布水板均匀分布在反应器的底部，然后向上通过含有高浓度厌氧微生物的固体床，料液中的有机物与厌氧微生物充分接触反应，有机物降解转化，生成的沼气上升，沼气连同水流上升具有搅拌混合作用，可促进固体与微生物的接触。未降解的有机物固体颗粒和微生物靠自然沉降、积累在固体床下部，使反应器内保持较高的生物量，并延长固体的降解时间。通过固体床的水流从反应器上部的出水渠溢流排出。在出水渠前设置挡渣板，可减少悬浮物的流失。在我国畜禽养殖粪污资源化利用方面，升流式固体厌氧反应器有较多的应用。

升流式固体厌氧反应器对原料预处理要求比较简单，不需要固液分离前处理；不需要三相分离器，也不需要污泥回流。但是，升流式固体厌氧反应器只适用于TS≤6%的畜禽粪污，提高进料悬浮物浓度易出现布水管堵塞等问题；没有搅拌，容易形成浮渣，易于结壳，也容易形成沉渣。

8. 竖向推流式发酵工艺（VPF）

竖向推流式发酵工艺适合秸秆类原料的沼气发酵，其特点是在立式发酵罐中采用上进料下出料或下进料上出料的方式，顶部设有沼液淋喷装置，发酵混合液TS在8%以上。粉碎的秸秆原料与回流的发酵液混合后进料，采用沼液回流搅拌。上进料方式

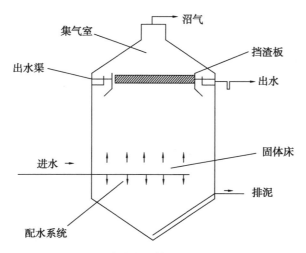

图 4-14　升流式固体厌氧反应器示意

中，发酵后的秸秆残渣在下部随水力排出；下进料方式中，发酵后的秸秆残渣由刮板或漏斗排出。出料中的发酵液经过固液分离后回流，与秸秆原料混合继续进料。连续分层进料、批式出料的运行方式，使秸秆原料的沼气发酵连续稳定运行，较好地解决了物料的搅拌与进出料问题，克服了批式秸秆沼气发酵产气不均衡的问题，厌氧反应器内物料与厌氧微生物的接触更充分，产气效率较高（图 4-15）。由于进料浓度高，沼液可较长时间回流，秸秆类原料采用中、高温沼气发酵，容积产气率可达 $0.8 \sim 1.5 \ m^3 /\ (m^3 \cdot d)$。

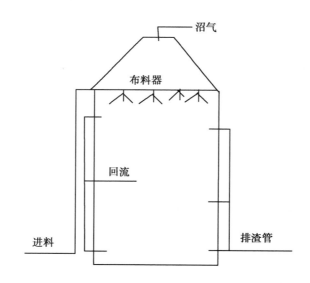

图 4-15　竖向推流式发酵工艺示意

（三）沼气发酵罐加热与保温

保持沼气发酵装置内料液最适温度（大于 20 ℃）是高效沼气生产的重要条件。除了一些发酵工业废水（如酒精废水、淀粉废水等）外，大部分沼气发酵原料的温度为常温，在冬季或寒冷地区，沼气生产效率低。为了达到适宜的发酵温度，保证稳定高效的沼气生产，在气温低于 20 ℃时，需要对沼气发酵原料加热，同时还要补偿散失的热量。加热热源可采用发电余热、太阳能或沼气燃烧（锅炉）热能，也可将几种热源组合加热。另外，沼气发酵装置料液温度在时间和空间上应保持稳定均匀，1 h 内温度波动不宜超过 2~3 ℃，以保证最佳发酵过程。温度大幅波动，温度低于或超过最适发酵温度，都会影响沼气发酵过程，甚至导致产气停止。引起温度波动的因素有：新鲜底物进料，保温和加热效果差、搅拌不均导致的温度不均，加热组件布置不合适，冬季夏季极端温度，设备故障等（董仁杰，蓝宁阁，2012）。

沼气发酵过程的加热方式分为罐内加热和罐外加热两类。

罐内加热是将热量直接换入沼气发酵罐内，对料液进行加热，有热水循环和蒸汽直接加热两种方法。根据发酵罐大小，需要设置 2 组或更多的循环热水加热盘管。如果是 PVC 或 PEOC 管，因为塑料的导热性比较差，加热盘管的间距必须加密。循环热水管可以置于沼气发酵罐墙中、底板、墙内或墙外，循环热水管安装在沼气发酵罐内时，距离内壁约 50 cm 位置，但是，加热管不能影响其他设备，如刮泥机、搅拌机等。卧式发酵罐中，换热管常安装在搅拌器上。热水循环法的缺点是热效率较低，热水管外层易结垢，传热效率降低。蒸汽直接加热效率较高，但是，会增加原料含水率，增大料液量。两种罐内加热方法均需要保持良好的混合搅拌。罐内加热的热损失较小，但是维修困难，沉积层的形成严重影响底板加热效率，发酵罐壁内加热会导致结垢，在混凝土内墙加热会引起温度应变。

罐外加热是将原料或料液在罐外进行加热，有原料加热和料液循环加热两种。原料加热是将原料在集水池或混合调配池内首先加热到需要的温度，再进入沼气发酵罐。料液循环加热需将罐内料液抽出，通过外置换热器加热到要求的温度后，再打回到罐内。使用外置换热器时，为了维持稳定发酵温度，料液必须连续通过换热器循环换热，否则，还需要在发酵罐内设置另外的加热器。传热介质和被加热的物料尽量做到逆向流。通常采用蛇管或夹套换热器。罐外加热可以避免新物料进料引起的温度变化，维修方便，温度容易控制。但是，罐外加热的热损失较大，某些情况下，需要另外增加罐内加热系统，并且罐外加热热交换器投资较高。

罐内加热和罐外加热的加热盘管都必须设置排气装置。

为了减少热散失，沼气发酵罐、热交换器及热力管道外表面均应敷设保温结构。凡是导热系数小、密度较小、具有一定机械强度和耐热能力、吸收性低的材料均可作为保温材料。保温材料选择应因地制宜，在满足沼气发酵工艺温度的前提下，综合考虑保温材料的性价比和制作安装的难易程度。沼气发酵装置一般可选低温用保温材料。罐内或地平线下的保温材料可采用硬质聚氨酯泡沫、泡沫玻璃等闭孔材料，防止水分渗入，并且材料强度必须能承受沼气发酵罐装满原料时的全部荷载。地平线以上的罐外保温材料可采用岩棉、矿物纤维毡、硬质泡沫垫、挤压泡沫、宝丽龙泡沫、合成泡沫、聚苯乙烯等。以往常用的保温材料有泡沫混凝土、膨胀珍珠岩、岩棉制品等，目前主要采用聚苯乙烯泡沫塑料、橡塑海绵、聚氨酯泡沫塑料等。保温层厚度应根据设计厌氧消化温度、废水温度、最冷月平均气温、消化装置罐体材料的导热系数计算。保温层的传热系数一般在 0.02~0.05 W/（m·K）范围，目前采用的厚度 5~10 cm，北方地区达 20 cm。

大多数保温层敷设在主体结构层外侧，即外墙保温。保温层外设有硬质保护层，组成保温结构。保护层的作用是避免外部的水蒸气、雨水以及潮湿土壤中水分进入保温材料而导致导热性增加、保温效果降低，同时还可避免保温材料遭受机械损伤，并可使外表平正、美观，便于涂色。常用保护层有石棉砂浆抹面、砖墙、铁皮、铝皮、铝合金板以及压型彩钢等。也有将沼气发酵罐保温层做在发酵罐内，采用内墙保温（张中和，2004）。

（四）沼气发酵罐附属设施

1. 溢流装置

上流式厌氧污泥床（UASB）类沼气发酵反应器采用三相分离器密封，出料采用类似沉淀池的溢流堰溢流。其他类型的沼气发酵装置一般采用固定顶盖密闭出料管排除发酵残余物时，不能排出沼气，出料管一般采用倒 U 形方式，起到水封作用。水封有效高度必须大于沼气发酵罐设计沼气压力。图 4-16a、图 4-16b 分别是沼气发酵罐内无溢流堰（CSTR、USR）、有溢流堰（如 UBF、AF）的出料管示意图，图中 A 的水柱高度为沼气发酵罐内沼气压力。溢流管出口不得放在室内，溢流管最小管径应不小于 150 mm。

2. 正负压保护器

在沼气发酵罐运行过程中，由于进料泵流量太大，或者溢流管、沼气管堵塞，出料量小于进料量，会造成沼气发酵罐内沼气压力过高（正压）。当进料管阀门（主要止回阀）损坏而出现料液泄漏，或者是底部排渣、排液时，沼气发酵罐内会出现负压。正压负压都容易导致沼气发酵罐变形和损坏，因而沼气发酵罐需要配置合适的正负压安全保护器。正压保护器内部有一定深度的水（液）封，起两个作用，一是具有泄压作用，沼气发酵罐内沼气压力过大时，沼气从水（液）封中逸出；二是防止沼气泄漏，当罐内沼气压力降低到设计压力后，水封（液）将沼气发酵罐内产生的

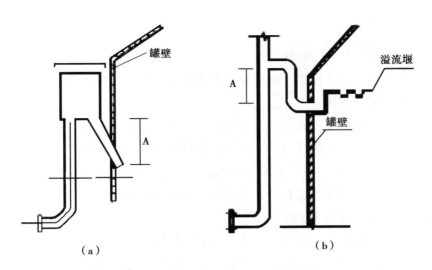

图4-16　沼气发酵罐溢流装置示意

沼气与罐外空气隔离，防止沼气外泄。负压保护器的作用是防止沼气发酵罐内产生过大的负压。如果沼气发酵罐内压力低于大气压力时，外部空气穿过水（液）封进入罐体内部，当罐内外压力相等时，水封将沼气发酵罐内产生的沼气与罐外空气隔离。正压保护器和负压保护器可以单独设立，分别将正压保护器和负压保护器连接到沼气发酵罐罐顶与气室相通的管道上。也可以设计在一起，既能防止正压又能防止负压，见图4-17，图中B的水（液）柱高度为正压保护高度，C的水（液）柱高度为负压保护高度。

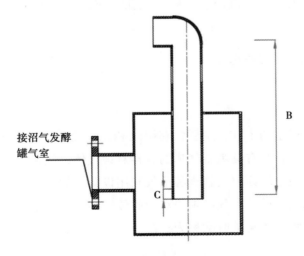

图4-17　正负压保护器示意

北方地区冬季寒冷，正负压保护器内的水会结冰，从而失去保护作用，因此在加水时，还要加防冻液。

（五）沼气发酵罐附设管孔

沼气发酵罐应设置进料管、出料管、排渣管、溢流管、集气管、取样管、检修人孔等附属管道及附件的接口。

进料管一般布置在罐的底部，与地坪的距离应方便检修，至少 300 mm，进料点与进料口的形式应有利于搅拌均匀、破除沉渣或浮渣，进料管距离沼气发酵罐底的距离不宜小于 500 mm。小型罐（容积 2 500 m³以下），一般设 1 根进料管，中型罐（容积 5 000 m³左右）宜设 2 根进料管，大型罐（容积 10 000 m³以上）应设 2 根以上进料管，进料管直径不宜小于 100 mm。

排渣管应布置在罐底中央最低处或罐底分散数处，大型罐在罐底以上不同高度再设 1~2 处。排空管可与排渣管合并使用，也可单独设立，排渣管的管径不应小于 150 mm，排渣管的阀门后应设置清扫口。

当采用水力循环搅拌时，或进行外置加热时，进料管与出料管、排渣管的位置应有利于混合。进料管与排泥管应选用双刀闸阀门。

集气管距离液面距离不宜小于 1 000 mm，管径应经计算确定，且不宜小于 100 mm。

取样管一般设置在罐的上、中、下几个部位，长度至少应伸入料液内 0.5 m，最小管径 50 mm。

沼气发酵罐顶中心人孔直径宜为 1.2 m，侧壁和罐底交界处人孔 0.6~1.0 m，必要时也可利用两处人孔清除沉渣、沉砂，人孔盖应由铸铁或钢制成，用耐腐蚀螺栓固定。

三、沼气净化与储存单元

（一）沼气净化

沼气发酵装置产生的沼气，主要含有甲烷和二氧化碳，另外还含有饱和水蒸气、硫化氢。硫化氢是一种具有臭鸡蛋气味的有毒有害气体，氧化后与水汽化合形成具有腐蚀性的硫酸，硫酸会腐蚀沼气管道和沼气利用设备，如沼气炉具、发电机组等。因此，为了防止硫化氢腐蚀，沼气必须脱水、脱硫。利用沼气生产生物天然气，需要去除二氧化碳，通常将二氧化碳脱除称为提纯。

1. 脱水

沼气中含有饱和水蒸气，在沼气输送过程中，水蒸气会凝结成水，影响沼气输送和使用，因此必须脱水。沼气脱水常用气水分离器，在气水分离器中放置填料，设计成旋风分离装置，使水蒸气与填料、挡板或器壁碰撞，进而凝结成大的水滴。沼气管路脱水通常用凝水器，设在沼气管路最低处，收集并能排出沼气管道中冷凝水。

另一种沼气脱水方法是利用电动冷凝器将沼气温度降到 10 ℃ 以下，去除水汽，为了防止水汽在后续管道凝结，降温后的沼气需要再加热。

2. 脱硫

沼气脱硫有化学法和生物法。

大中小型沼气工程一般采用化学脱硫，特大型沼气工程一般采用生物脱硫。

化学脱硫可以采用罐内脱硫和罐外脱硫，罐内脱硫就是向发酵原料中投加化学物质，如铁盐，也称原位脱硫。罐外化学脱硫又分湿法和干法。湿法脱硫是用碱（如氢氧化钠）或含铁溶液作为吸收液。干法是用三氧化二铁作为脱硫剂。

生物脱硫是特大型沼气工程常用的脱硫方法，也分为罐内脱硫和罐外脱硫。罐内生物脱硫是从沼气发酵罐顶部向罐内注入空气，空气量一般为沼气产生量的 2% ~ 8%，硫化氢被微生物氧化成单质硫或亚硫酸。生物脱硫反应发生在沼气发酵罐顶部浮渣层或罐壁，脱硫产物具有腐蚀性。为了避免脱硫产物堵塞沼气排出管，空气管应该位于沼气排出管的对面。罐内生物脱硫工艺简单，投资少。罐外生物脱硫采用生物脱硫塔，能较好控制脱硫过程和精准调节氧的加入量，罐外生物脱硫塔类似洗涤器，塔内填充多孔填料供微生物生长，定期向填料喷淋营养液，喷淋营养液需要具有高的碱度，并富含微生物营养物质，沼液可以作为喷淋液。35 ℃ 条件下，每立方米填料每小时处理沼气的负荷大约 10 m³。在工程上，常常将收集的脱硫产物加到沼渣沼液储存池中，与沼渣沼液混合，可改进沼渣沼液肥效。

（二）沼气储存

沼气生产过程相对连续稳定，而沼气利用时，间歇而不均衡，比如沼气用于发电或向居民供气时，对沼气的需求相对集中。为了弥补产、用不平衡，需要将沼气临时储存。目前，有多种类型的沼气储存装置。最简单的是沼气发酵罐顶储气柜，采用气密性好的高分子膜作为沼气发酵罐的顶盖。地下式沼气池也可采用水压储存。对于大多数沼气工程，一般采用独立储气柜。沼气储存可分为低压（表压 P<10 kPa）、中压（10<P≤400 kPa）、高压（400<P≤1 600 kPa）储存。低压储气可采用湿式储气柜、双膜储气柜。中压、高压储气必须储存在钢罐或钢瓶中，能耗高，运行费用高，压力达到 1 000 kPa 时，能耗大约 0.22 kWh/m³，压力达 20 000 ~ 30 000 kPa，能耗 0.31 kWh/m³，因为费用高和安全性，中高压储气很少在农业沼气工程中采用。

四、沼气利用与应急燃烧

沼气可用作生活燃气、用于发电，或者经过提纯生产生物天然气，注入天然气管网或用作车用燃料。本书后面章节将会介绍沼气利用相关内容。

在一些特殊情况下，沼气发酵装置产气速率太高，或者沼气利用系统处于维护/故障中，产生的沼气有可能利用不完，这时需要有应急解决措施，例如采用临时沼气储存装置或者另加沼气利用系统。临时储存没有压缩的沼气只能解决短时问题，如果维护/故障时间过长，临时储存就无法解决问题。另加沼气利用系统如第二套热电联产系统通常不经济。因此，对于大型沼气工程，需要配备应急燃烧器。不能储存和利用的多余沼气，可通过应急燃烧器燃烧，从而避免安全事故和环境污染。

应急燃烧的主要目的是最大限度转化甲烷，减少甲烷和其他不完全燃烧中间产物（如一氧化碳）的排放。沼气燃烧过程可能会形成几种有害的副产品，与空气比例、温度和燃烧反应动力学相关。应急燃烧取决于温度和停留时间两个参数，燃烧温度必须保持在 850~1 200 ℃，最小停留时间 0.3 s。应急燃烧系统的安全、可靠运行除了考虑燃烧器和封筒外，还要考虑多种因素，如阻火器、故障保险阀、点火系统以及火焰检测器。需要鼓风机将沼气压力升到燃烧器需要的 3~15 kPa。

有两种沼气应急燃烧器，封闭式燃烧火炬和开放式燃烧火炬。

开放式燃烧火炬用一小的挡风玻璃保护燃烧火焰。在多数情况下，气体控制主要靠手动阀门，气体成分复杂、缺乏隔离以及混合效果差容易导致不完全燃烧和明火，可在挡风玻璃上面看见，辐射热损失大，火焰边缘温度低、熄火产生有害副产品。开放式火炬主要在以前应用，因为简单，价格低，也因为没有强制规定和相关的控制标准。

封闭式燃烧火炬是置于地面的固定装置，有保护外壳将单个或几个燃烧器封闭在圆柱形筒体内，封筒能防止熄火，并使燃烧更均匀，污染物排放少，监测排放相对容易，可根据温度、碳氢化合物和一氧化碳监测进行过程控制，从而减少了沼气流量的变化，维持最适燃烧条件。

五、沼渣沼液处理利用单元

沼渣沼液应优先考虑综合利用，不能利用的沼液应进一步处理。沼渣沼液用作肥料时，可以在沼气站内临时储存几天，站内储存池容积不小于最大的单个沼气发酵罐容积；另外还需要在田间建田间储存池。沼渣沼液储存池总容积应该能满足几个月沼渣沼液的储存。在欧洲国家，农业部门规定畜禽粪污和沼渣沼液需要储存 6~9 个月，保证最适、有效利用，避免冬季利用。沼渣沼液可以储存在钢筋混凝土池或防渗的氧化塘中，并利用自然形成的或人工添加的浮渣层、高分子膜覆盖，防止臭气排放。

沼液用作叶面喷施肥，或者沼液需进一步处理，或者需要将沼渣作固态有机肥时，应对沼渣沼液进行固液分离。沼渣沼液分离设备的选择应根据被分离的原料性质、浓度、要求分离的程度和综合利用的要求等因素确定。分离设备的处理能力应与被处理的沼渣沼液量相匹配。沼渣沼液总固体>5%时，可选螺旋挤压固液分离机；沼渣沼液总固体<5%时，可选水力筛式固液分离机。

沼渣可用作农作物的底肥、有机复合肥的原料、作物的营养钵（土）以及养殖蚯蚓等。沼液可用作浸种、根际追肥或叶面喷施肥。

六、沼气工程监测和过程控制

沼气工程是一个复杂的系统，各单元紧密相连。为了确保正常运行，减轻劳动强度，需要对系统进行监测与控制。监测是工程稳定运行的必要手段，可以及早发现异常情况并采取相应应对措施。监测包括化学、物理参数的收集与分析。有时，需要进行一些常规实验室测试，以优化发酵过程、避免过程抑制。监测参数包括原料数量与浓度、发酵温度、pH 值、沼气产量与成分、沼气压力、发酵料液挥发性脂肪酸（VFA）含量、液位等。现场监测仪表应具有防腐、防爆、抗渗漏、防结垢和自清洗等功能。

沼气工程可通过计算机实现自动控制，目前也可通过无线网络进行远程控制。沼气工程大部分单元均可实现自动控制，如：进料、消毒、发酵罐加热、搅拌（强度与频率）、沉渣去除、脱硫、沼渣沼液分离、沼气发电与余热回收等。自动控制可以采用简单的时控开关，也可采用远程的可视化计算机控制。应结合工程规模、运行管理的要求、工程投资情况、所选用的设备及仪器的先进程度、维护和管理水平，因地制宜选择监控指标和自动化程度。中小型沼气工程宜采用集中控制，当沼气工程的规模比较大或反应器数量比较多时，宜采用分散控制的自动化控制系统。关键设备附近应设置独立的控制箱，同时具有"手动/自动"的运行控制切换功能。

第五章　沼气发酵装置材料与结构

沼气发酵装置（包括户用沼气池、净化沼气池、沼气发酵罐）是整个沼气发酵系统的核心，对废弃物处理和沼气生产效率以及工程经济具有决定性的影响。了解各种建造材料的性能、用法及结构特点，对修建高质量的沼气发酵装置至关重要。沼气发酵装置建造材料包括普通钢材，特殊钢材，混凝土，钢筋，砖、石砌体，三元乙丙橡胶 EPDM（Ethylene Propylene Diene Monomer）环境膜、高密度聚乙烯 HDPE（High Density Polyethylene）环境膜、无规共聚聚丙烯（Polypropylene Random）PPR 环境膜、玻璃纤维增强塑料等。建筑材料的选择和使用是否恰当，直接关系到建设质量、使用寿命和建造投资。根据建筑材料种类，沼气发酵装置可分为砖混结构、钢筋混凝土结构、钢结构（包括钢板焊接结构、螺旋双折边咬口结构、搪瓷钢板拼装结构）、膜结构。根据建造位置，可分为地下式、半地下式和地上式。

第一节　砖混结构沼气发酵池

砖混结构沼气发酵池就是由普通标准砖作为池体材料，用水泥砂浆砌筑，内表面经防渗处理而建成的沼气池。砖混结构是中国农村户用沼气池、生活污水净化沼气池的传统池体结构，通常池底为混凝土，池墙、池拱及进出料间均为砖结构。该结构的优点是材料容易获得，施工技术比较成熟。

一、建造材料

1. 烧结砖

烧结砖是建筑用的人造小型块材，以页岩、煤矸石等粉料为主要原料，经泥料处理、成型、干燥和焙烧而成，有实心和空心的差别。实心砖：无孔洞或孔洞率小于25%；多孔砖：孔洞率 25%～40%；空心砖：孔洞率等于或大于 40%。孔的尺寸小而数量多的砖，常用于承重部位，强度等级较高；孔的尺寸大而数量少的砖，常用于非承重部位，强度等级偏低。

普通砖的尺寸为 240 mm×115 mm×53 mm，按抗压强度（N/mm²）的大小分为 MU30、MU25、MU20、MU15、MU10、MU7.5 这 6 个强度等级。烧结砖就地取材，价格便宜，经久耐用，还有防火、隔热、隔声、吸潮等优点。

烧结砖常用作户用沼气池、生活污水净化沼气池、小型沼气工程、集水池、调配池、沼液储存池以及沼气发酵装置保温层的保护层、房屋等附属设施建造，其强度等级要求不小于 MU10，容重 1 700 kg/m³，尺寸整齐、各面平整，无过大翘曲。不应使用欠火砖、酥砖及螺纹砖。1 立方米体量砖砌体的标准砖用量为 512 块（含灰缝）。

2. 砂浆

砂浆是由水泥、砂子加水拌和而成的胶结材料，在砌筑工程中，用于将单个砖、石、砌块等块材组合成墙体，填充砌体空隙并把砌体胶结成一体，使之达到一定的强度和密实度。砂浆按组成材料不同，可分为水泥砂浆和混合砂浆；按用途分为砌筑砂浆和抹面砂浆。

砌筑砖混结构沼气池的砂浆宜选用水泥砂浆，其特点是适合砌筑潮湿环境以及强度要求较高的砌体。砂浆标号采用标准试验方法测得的平均抗压强度值（MPa）表示，砌筑沼气池的砂浆宜选用强度等级为 M10 及以上的水泥砂浆。

抹面砂浆用于平整结构表面及其保护结构体，并有密封和防水防渗作用，其配合比一般采用 1:2、1:2.5 和 1:3，水胶比为 0.5~0.55。沼气池抹面砂浆可掺入水玻璃、三氯化铁防水剂（3%）组成防水砂浆。

二、结构特点

砖混结构户用沼气池通常由曲面形池底、圆筒形池壁、削球形池顶以及必要的附属设施组成。池底自下而上一般由原土夯实，地基承载力特征值 f_{aK} 不小于 50 kPa；卵（碎）石垫层（灌注 1:5.5 水泥砂浆），C25 级以上混凝土，振实并抹成曲面形状，池底厚度一般要求 50 mm 厚以上；采用大于等于 Mu20 烧结砖，M10 级水泥砂浆砌筑圆筒形池壁，一般厚为 120 mm，并做密封处理。池墙顶部应设圈梁，以便承受拱顶以上各种负荷。削球形池顶可采用砖砌结构、混凝土现浇结构、预制混凝土板安装结构、玻璃钢拱盖等结构类型。砖砌结构户用沼气池如图 5-1 所示。

生活污水净化沼气池的池型包括：矩形池及其衍生池型、圆形池及其衍生池型以及圆形池与矩形池的组合池型。矩形池及其衍生池型如拱形池、长圆拱形池等，这类池型长度与宽度之比一般大于 2，其表面积较大，力学性能较差，但工艺设备布置简单、施工方便；圆形池及其衍生池型如上下球面壳圆形池、上下锥面壳圆形池等，这类池型径高比一般在 1 左右，其表面积较小，力学性能较好，但工艺布置较矩形池复

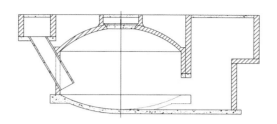

图 5-1　砖砌结构户用沼气池示意

杂，施工也较复杂。矩形池的结构类似化粪池、圆形池的结构类似水压式沼气池。砖混结构生活污水净化沼气池的池底为混凝土，池墙、池拱及进出料间均为砖结构，池墙中部、顶部以及洞口上部设圈梁，使结构更加牢固（图 5-2）。要求地基承载力特征值 f_{aK} 不小于 100 kPa，池底垫层用 C15 级的混凝土，底板、圈梁、池顶采用 C25 级混凝土，池墙采用大于等于 Mu20 级烧结砖，砂浆采用 M10 级水泥砂浆。

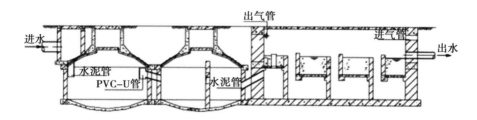

图 5-2　砖混结构生活污水净化沼气池示意

三、单砖飘顶

中国沼气技师通过多年的实践，总结出了适合沼气池圆拱形池顶施工的方法——单砖飘顶法，即采用无模卷拱法悬砖砌筑池拱盖。可在池坑外沿打桩，桩上拴长绳，绳的一端拴上砖吊入池内，利用绳的拉力固定拱盖飘砖，或用一个标杆控制弧度。用 1:2 的水泥砂浆砌筑完成，池拱盖外壁用 1:3 的粗砂灰压实抹光，之后在顶部用铁丝网和砂灰加固，如图 5-3 所示。

图 5-3　单砖飘顶法施工

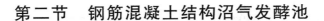

第二节　钢筋混凝土结构沼气发酵池

以前户用沼气池、生活污水净化沼气池、地下式小型沼气工程发酵池主要采用砖混结构，随着环境保护要求提高，防渗透要求更加严格，户用沼气池、生活污水净化沼气池、小型沼气工程地下式发酵池、部分大中型沼气工程地上式沼气发酵池都采用钢筋混凝土结构。钢筋混凝土结构沼气发酵池通常使用现浇混凝土、预制件或预制混凝土件组装建成。如果地下土壤条件允许，钢筋混凝土结构沼气发酵池可部分或全部位于地下。对于全部埋于地下的钢筋混凝土沼气发酵池，当设计达到足够强度时，其上部可建造其他构筑物，但是，必须符合相关规定。沼气发酵池应该进行专业设计和专业施工，避免池体开裂、泄漏以及混凝土的腐蚀。

一、池体材料

1. 混凝土

以前户用沼气池采用的混凝土强度等级为C15，已无法满足水工构筑物的防渗要求。目前沼气发酵池受力构件的混凝土强度等级应不低于C30；垫层混凝土宜采用C15。预应力混凝土结构的混凝土强度等级不应低于C30。承受重负荷的钢筋混凝土构件，混凝土强度等级不应低于C30。钢筋混凝土沼气发酵池的抗渗，宜以混凝土本身的密实性满足抗渗要求，抗渗等级不应低于P_6（28 d龄期混凝土标准试件，按标准试验方法在抗渗试验时所能承受的最大静水压力为0.6 MPa）。混凝土的骨料应选择良好级配；水胶比不大于0.55。水处理构筑物、地下构筑物的混凝土，当满足抗渗要求时，一般可不作其他抗渗处理。应该注意含氯盐的防水剂不得在钢筋混凝土和预应力混凝土水处理构筑物中采用。

混凝土抗冻等级F_i（系指龄期为28 d的混凝土试件，在进行相应要求冻融循环总次数i次作用后的强度降低）不大于25%，重量损失不超过5%。最冷月平均气温低于−3 ℃的地区，外露钢筋混凝土构筑物的混凝土应具有良好的抗冻性能，一般抗冻等级取F_{200}。当混凝土中加入防冻剂时，一般宜采用水溶性有机化合物类，即以某些醇类有机化合物为防冻组合的外加剂。不得采用氯盐作为防冻、早强的掺和料。当考虑冻融作用时，不得采用火山灰质硅酸盐水泥和粉煤灰硅酸盐水泥。

由于钢筋混凝土结构沼气发酵池在进料启动初期，发酵料液的pH值会有所降低，有些原料pH值甚至会降至6.0以下，因此应该对池体做防腐处理。混凝土除选用耐腐蚀水泥外，还可采取以下措施防腐。

（1）减少混凝土拌和时的水胶比，以减少混凝土的空隙率，使混凝土的吸水率降低。

（2）在混凝土浇筑时加强振捣，减少混凝土空隙，以减少腐蚀性物质进入的途径，同时需要振捣均匀，使混凝土成为均质的物体，防止钢筋处因处于不均匀的介质中而发生局部腐蚀现象。

（3）在钢筋表面做一层涂层，防止空隙溶液与钢筋接触。

（4）对钢筋要留有足够厚的混凝土净保护层，并在混凝土表面做涂层，阻塞混凝土表面的毛细孔，减少各种有害物质的侵入。

（5）增加隔离型保护涂层阻隔腐蚀性介质对混凝土表面的侵蚀和渗透，即在混凝土表面涂装疏水性有机涂料，可用作钢筋混凝土沼气发酵池内表面的保护涂料有环氧树脂、聚氨酯、聚氨酯沥青、沥青等。

2. 钢筋

钢筋混凝土用钢筋是指钢筋混凝土配筋用的直条或盘条状钢材，其外形分为光圆钢筋和变形钢筋两种，交货状态为直条和盘圆两种。

光圆钢筋实际上就是普通低碳钢的小圆钢和盘圆。变形钢筋是表面带肋的钢筋，通常带有 2 道纵肋和沿长度方向均匀分布的横肋。横肋的外形为螺旋形、人字形、月牙形 3 种。钢筋的规格用公称直径的毫米数表示。变形钢筋的公称直径相当于横截面相等的光圆钢筋的公称直径。钢筋的公称直径为 8~50 mm，推荐采用的直径为8 mm、12 mm、16 mm、20 mm、25 mm。钢筋在混凝土中主要承受拉应力，变形钢筋由于肋的作用，和混凝土有较大的粘结能力，因而能更好地承受外力的作用。混凝土中使用的钢筋应清除油污、铁锈并矫直后使用。

二、结构的一般要求

钢筋混凝土结构沼气发酵装置根据建造位置，可分为地下式、半地下式和地上式3 种形式，如图 5-4、图 5-5、图 5-6 所示。农村户用沼气池、生活污水净化沼气池（图 5-7）、小型沼气工程沼气发酵池主要采用地下式，大中型沼气工程沼气发酵池主要采用半地下式和地上式。

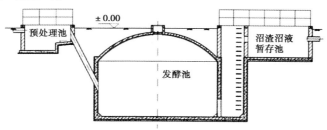

图 5-4　地下式钢筋混凝土沼气发酵池示意（户用沼气池、小型沼气工程发酵池）

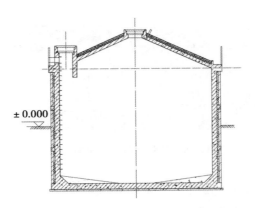

图 5-5   半地上式钢筋混凝土沼气发酵池示意

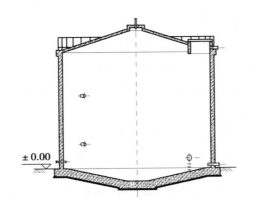

图 5-6   地上式钢筋混凝土沼气发酵池示意

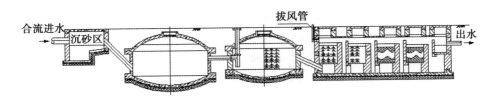

图 5-7   钢筋混凝土生活污水净化沼气池示意

混凝土结构农村户用沼气池可分为现浇混凝土沼气池和预制混凝土拼装沼气池，如图 5-8 所示，德国大型沼气池也有采用预制混凝土拼装结构。相对于砖混结构沼气池，混凝土沼气池的结构稳定性更好，使用寿命长。混凝土结构户用沼气池的池墙、池拱、池底、上下圈梁的材料采用现浇混凝土；水压间圆形结构的采用现浇混凝土，方形结构的可采用砖砌；进料管为圆管采用现浇混凝土，也可采用混凝土预制管；各口盖板、中心管、布料板、塞流固菌板等采用钢筋混凝土预制板。

图 5-8　预制混凝土户用沼气池

　　容积大于 50 m³ 的沼气发酵池，宜采用钢筋混凝土结构，其垫层厚度不应小于 100 mm；受力壁板与底板厚度不宜小于 200 mm，预制壁板的厚度可采用 150 mm；顶板厚度不宜小于 150 mm。防水混凝土结构厚度不应小于 250 mm。壁板厚大于 200 mm 时池壁两侧均应配置钢筋。沼气发酵池池墙与底板（基础）连接，并且底板（基础）视为池墙的固定支撑时，底板（基础）的厚度必须大于池墙，可根据地基的土质情况取 1.2~1.5 倍池墙厚度，并应将底板（基础）外挑。现浇钢筋混凝土沼气发酵池池墙的拐角及与顶、底板的交接处，宜设置腋角，腋角边宽不宜小于 150 mm，腋角内配置斜筋的直径与池墙受力筋相同，间距宜为池墙受力筋间的两倍。钢筋的最小搭接长度和最小锚固长度按《混凝土结构设计规范》GB 50010 的有关规定确定。钢筋混凝土沼气发酵池受力钢筋的混凝土保护层最小厚度应符合表 5-1 的规定。

表 5-1　钢筋的混凝土保护层最小厚度（mm）

构件名称	工作条件	保护层最小厚度
板、壳	与水、土接触	30
	与污水接触	40
梁、柱	与水、土接触	35
	与污水接触	50
底板	有垫层的下层筋	40
	无垫层的下层筋	70

　　注：当构件外表有水泥砂浆抹面或其他涂料等质量确有保证的保护措施时，表列保护层厚度可减少 10 mm

　　钢筋混凝土沼气发酵池设计使用寿命大于 30 年，构筑物的安全等级一般按二级执行，结构重要性系数取 1.0。混凝土应振捣密实，不允许有蜂窝、麻面和裂纹。模板和支撑件应安装牢固且满足浇筑混凝土时的承载能力、刚度和稳定性要求，并拆装方便；模板安装位置正确，拼缝紧密不漏浆，对控螺栓、垫块等安装稳固，模板上的预留孔洞和预埋管件不得错位、遗漏，且安装牢固；模板清洁、脱模剂涂刷均匀，钢筋和混凝土接茬处无污渍。

沼气发酵池基础设计必须坚持因地制宜、就地取材、安全适用、经济合理的原则，综合考虑施工条件，精心设计。基础设计应满足：① 沼气发酵池基础底面的压力小于地基的容许承载力。② 地基及基础的变形值小于沼气发酵池要求的沉降值。③ 地基、基础要求有足够的整体稳定性。④ 基础本身的强度要满足建设要求（唐艳芬等，2013）。

施工缝的设置与形式应符合：① 钢筋混凝土沼气发酵池主体结构中的底板和顶板应连续浇筑，不宜留施工缝。② 池墙的水平施工缝不应留在剪力与弯矩最大处或底板与池墙交接处，其位置应在高出底板表面500 mm的池墙上。③ 墙上有人孔及管洞时，施工缝距孔洞边缘的距离宜大于300 mm。④ 在施工缝上现浇混凝土前，应将施工缝处的混凝土表面凿毛，清除浮粒和杂物，用水冲洗干净，保持湿润，并铺上一层20~25 mm厚配合比较混凝土高一级的水泥砂浆。⑤ 施工缝宜采取凹缝、凸缝、阶梯缝或增设止水片的平直缝等形式。

三、预埋件、预埋管及预留孔的一般要求

地上式钢筋混凝土沼气发酵池预埋件包括固定栏杆用预埋件、固定保温材料用预埋件以及固定搅拌等设备的预埋件。在进行预埋件焊接之前，必须检查钢筋、钢板厚度。钢板厚度不宜小于钢筋直径的0.6倍，钢筋直径不宜小于6 mm，受力锚固钢筋直径不宜小于8 mm，绝对禁止用冷加工钢筋代替普通钢筋。钢筋混凝土构筑物各部位构件上的预埋件，其锚筋面积及构造要求，除应符合《混凝土结构设计规范》（GB 50010）的有关规定外，还应符合：① 预埋件的锚板厚度应附加腐蚀余度（通常沼气发酵池预埋件的腐蚀余度取1 mm）。② 预埋件的外露部分必须做可靠的防腐保护。预埋件的固定检查包括以下事项：锚筋不得与主筋相碰，且应设置在主筋内侧，锚筋不应终止在保护层内；预埋件不应突出于混凝土表面，也不应大于构件的外形尺寸；预埋件中心线位移偏差不应大于5 mm，水平标高偏差不宜大于±3 mm。

大中型钢筋混凝土沼气发酵池的预埋管包括进料预埋管、溢流预埋管、排泥预埋管、导气预埋管、加热预埋管、测温预埋管、搅拌预埋管等。除导气预埋管有更高的要求外，其他预埋管均可采用防水套管制作安装预埋。防水套管的规格要比实际管道的管径大2~3号，套管的长度要比壁板的实际厚度短5 mm。防水套管用普通钢管制作，中间部位焊接5~8 mm厚，宽度不小于50 mm的止水翼环，应双面施焊并焊接严密，安装时不得偏移。当预埋管与泵、搅拌器等易产生振动的机械设备连接时，套管应采用柔性防水套管，如进料预埋管、搅拌预埋管等均应采用柔性防水套管。预埋管与静态设备连接时，可采用刚性防水套管。

钢筋混凝土沼气发酵池的开孔处，应采取加强措施：①当开孔的直径或宽度大于

300 mm 但不超过 1 000 mm 时，孔口的每侧沿受力钢筋方向应配置加强钢筋，其钢筋截面积不应小于开孔切断的受力钢筋截面积的 75%；对矩形孔口的四周应加设斜筋；对圆形孔口应加设环筋。②当开孔的直径或宽度大于 1 000 mm 时，宜对孔口四周加设肋梁；当开孔的直径或宽度大于构筑物壁、板计算跨度的 1/4 时，宜对孔口设置边梁，梁内配筋应按计算确定。③当发酵罐外保温层的保护结构为砖砌体时，开孔处宜采用砌筑砖券加强。砖券厚度，对直径小于 1 000 mm 的孔口，不应小于 120 mm；对直径大于 1 000 mm 的孔口，不应小于 240 mm；也可采用局部浇筑混凝土加强。

四、防渗层及密封层

钢筋混凝土结构沼气池混凝土施工完成后，还需要做防渗层，防止污水外渗或地下水渗入。防渗层必须灰浆饱满，抹压密实；无翻砂、无裂纹、无空鼓、无脱落，表层有光度；接缝要严密，各层间黏结牢固。水泥砂浆防渗层的施工应注意：①基层表面应平整、清洁、坚硬、粗糙，充分湿润无积水。②水泥砂浆防渗层每层宜连续施工，当必须留施工缝时，应留成阶梯茬，按层次顺序搭接，搭接长度应大于40 mm。接茬部位距阴阳角的距离应大于 200 mm。③水泥砂浆的稠度宜控制在 7~8 cm，并随拌随用。④水泥砂浆防渗层施工时，基层表面温度应保持在 0 ℃ 以上，操作环境温度在 5 ℃ 以上。⑤防渗层的阴阳角宜做成圆弧形。钢筋混凝土沼气发酵池防渗层的施工做法如下。

（1）2 mm 厚素灰层。基层作好处理并浇水饱和以后，将拌和好的素灰抹 1 mm 厚，用铁抹子往返用力刮抹 5~6 遍，使素灰填实基层的孔隙，并刮抹均匀，随即再抹 1 mm 厚的素灰找平，找平要厚度均匀，不得听到抹子触碰基层的声音。

（2）4 mm 厚 1:3 水泥砂浆层。在抹第二层之前，须用毛刷蘸水将第一层有顺序地均匀涂刷一遍。第二层砂浆层的施工是在素灰层初凝期间进行的，因此要轻轻抹压，以免破坏素灰层，但也要使砂浆层薄薄地压入素灰层，使一、二层能牢固结合成一体。第二层做完后，用扫帚顺序扫出横向条纹，扫毛时不要另行加水，以使二、三层也能牢固结合。

（3）2 mm 厚素灰层。待第二层砂浆凝固后，适当浇水湿润，按第一层作法操作。在第三层施工时，如发现第二层砂浆在硬化过程中析出游离氢氧化钙，表面形成白色薄膜，则须用马蔺根刷冲水清洗干净后，才可做第三层。

（4）4 mm 厚 1:2 水泥砂浆层。按第二层作法抹上砂浆，在砂浆凝固前水分蒸发的过程中，分次用铁抹子抹压 5~6 遍，增加密实性，最后用铁抹子压光。在抹压过程中，每次抹压间隔时间应根据施工现场的湿度大小和气温情况确定，一般情况下在抹压前三遍时，间隔时间要短一些。最后压光成活，夏季通常在 12 h 之内；冬季最长不超过 14 h，以免砂浆凝固后反复抹压产生起砂现象。

（5）与水直接接触的防水层。在第四层砂浆抹压两遍后，用毛刷均匀涂刷素水泥浆一道即为第五层，随第四层压光成活。

钢筋混凝土沼气发酵池池顶部分（及气箱部分）还需要做密封层，防止沼气泄漏，可采用密封涂料对池顶内侧进行处理，涂料密封层宜选用耐腐蚀、无毒、刺激性小、密封性能好的涂料，耐高温性能不得低于 80 ℃；涂料密封层的基面，必须无浮渣，无水珠，清洁干燥；涂料的配比及施工应严格按所选涂料的技术要求进行，并应试涂，符合要求后方可进行大面积的涂刷；涂料的涂刷必须均匀，且不得少于二遍，后一层的涂料必须待前一层涂料结膜后进行，涂刷方向应和前一层相垂直。

第三节　钢制沼气发酵罐

钢制沼气发酵罐是我国特大型、大型沼气工程应用最多的沼气发酵装置，主要有钢板焊接、钢板拼装和螺旋双折边咬口结构。

一、钢板焊接结构沼气发酵罐

钢板焊接结构沼气发酵罐就是利用市面上常见的钢板，经成型、焊接、防腐等工序加工而成的沼气发酵装置。其优点是技术成熟，可以现场制作，不需要专用的设备和工装，制作材料选择多样；缺点是防腐工艺相对复杂。按发酵罐形状，钢板焊接结构沼气发酵罐可分为立式和卧式罐。根据沼气发酵工艺的设计要求，单体容积小于 200 m³ 的沼气发酵罐可使用卧式罐或立式罐，单体容积大于 200 m³ 的一般使用立式罐，通常都建在地上。

按罐顶的结构，立式圆筒形钢制发酵罐可分为拱顶发酵罐和锥顶发酵罐，如图 5-9 所示。拱顶发酵罐的力学性能比锥顶发酵罐好，但是锥顶发酵罐由于罐顶外保温层及保护层安装方便，在沼气工程中应用广泛，技术较为成熟。

钢板焊接结构沼气发酵罐由罐底、管壁和罐顶组成。

罐底：由多块薄钢板拼装而成，其排列方式一般由设计确定。罐底中部钢板称为中幅板，采用搭接焊缝形式；周边的钢板称为边缘板（边板），要采用对接焊缝形式。边缘板可采用条形板，也可采用弓形板，依发酵罐的直径、容量及与底板相焊接的第一节壁板的材质而定（图 5-10、图 5-11）。

罐壁：由多圈钢板组对焊接而成，钢板厚度沿罐壁的高度自下而上逐渐减少，最小厚度为 4~6 mm。目前，由于安装工艺的进步，罐壁板主要采用对接焊缝形式，已

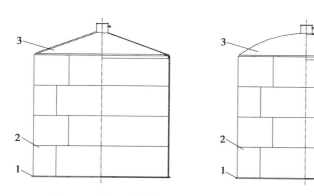

图 5-9　锥顶发酵罐（左）和拱顶发酵罐（右）示意

1—罐底；2—罐壁；3—罐顶

很少采用搭接。

罐顶：由多块厚度为 4~6 mm 的压制薄钢板和加强筋（通常用角钢或扁钢）组成的扇形罐顶板构成，或由构架和薄钢板构成，各扇形罐顶板之间采用搭接焊缝。

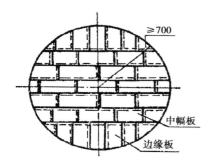

图 5-10　条形排板罐底示意

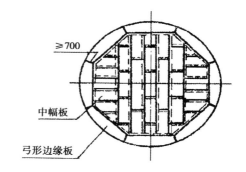

图 5-11　弓形边缘板罐底示意

钢板焊接结构沼气发酵罐主体安装方法有正装法和倒装法两种。正装法是指以罐底为基准平面，罐壁板从底层第一节开始，逐块逐节向上安装。倒装法是指以罐底为基准平面，先安装顶圈壁板和罐顶，然后自上而下，逐圈壁板组装焊接与顶起，交替进行，依次直到底圈壁板安装完毕。国外施工企业大都采用正装法，国内企业大都采用倒装法。实际应用的倒装法有中心柱提升、空气顶升、手动倒链起升、电动倒链群体起升、液压提升等多种倒装法。目前，采用较多的是手动倒链起升和电动倒链群体起升倒装法。

（一）罐体材料

用于焊接沼气发酵罐的钢板，表面不得有气泡、裂纹、结疤、拉裂和夹杂，钢板不得有分层。发酵罐壁板的材质宜为 Q235 和 Q345，角钢及附件的材质宜为 Q235，无缝钢管材质可为20#，特殊场合可使用304或316不锈钢材质。钢板厚度应符合表5-2的要求。

表5-2 钢板的厚度要求

名称	公称尺寸		允许偏差
钢板厚度	≥3 mm	3 mm	−0.1~+0.3 mm
		3~6 mm	−0.35~+0.3 mm
		8~12 mm	−0.5~+0.3 mm

焊接钢板表面的局部缺陷应用修磨方法清除，但不得使钢板厚度小于最小允许厚度。

用于焊接沼气发酵装置的钢材，必须考虑发酵罐的使用条件、材料的焊接性能、加工制造以及经济合理性。钢材、焊接材料可参照表5-3及表5-4。

表5-3 钢板使用范围

序号	钢号	钢材标准	使用范围		备注
			许用温度（℃）	许用最大板厚（mm）	
1	Q235-A.F	GB 700	>−20	8	在−20~0℃时，仅用于罐顶
		GB 3274	>0	12	
2	Q235-A	GB 700	>−20	16	
		GB 3274	>0	34	
3	Q245R	GB 6654	>−20	34	
4	Q345A	GB 1591	>−20	12	
		GB 3274	>−10	20	
		GB 6654	>−20	34	

表5-4 焊接材料

序号	牌号	手工电弧焊		二氧化碳气体	埋弧自动焊
		焊条牌号	保护焊丝	焊丝	焊剂
1	Q235-A.F	E43	H08Mo2SiA	H08A	HJ300
2	Q235-A	E43	H08Mn2SiA	H08AMnA	HJ300
3	Q245R	E4315 E4316	H08Mn2SiA	H08AMnA	HJ300

（续表）

| 序号 | 牌号 | 手工电弧焊 | | 二氧化碳气体 | 埋弧自动焊 |
		焊条牌号	保护焊焊丝	焊丝	焊剂
4	Q345A	E5015 E5016 E5018	H08Mn2SiA	H10MnSi H10Mn2	HJ500 HJ501

（二）罐体结构的一般要求

沼气发酵罐的工作压力通常取常压或接近常压，正压一般为 $3 \sim 6$ kPa，负压不应小于 0.49 kPa。工作温度一般为 $10 \sim 60$ ℃。结构用钢板的厚度附加量应考虑钢板负偏差和腐蚀余量。

沼气发酵罐容积大小由沼气发酵工艺所确定的发酵原料数量或沼气产量和容积有机负荷或容积产气率决定。沼气发酵罐容积相同，采用不同的直径和高度，其制作难度和经济性会有所不同，这在工程中必须加以考虑。从用材角度考虑，立式圆筒形罐体径高比为 $1 : 1$ 时最节省材料。钢板越宽，在发酵罐制作过程中焊缝越少，相应地减少了焊缝渗漏的可能，同时加快了制作速度，节约了焊接的人工费用。

罐底宜采用钢板拼装焊接，与罐体形成整体，当沼气发酵罐内直径 <12.5 m 时，罐底宜采用条形排板；罐内直径 $\geqslant 12.5$ m 时，罐底宜采用弓形边缘板，如图 5-10、图 5-11 所示。

罐壁板底部与罐底板采用角接焊缝形式，双面连续焊接。所有焊缝应牢固可靠，不允许有裂纹、夹渣、烧穿等缺陷，有密封要求的焊接件应保证焊缝不渗漏；罐壁板钻孔应按设计要求进行，钻孔完成后应对孔及焊点、毛刺进行打磨，表面达到 Ra25 的精度要求，钻孔时应保证各层钢板无变形、无缺陷；罐壁板切脚先用切角模板进行划线，然后用等离子切割机进行切角，切角完成后对表面的尖角毛刺进行打磨；需弯弧的钢板和角钢应严格按照图纸要求进行弯弧，在圆周方向上每米的径向偏差不超过 3 mm。钢板焊接结构沼气发酵罐的罐壁钢板厚度，应满足表 5-5 的要求。

表 5-5　罐壁最小公称厚度

| 罐体直径 D，m | 罐壁最小公称厚度（mm） | |
	碳素钢	不锈钢
D≤16	5	4
16<D≤35	6	5

罐壁应根据设计要求设置加强圈，在起到结构作用的同时，还可便于安装罐壁保温材料及固定保温材料保护层。为防止罐壁顶端变形，应设包边角钢。

罐顶通常采用自支承固定罐顶，自支承顶又分为无加强肋顶和加强肋顶。有加强肋顶由 4~6 mm 钢板和加强肋（通常用扁钢构成），或者由拱型架（用型钢组成）和钢板构成。罐顶板的规格厚度（不包含腐蚀余量）和支承构件的规格厚度（不包含腐蚀余量）不应小于 4.5 mm。

（三）罐体防腐

钢板焊接结构沼气发酵罐及其附属设施的防腐按中等腐蚀强度考虑。应对钢材（不包括镀锌材料）表面焊缝进行除锈处理，通常采用机械除锈或手工除锈，清理后的表面须达到无可见的油脂、污垢、氧化皮、铁锈和油漆涂层等附着物。经过处理后的表面应及时刷一层防锈底漆，一般不超过 6 h。防锈底漆采用环氧类或富锌类，例如环氧富锌漆、环氧煤沥青漆。处理后的表面如不能立即涂底漆时应妥善保护，以防再度生锈和污染，如发现锈迹和污染，应重新进行表面处理，然后用油漆防腐。

油漆防腐的施工方法：油漆稀释后用滚筒从上到下均匀涂刷，涂膜总厚度 0.15 ~ 0.20 mm，分两至三道完成，发酵罐外表面面漆应选用与底漆结合良好的油漆，配套使用。外壁有保温层时可不刷面漆，发酵罐内壁不刷面漆。

（四）罐体基础

罐体基础通常采用钢筋混凝土板式基础，该类型基础常用于天然地基承载力特征值不是很大的（相对于上部荷载）持力层，又叫筏式基础。发酵罐基础应符合设计和规范的要求，施工应做好安装与土建交工的检查和验收，做好检查验收记录。基础中心标高允许偏差应在 ±20 mm 范围内，基础表面凹凸度允许偏差不得大于 25 mm；圆形基础的外径允许偏差为 ±50 mm。

二、螺旋双折边咬口结构沼气发酵罐

螺旋双折边咬口结构沼气发酵罐，也就是俗称的"利浦罐"。该类沼气发酵罐利用金属塑性加工硬化和薄壳结构的原理，通过螺旋、双折边、咬合过程和专用滚压、咬合、压紧成型设备建造沼气发酵罐。螺旋双折边咬口技术制作罐体，施工周期短，节约钢材，罐体自重轻，使用寿命一般可达 20 年以上。但需要专用设备进行制作，其使用的钢板材料不是市面上通用的规格，且建造容积一般不宜过大。

在螺旋双折边咬口制罐过程中，薄钢板通过上下层之间的咬合，在罐外形成螺旋上升和连续的咬合筋，在内部形成平面的连接。制作时薄钢板通过一台成型机和一台咬合机连接，在成型机上薄钢板上下部被折成弯钩形，在咬合机上薄钢板上部与上一层薄钢板的下部咬合在一起。已成型的圆形体在支架上螺旋上升，当到达所需要的高度时，将上下两端面切平即完成了螺旋双折边咬口结构沼气发酵罐的制作。虽然是薄壁结构，但是由于其相等间距的咬合筋的作用，螺旋双折边咬口结构沼气发酵罐具有相当大的环拉强度（蔡磊，1997）。

（一）罐体卷制设备

螺旋双折边咬口结构制罐设备包括以下部分：开卷机，作用是将成卷的钢板展开；成型机，将开卷后的钢板弯曲并初步加工成型；折弯机，将成型机加工的钢板配合好，折弯、咬口、轧制在一起，形成螺旋的筒体；承载支架，承载螺旋上升的筒体；高频螺柱焊机，减少焊接时对罐体材料的破坏。主要有 2 种螺旋双折边咬口结构制罐机械，其型号及适用范围如表 5-6 所示，SM 型机组分别由松卷机、成型机、卷边机组成，施工时配有运送架（唐艳芬等，2013）。

表 5-6　螺旋双折边咬口结构制罐机械

型号	适用钢板厚度（mm）	钢板宽度（mm）	筋间距（mm）	制造罐径（m）
SM 30	2~3	495	380	3.5~18
SM 40	3.5~4	495	360	4~18

（二）罐体材料

螺旋双折边咬口结构沼气发酵装置使用的材料通常为 495 mm 宽，2~4 mm 厚的镀锌钢板或不锈钢-镀锌钢板复合板。在不锈钢-镀锌钢板复合板中，镀锌钢板满足强度要求，不锈钢薄膜复合层满足防腐要求。由于螺旋咬合筋的存在，具有相当大的抗环向拉应力的强度。从强度理论上讲，罐体的钢板厚度可以比 2 mm 更小，但从结构稳定性角度考虑，选用材料一般不小于 2 mm。鉴于制罐机械咬合紧密度和压紧强度的限制，选用材料一般不大于 4 mm，对于超高超大型罐体，可选用机械性能更好的材料以使材料厚度≤4 mm。镀锌钢板执行的现行标准为《连续热镀锌钢板及钢带》（GB/T 2518—2008），不锈钢复合钢板执行的现行标准为《不锈钢复合钢板和钢带》（GB/T 8165—2008）。

（三）罐体基础

由于螺旋双折边咬口结构沼气发酵罐体所用材料较少，因而发酵罐对底板基础的要求远远小于钢筋混凝土发酵池对底板基础的要求。在基础底板浇筑时，按所要制作罐体的直径，在底板表面留一条宽 150 mm，深 100 mm 的预留槽，槽内按直径均匀放置一定数量的锚形不锈钢预埋件，沼气发酵罐制作完成后，准确放入预留槽内，用螺栓将罐体和预埋件固定，然后用膨胀混凝土和沥青、油毡等材料密封预留槽，最后覆细石混凝土保护层，详见图5-12。罐体基础的其他要求同钢板焊接结构沼气发酵罐基础的要求。

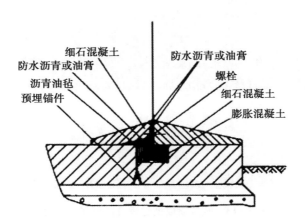

图5-12 螺旋双折边咬口结构沼气发酵罐预留槽
定位与密封示意（林伟华，2000）

（四）制罐过程

螺旋双折边咬口结构沼气发酵罐的制作顺序是先做罐顶，再自上而下卷制罐体，最后落灌生根。

1. 场地准备

在罐壁内外留出1m左右的间隙并制做好基础平台，作为成型设备安装及操作空间。

2. 设备安装

安装承载支架、开卷机、成型机、折弯机。

3. 罐体制作

咬合成型，咬合筋成型过程及截面形状见图5-13。

4. 罐顶安装

当罐体卷制到1m高度时，暂停咬合卷制，将罐体上端切削平整，安装顶部檐口和罐顶。

5. 卷罐举升

罐顶安装完毕后继续卷制罐体，边卷制边举升，至要求高度。

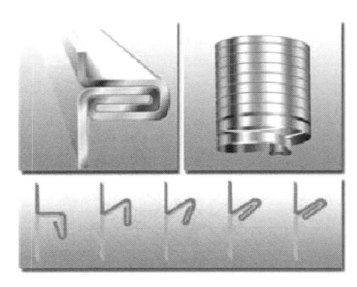

图 5-13 咬合筋成型过程及截面形状示意

6. 落罐生根

切平罐体底面，拉出罐体内设备，落罐，罐体与罐底预埋件通过螺栓连接固定，二次浇注密封。

7. 工艺管孔安装

在螺旋双折边咬口结构沼气发酵罐上开设工艺管孔和人孔的操作过程比较简单，只需在所定位置上开孔，然后将预制好的工艺孔管和人孔安在开孔处，内层板内垫橡皮密封板，内外层板用螺栓与罐壁固定在一起。为了防止螺栓孔处渗水，安装时螺栓孔处还需涂上专用密封胶。

罐顶工艺开孔有多种做法，常用的做法是将 0.6~0.8 mm 厚度的不锈钢薄板夹在上下两块压顶槽钢之间，不锈钢薄板与下压顶槽钢之间加橡皮密封圈，以螺栓固定在罐顶，并在螺栓孔和联结处涂上专用密封胶，详见图 5-14。

8. 防腐

使用镀锌钢板制作的螺旋双折边咬口结构沼气发酵罐虽然具有一定的防腐作用，但是钢板表面附着的镀锌层不足以抵抗料液和气体对其的腐蚀，特别是在开孔处和安装平台、栏杆、保温层固定件等焊接处，钢板表面镀锌层容易遭到破坏，所以在罐体制作完成、试验合格后仍然需要进行防腐处理。同样，采用螺旋双折边咬口技术制作的沼气发酵罐也需要制作保温结构。螺旋双折边咬口结构沼气发酵罐的防腐处理方法与钢板焊接结构沼气发酵罐相同。

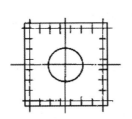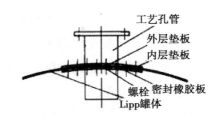

图 5-14　工艺管孔安装示意

三、搪瓷钢板拼装结构沼气发酵罐

搪瓷钢板拼装结构沼气发酵罐是基于薄壳结构原理，采用预制柔性搪瓷钢板以螺栓连接方式及橡胶密封拼装制成的罐体，简称"搪瓷钢板拼装罐"或"搪瓷拼装罐"。搪瓷钢板基板为冷轧低碳钢板，屈服强度≤280 MPa，抗拉强度270~410 MPa，搪瓷瓷釉是多种无机化工原料共同高温烧制反应而成，搪瓷钢板通过在钢板基材表面涂敷搪瓷浆料并进行焙烧而成。搪瓷钢板拼装罐具有耐腐蚀性好，施工周期短，节约钢材，罐体自重轻，易拆卸等优点，其缺点是螺栓连接的方式带来了渗漏的可能，不方便施工现场开孔方位的调整。

（一）罐体材料—搪瓷钢板

选择好制作沼气发酵罐的钢板，然后对钢板进行切割或冲压加工、打孔、表面处理，同时在处理好的钢板两面喷涂瓷釉，最后在电炉中 900 ℃高温下进行搪烧。因此要求钢板具有以下性能（唐艳芬等，2013）。

（1）钢板表面应光洁平整，无机械损伤、无分层、无氧化皮或锈斑及其他附着物等，并且钢板在变形过程中表面不能破裂。

（2）钢板的化学成分对搪瓷质量有一定影响，搪瓷用冷轧低碳钢板及钢带应符合国家标准的要求。

（3）冷塑性变形过程会使金属的物理和机械性能发生很大的变化，因此冲压用搪瓷钢板必须选择塑性好的材料。

（4）一般搪瓷用冷轧低碳钢板及钢带，屈服强度≤280 MPa，抗拉强度270~410 MPa。

搪瓷涂搪方法按照瓷釉性状可以分为湿法涂搪和干法涂搪，前者采用瓷釉浆涂敷，后者采用瓷釉干粉。钢板涂搪多用湿法涂搪。按照涂搪的操作方法来分则可分为手工涂搪、机械涂搪和电泳搪等。根据各种化工原料的性质和作用，瓷釉可分为基体剂、助熔剂、乳浊剂、密着剂和着色剂等。

（1）基体剂。基体剂占瓷釉总量的 40%～60%，是决定搪瓷釉性能的主要成分。基体剂一般具有较高的化学稳定性、热稳定性、硬度和抗拉、抗压强度。搪瓷基体剂的主要成分有二氧化硅、三氧化二硼等。

（2）助熔剂。助熔剂促进搪瓷釉熔融，改善其工艺性能和物理化学性能。常用的助熔剂有碳酸锂、纯碱、硝酸钠等。

（3）乳浊剂。乳浊剂赋予瓷釉体以良好的遮盖能力，常用的乳浊剂有氧化钛、氧化锑、氧化锆、氧化锶等。

（4）密着剂。密着剂使瓷釉同坯体牢固结合，有氧化钴、氧化镍、氧化铜、氧化锑等。

（5）着色剂。瓷釉的着色主要是由于瓷釉中的着色离子或微粒对可见光选择性吸收的结果。着色剂赋予搪瓷釉以各种颜色，常用的有氧化铜、氧化铬、氧化钴、氧化镍等。

搪瓷钢板的主要面瓷层厚度要求为 200～350 μm，孔部位边缘瓷层厚度为100～150 μm。

（二）搪瓷拼装罐规格尺寸

对于搪瓷钢板拼装罐来说，节约材料的关键是合理的整体设计，尽量统一板块的规格。根据国内钢板规格、搪烧设备大小以及整体拼装的技术经济性，板块尺寸以长×宽＝（2～2.8）m×（1～2）m 为宜。板块规格、数量与罐体直径、高度尺寸可参考表 5-7。

表 5-7　搪瓷拼装罐规格型号选型一览表

序号	直径（m）	高度（m）	单圈板数（张）	单块板规（m）	搪瓷板厚度（mm）
1	3.82	3.6～9.6	5	2.5×1.25	3.0
2	4.58	3.6～20.4	6	2.5×1.25	3.0～6.0
3	5.53	2.4～20.4	7	2.5×1.25	3.0～6.0
4	6.11	2.4～18.0	8	2.5×1.25	3.0～6.0
5	6.88	2.4～20.4	9	2.5×1.25	3.0～6.0
6	7.64	2.4～18.0	10	2.5×1.25	3.0～6.0
7	8.40	2.4～16.8	11	2.5×1.25	3.0～6.0
8	9.17	2.4～16.8	12	2.5×1.25	3.0～6.0
9	9.33	2.4～15.6	13	2.5×1.25	3.0～6.0
10	10.70	2.4～14.4	14	2.5×1.25	3.0～6.0

（续表）

序号	直径（m）	高度（m）	单圈板数（张）	单块板规（m）	搪瓷板厚度（mm）
11	11.46	2.4~13.2	15	2.5×1.25	3.0~6.0
12	12.22	2.4~12.0	16	2.5×1.25	3.0~6.0
13	12.99	2.4~12.0	17	2.5×1.25	3.0~6.0
14	13.75	2.4~10.8	18	2.5×1.25	3.0~6.0
15	14.51	2.4~10.8	19	2.5×1.25	3.0~6.0
16	15.28	2.4~9.6	20	2.5×1.25	3.0~6.0
17	16.04	2.4~9.6	21	2.5×1.25	3.0~6.0
18	16.81	2.4~9.6	22	2.5×1.25	3.0~6.0
19	17.57	2.4~8.4	23	2.5×1.25	3.0~6.0
20	18.33	2.4~8.4	24	2.5×1.25	3.0~6.0
21	19.10	2.4~8.4	25	2.5×1.25	3.0~6.0
22	19.86	2.4~8.4	26	2.5×1.25	3.0~6.0
23	20.63	2.4~7.2	27	2.5×1.25	3.0~6.0
24	21.39	2.4~7.2	28	2.5×1.25	3.0~6.0
25	22.15	2.4~7.2	29	2.5×1.25	3.0~6.0
26	22.92	2.4~7.2	30	2.5×1.25	3.0~6.0
27	23.68	2.4~7.2	31	2.5×1.25	3.0~6.0
28	25.21	2.4~6.0	33	2.5×1.25	3.0~6.0
29	28.27	2.4~6.0	37	2.5×1.25	3.0~6.0
30	30.56	2.4~4.8	40	2.5×1.25	3.0~6.0
31	32.85	2.4~4.8	43	2.5×1.25	3.0~6.0
32	35.91	2.4~4.8	47	2.5×1.25	3.0~6.0

（三）罐体拼装

搪瓷钢板拼装罐的拼装通常按自上而下顺序进行，即先装配罐顶，然后装配罐体的最上层，然后依次向下安装。安装时可采用专用机械也可采用普通脚手架。搪瓷钢板之间的拼装，采用钢板相互搭接并用自锁螺栓紧固的连接方式，钢板搭接面满涂密封胶，自锁螺栓表面由耐酸碱聚丙烯工程塑料保护其不受发酵料液的腐蚀，螺纹涂螺纹胶密封。螺栓可采用标准胶帽螺栓，不低于4.8级，螺栓、螺母和垫片宜做彩镀锌防腐处理，密封胶宜采用中性耐候硅酮密封胶。罐顶与壁板联结如图 5-15 所示，壁板联结面螺栓密封如图 5-16 所示，箍筋处螺栓密封如图 5-17 所示。

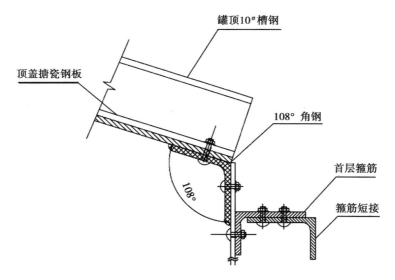

图 5-15　罐顶与壁板联结示意

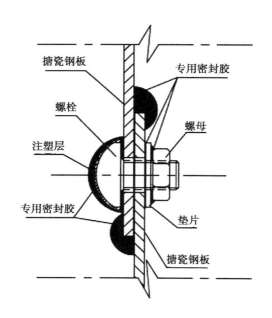

图 5-16　壁板联结面螺栓密封示意

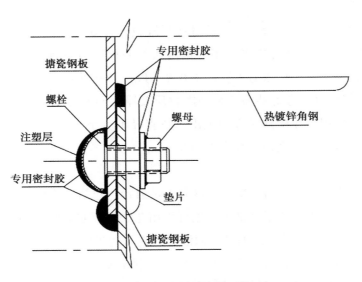

图 5-17 箍筋处螺栓密封示意

（四）罐底安装

搪瓷拼装罐罐壁最下层壁板与基础连接相对复杂，因为该处受到的液体静压力最大，而且是不同材质之间的连接，最容易出现泄漏。该处的处理方式是：用螺栓将罐壁最下层壁板与地脚箍筋（角钢制作）固定后，将地脚箍筋用膨胀螺栓固定在发酵罐基础上，地脚箍筋与基础接触面用油膏进行防水处理，然后在发酵罐内部制作钢筋混凝土护坡，外部制作钢筋混凝土圈梁，确保底部无渗漏和罐体的稳定，如图 5-18 所示。罐体基础的其他要求同钢板焊接结构沼气发酵罐基础的要求。

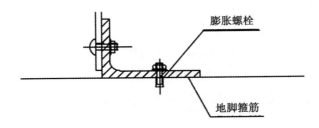

图 5-18 搪瓷拼装沼气发酵罐罐底生根示意

四、钢制沼气发酵罐附属结构与设施

沼气发酵罐附属结构与设施一般包括：直接焊在发酵罐罐壁或罐顶上的接管开孔、平台、梯子和栏杆。

1. 接管开孔

罐壁上的开孔，其边缘距罐壁板对接焊缝或连接处的距离应大于 8 倍壁板厚度，且不小于 250 mm。罐壁开口接管用的钢制法兰公称压力不宜低于 0.6 MPa，罐顶开口接管用的钢制法兰公称压力不宜低于 0.2 MPa。开孔补强采用等面积法，当开孔直径 D≤100 mm 时可不考虑补强。补强圈材质及厚度与开孔处罐体材料相同。发酵罐上的人孔，其作用是在检修时方便进出，故直径不宜小于 600 mm，不锈钢罐体的人孔宜采用不锈钢制作，直径不宜小于 500 mm。

2. 平台

发酵罐上的平台主要用于操作维修和人员通行，包括：检修平台、梯间平台和通行平台，平台板应优先选用钢格板，也可采用花纹钢板或类似的防滑板材制造，钢板厚度为 4.5~6 mm，当平台面上可能积液时，应开适当的排液孔。检修平台的作用是方便设备维修和操作，其安装位置和大小应有利于使用方便，荷载按 4 000 Pa 设计。梯间平台的主要作用是用于梯子的转向以及人员暂时休息，荷载按 3 500 Pa 设计。通行平台的作用是用于人员行走，故宽度不得小于 700 mm 并应设置栏杆，且应能承受 2 000 Pa 的等效均布载荷。

3. 梯子

沼气发酵罐的梯子有直爬梯和盘梯两种形式。这两种形式的梯子宽度都不得小于 600 mm，整体应能承受 5 000 N 的集中活载荷，梯子的每级踏步应能承受 1 500 N 的集中活载荷，踏步高度 200~250 mm，同一个梯子的踏步间距应相同。当采用直爬梯时，梯子距地面 2 m 以上应设置安全保护笼。当采用盘梯时，踏步板应采用花纹钢板、钢格板或类似的防滑板材制造，盘梯升角不宜大于 45°，踏步板最小宽度为 200 mm。

4. 栏杆

沼气发酵罐上栏杆的作用是安全防护和人员借力。栏杆立柱大小不应小于 DN40，立柱间距不应超过 1.5 m，高度不应低于 1.05 m，立柱底边应有防止物品和脚滑出的挡板，栏杆的结构应能承受作用在顶部任意点、任意方向上 1 000 N 的集中载荷。

第四节　膜结构沼气发酵池

膜结构沼气发酵池在国外称为覆膜式稳定塘，在中国俗称"黑膜沼气池"，是在开挖好的土方基础上，采用优质膜材料（包括底膜和顶膜）密封而成，再根据沼气发酵工艺要求在池内安装进出水口、抽渣管和沼气收集管，形成的一种沼气发酵反应器。通常建于地下或半地下，集发酵、贮气于一体，防渗膜材料将整个稳定塘完全封闭，剖面如图5-19所示。

膜结构沼气发酵池具有建造简单、施工周期短、造价低，工艺简单、运行维护方便，污水滞留时间长、消化充分、能利用地热增温保温等优点。防渗膜可低成本替代常规建池材料（如混凝土、钢板、砖块等），以解决建池材料紧缺、价格高等问题。同时，膜结构沼气发酵池还能很好地解决混凝土沼气发酵池因温度变化而产生收缩、胀裂引起的渗水、漏水、漏气问题以及钢制沼气发酵罐钢板易腐蚀、管道易堵塞、设备易损坏、运行费用高等问题。

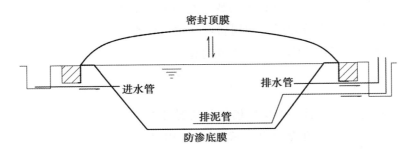

图 5-19　膜结构沼气发酵池剖面示意

但是，膜结构沼气发酵池也存在诸多缺点，通常建设容积大，水力滞留期达40d以上，造成占地面积大；不易增温，一般采用常温发酵，难以做到均衡产气，北方地区不宜采用；由于安装机械搅拌设施困难，不易处理高纤维含量、易结壳的发酵原料；固体物质易沉于底部，且底部面积较大，排渣困难；有摩擦静电引起爆炸的风险；面积大，容易因为建造质量低劣或人为破坏而引起泄漏，安全风险大。

一、膜材料

膜结构沼气发酵池容易泄漏，存在安全风险，因此，必须采用密封性能好，抗拉强度高、抗老化及耐腐蚀性能强、防渗效果好的膜材料。膜结构沼气发酵池建造材料主要有：高密度聚乙烯HDPE（High Density Polyethylene）环境膜、三元乙丙橡胶EP-DM（Ethylene Propylene Diene Monomer）环境膜、无规共聚聚丙烯（Polypropylene Random）PPR环境膜等。根据材料的特性以及国内外建池经验，建造膜结构沼气发酵池一般选用高密度聚乙烯HDPE环境膜（以下统称为HDPE膜）。

HDPE膜用于建造沼气池时，底部及顶部厚度均应大于或等于1.5 mm，底部宜采用糙面膜，顶部宜采用光面膜。外观检查时，切口应平直、无明显锯齿现象；不允许有穿孔修复点；无机械（加工）划痕或划痕不明显；每平方米不得有超过10个硬块，当厚度小于或等于2 mm时，截面上不允许有贯穿膜厚度的硬块；不得有气泡和杂质；不得出现裂纹、分层；外观应均匀，不应有结块、缺失等现象。

HDPE 膜拉伸性能、直角撕裂强度、穿刺强度、耐环境应力开裂、氧化诱导时间、老化、抗紫外线强度等技术性能均应满足《垃圾填埋场用高密度聚乙烯土工膜》的规定（CJ/T 234）。

二、膜结构沼气发酵池施工

膜结构沼气发酵池基本的施工流程为：土方开挖→预埋管道→挖锚固沟→池底施工（底膜铺设）→渗漏检测→顶膜铺设→渗漏检测→底膜与顶膜边缘焊接→锚固沟回填。施工前，工程技术人员应到现场放线后开挖，挖机沿着放好的尺寸进行施工，沼气发酵池的形状最好为长方形，四周斜坡与池面应平整、均匀一致。在发酵池边挖锚固沟，用来固定底膜和顶膜，防止被风刮起。

（一）预埋管道

沼气发酵池池体开挖后，根据现场实际情况开挖盲钩，铺设进水管、出水管、排渣管、排气管等，底膜、顶膜铺设完成后，HDPE 膜与管道的连接处应做加强密封处理。

（二）池底施工（底黑膜铺设）

沼气发酵池池底施工应包括以下工序：地下水收集排导系统，基础层及压实土壤保护层，池底排气系统，HDPE 防渗膜层，膜上保护层。

地下水收集排导系统：当地下水水位较高并对池底基础层的稳定性产生危害时，或者沼气发酵池周边地表水下渗对四周边坡基础层产生危害时，必须设置地下水收集导排系统。地下水收集导排系统应能及时有效地收集导排地下水和下渗地表水，应具有防淤堵能力，并应保证长期可靠性。地下水收集导排系统宜选用地下盲沟、碎石导流层或土工复合排水网导流层。

基础层及压实土壤保护层：基础层应平整、压实、无裂缝、无松土，表面无积水、石块、树根等尖锐杂物，压实度不应小于 93%；四周边坡基础层应结构稳定，压实度不应小于 90%，边坡坡度不宜大于 1：2。

池底排气系统：地下土壤由于气温变化等原因会产生气体（一般为水蒸气），地下气体会对池底膜材料产生托举、鼓包等现象，情况严重时会使池底防渗层产生破裂。为了防止该现象的发生，应在基础层或压实土壤保护层设置地下气体排导设施，可采用碎石盲沟排气，也可采用穿孔管外包土工织物等透气材料进行排气。

HDPE 防渗膜层：HDPE 膜下压实土壤渗透系数应不大于 1×10^{-9} m/s，厚度应不小于 750 mm，HDPE 膜的厚度应不小于 1.5 mm。在安装 HDPE 膜前，应检查其膜下保护层，每平方米的平整度误差不宜超过 20 mm；底膜宜根据建池尺寸，在厂内焊接、检测完成后现场铺设，焊接应采用热熔焊接或挤出焊接，热熔焊接搭接宽度为（100±20）mm，挤出焊接搭接宽度为（75±20）mm。铺设应一次展开到位，不宜展开后再拖动。需要为材料热胀冷缩导致的尺寸变化留出伸缩量。膜下保护层应采用适当的防水、排水措施。地上部分膜体需要采取措施防止 HDPE 膜材料受风力影响而破坏。施工人员应戴防护手套，人员、工具车等不得在无防护措施的情况下直接在 HDPE 膜上踩踏、碾压，以保护 HDPE 膜不受破坏。HDPE 膜上应设保护层，可采用非织造土工布。池底施工完成后，应做渗漏检测，确保池底无泄漏。

（三）顶膜铺设

池底渗漏检测合格后，便可进行顶膜的铺设。顶膜应采用厚度 ≥1.5 mm 的 HDPE 膜，根据现场的实际地形尺寸裁剪 HDPE 防渗膜，按顺序铺设，用膜覆盖整个沼气发酵池体。顶膜铺设完成、检测合格后，将底膜与顶膜四周焊接好，并埋在锚固沟中固定，确保锚固处不渗水和不被拔出，防止膜材料产生位移。

整个沼气发酵池施工完成后，应做气密性试验，投料前确保沼气发酵池无泄漏。

（四）施工注意事项

严禁在雨天铺设防渗膜、进行焊接和缝合施工；焊接时基底表面应干燥，含水率宜在 15% 以下，防渗膜膜面应用干纱布擦干净；不得将火种带入施工现场；不得穿钉鞋、高跟鞋及硬底鞋在防渗膜上踩踏；车辆等机械不得碾压防渗膜及其保护层；保证焊接质量，焊接操作人员应随时观察焊接质量，根据环境温度的变化调整焊接温度和行走速度。

三、膜结构沼气发酵池运行管理一般要求

沼气发酵池在整体施工完成后应禁止人员在膜体上行走。根据设计的要求，应进行必要的排气、应急燃烧处理，如不及时排气则容易造成沼气顶膜从锚固沟内拉出，严重的可造成顶膜破裂，影响沼气池的使用寿命。如顶膜遭遇破坏沼气外泄，应立即进行简单处理，即采用胶带等带有黏性的材料对损坏处进行封闭，避免沼气外泄产生安全隐患，并应及时通知施工方进行维修处理。

由于膜结构沼气发酵池在国内的使用时间不长，对其使用寿命、安全性等方面还有待进一步深入探究，因此，需对其周边地下水及沼气泄漏进行监测。

四、其他类型的膜结构沼气池

以红泥塑料沼气池为典型代表的软体沼气池，在国内也有一定的应用市场。红泥塑料就是将铝矾土提取氧化铝后的废渣——"红泥",掺入聚氯乙烯塑料中,可改善聚氯乙烯塑料的抗紫外线、阻燃、耐低温等性能。软体沼气池最大的优点是造价很低,另外软体沼气池也有抗腐蚀、抗冻、抗震等优点。但是软体膜的使用寿命较短,这是制约其大规模推广的主要原因,另外软体膜的保温性能较差,限制了该类沼气池在寒冷地区的推广。

红泥塑料沼气池有"半塑式"和"全塑式"两种池型。"半塑式"沼气池主要由料池和气罩两大部分组成,料池一般用混凝土现浇而成,也可以预制或用砖砌筑,平底直身。截面常见的有圆形和长方形(圆角)两种。料池上方设有水封槽,用来密封料池与气罩的结合处,水封槽内设有固定挂钩,用来固定气罩。气罩采用 0.6 ~ 1.8 mm厚红泥塑料膜加工制成,将气罩罩住料池并固定在挂钩上,再将水封槽内加满水,即能有效地将沼气池密封,如图 5-20 所示。"全塑式"沼气池施工与上述"膜结构沼气发酵池施工"类似。

图 5-20 红泥塑料沼气池

第五节 玻璃钢结构沼气发酵池

玻璃钢即玻璃纤维增强塑料,是用玻璃纤维、树脂、添加剂和填料制作而成。由于玻璃钢主要成分是玻璃纤维和塑料,其性能远远超过塑料。玻璃钢具有质量轻、强度高的特点,虽然玻璃钢的比重只有碳钢的 1/4 ~ 1/5,但其拉升强度超过碳钢;玻璃钢耐腐蚀性能好,对一般的酸、碱、盐、多种油类和溶剂都有较好的抵抗力;另外,玻璃钢也是优良的绝缘、绝热材料。

玻璃钢结构沼气发酵池是指以玻璃纤维为增强材料,以树脂为基体的玻璃纤维增强塑料制作的沼气池,玻璃钢沼气池(罐)施工方便、工期短;密封性好,不易漏水、漏气;耐腐蚀、抗酸碱,抗冻、抗拉扭能力较强;工厂化、标准化生产,不受生产环境和施工技术限制;在地下水位较高地区和流沙区施工处理简便,施工难度小;

运输方便，可以较远距离运输等。但是，玻璃钢断裂伸长率仅为2%左右，具有脆性；相对于砖混结构、钢混结构、钢结构沼气池，玻璃钢结构沼气池的造价略高。另外，由于玻璃钢属于石油化工材料，受石油价格影响，其造价波动幅度也较大。

玻璃钢主要有手糊、缠绕、喷射等成型方法。

手糊成型：在涂好脱模剂的模具上，用手工铺放纤维布等材料并涂刷树脂胶液，直至所需厚度为止，然后进行固化。

片状模塑料模压成型：由树脂糊浸渍纤维或毡片制成的片状混合料，再将混合料置于金属对模中，而后在一定温度和压力下成型制品。

缠绕成型：在控制张力和预定线型的条件下，以浸渍树脂胶液的连续纤维或织物缠到芯模或模具上成型制品，又称连续纤维缠绕成型。

喷射成型：将预聚物、催化剂及短纤维同时喷到模具或芯模上成型制品。

玻璃钢结构沼气发酵池包括玻璃钢户用沼气池、玻璃钢户用沼气池拱盖、玻璃钢沼气发酵罐。玻璃钢户用沼气池、玻璃钢户用沼气池拱盖一般采用片状模塑料模压成型、手糊成型和喷射成型工艺生产，也可采用缠绕成型生产工艺；小型玻璃钢沼气发酵罐一般采用缠绕成型工艺生产。

一、玻璃钢户用沼气池、玻璃钢拱盖

玻璃钢户用沼气池的容积一般为 $4 \sim 10\ m^3$、玻璃钢沼气池拱盖可以为不同规格的砖混、钢筋混凝土池墙的沼气池（$6 \sim 10\ m^3$）配套。以往一般采用手糊成型，现在大多采用模压成型工艺生产。成型的玻璃钢沼气池拱盖（图5-21）、玻璃钢户用沼气池（图5-22）的外观应平整、光滑，不应有明显的划痕、褶皱，外表面不得有纤维裸露，不得有针孔、中空气泡、浸渍不均匀和不完全等缺陷；内表面应光滑、均匀，不允许有明显气泡；各部件和连接部位边缘应整齐；厚度应均匀、无分层；整体结构应符合户用沼气池标准的规定，应能满足生产沼气、储存沼气、方便进料、出料和维修的要求；进出料管、活动盖、水压间与主池的连接部位应做加强处理。

图5-21 玻璃钢户用沼气池拱盖

图 5-22 玻璃钢户用沼气池

玻璃钢户用沼气池、玻璃钢户用沼气池拱盖的壁厚应满足表 5-8 的要求，材料的理化性能应满足表 5-9 的要求。

表 5-8 池壁最小厚度要求

项目	玻璃钢沼气池							玻璃钢供盖
沼气池容积（m³）	4	5	6	7	8	9	10	—
池壁最小厚度（mm）	4.0			5.0		6.0		6.0

表 5-9 玻璃钢材料理化性能

序号	项目	性能指标	
1	结构层弯曲强度（MPa）	片状膜塑料模压工艺（M）	≥80
		缠绕成型工艺（C）	≥150（环向）
		手糊成型工艺（S）	≥100
		喷射成型工艺（P）	≥100
2	表面巴氏硬度	≥40	
3	结构层弹性模量（GPa）	片状膜塑料模压工艺（M）	≥8
		缠绕成型工艺（C）	≥10
		手糊成型工艺（S）	≥8
		喷射成型工艺（P）	≥8

（续表）

序号	项目	性能指标		
4	树脂重量含量（%）	内衬层		≥70
		结构层	片状膜塑料模压工艺（M）	≥25
			缠绕成型工艺（C）	≥28
			手糊成型工艺（S）	≥45
			喷射成型工艺（P）	≥45
5	吸水率（%）			≤1.0

玻璃钢户用沼气池密封性能应满足加压至 8 kPa，保压 24 h，修正压力降不大于3%；玻璃钢拱盖密封性能应满足加压至 12 kPa，保压 24 h，修正压力降不大于3%。

产品安装时，玻璃钢沼气池现场安装使用的材料应与池体材料一致，安装程序应严格按照产品生产厂家提供的具体、详细说明执行；玻璃钢沼气池拱盖与其他结构部分的连接方法应严格按照拱盖生产厂家提供的具体、详细的施工说明执行。

二、玻璃钢沼气发酵罐

玻璃钢沼气发酵罐一般采用缠绕成型（图 5-23），容积可以做到 2 000 m³。玻璃钢罐用的原材料包括玻璃纤维、玻璃毡、基体树脂和辅料（固化剂、促进剂、颜料等）等。玻璃钢罐一般由内衬层和缠绕层组成。在内衬层选材时，为避免内衬层中玻璃纤维与树脂间因弹性模量的差异引起的应变集中。基体材料应选用韧性好、延伸率高、固化收缩率低且具有一定耐腐蚀能力的树脂，增强材料应选用与树脂具有良好浸润性、树脂固化后应变集中系数小、能保持较高树脂含量的非连续性短切纤维制品，通常采用 45 g/m² 表面毡和 450 g/m² 短切毡及普通规格的玻璃布。在缠绕层选材时，要合理选用树脂固化体系，该体系中，催化剂与引发剂之间均有一个适当的、随环境温度、罐径大小而改变的比例关系。一般地说，它们在树脂中所占比例需控制在 4%以下，树脂固化体系的设计需以小样试验为基础；增强材料应选用与树脂具有良好浸润性的无捻连续纤维粗纱。在生产中常用 196 不饱和聚酯树脂、400 TEX 中碱缠绕纱、无碱玻璃钢表面毡 45 g/m²、0.4 mm 的无碱方格布及固化剂和促进剂。制造连接接头的螺纹材料选用环氧玻璃钢层压板，其主要性能为弯曲强度 250 MPa，纵向拉伸强度 300 MPa，横向拉伸强度 200 MPa，层间拉伸强度 26 MPa，冲剪强度 174 MPa。采用符合上述要求的材料制造的圆柱管螺纹接头能保证其安全使用（陈文峰，李景方，2010）。

缠绕成型玻璃钢沼气发酵罐通常由封头、封底、筒体三大部分组成。

封头一般可采用圆锥形或拱顶形，可采用法兰连接，为便于运输，上封头可以在供方工厂内分瓣预制，在需方现场组装成整体。封头最小厚度不得小于 9.6 mm。

封底一般为平底，也可以是锥形或球缺形，封底不得采用分瓣预制的方法制作，宜在罐体安装现场整体制作。封底最小厚度不得小于 9.6 mm。

筒体的层次结构由内表层、防渗透层、结构层和外保护层构成，内表层和防渗透层总称为内衬层，总厚度不得小于 4 mm。内表层为厚 0.25 m~0.50 mm 的富树脂层，树脂应耐腐蚀，增强材料可以是耐腐蚀的玻璃纤维表面毡或有机纤维表面毡，内层中树脂含量应大于 90%；防渗透层由耐腐蚀的树脂及无碱玻璃纤维喷射纱或短切原丝毡增强，树脂含量大于 70%，该层的主要作用是保护内表层，提高内衬的抗内压失效能力，阻止裂纹扩散；结构层采用连续无捻粗纱增强，对于不同高度的容器，结构层的厚度应满足最小强度要求，其他增强材料，如无捻布、不定向布、短切原丝毡或短切原丝，在缠绕时也可以散布其中，提供附加强度。对于全部由无捻粗纱增强的结构层，树脂含量为 25%~40%；外保护层应能抗紫外线老化和满足其他保护要求，罐壁外表应有一层不低于 0.25 mm 厚的富树脂层。

罐体应缠绕均匀，无明显的色差，产品内外表面不得有针孔、浸渍不良（即纤维未被树脂浸透）、伤痕（包括断裂、裂纹、擦伤）、外观粗糙（即尖的凸起或纤维外露）、气泡（由空气积聚形成的表面鼓泡）等缺陷；其他外观、结构要求同玻璃钢户用沼气池。

图 5-23　玻璃钢沼气罐

第六节　沼气发酵装置检验

一、沼气发酵罐基础的一般要求

沼气发酵发酵罐基础质量是整个发酵罐建设中最重要的环节，一旦基础出现问题，基础纠偏非常困难，所以，沼气发酵罐基础建设必须确保质量。基础设计施工一般要求如下。

（1）在沼气发酵罐基础建设之前，要求基础修建处的地基承载力必须要达到设计要求，即：单位面积地基承载力>（沼气发酵罐装满料液后的全重+基础重量）/基础水平投影面积。

（2）沼气发酵罐基础在建设过程中的钢筋绑扎、混凝土浇注和养护必须严格按规定执行并做好记录，对隐蔽工程拍照留证备查。

（3）沼气发酵罐基础浇注完成后，需要对基础尺寸进行检验，特别是有预埋件的位置，基础中心坐标偏差不应大于 20 mm，标高偏差不应大于 20 mm，基础表面任意方向上不应有突起的棱角，从中心向周边拉线测量，基础表面凹凸度不应超过 25 mm。

二、沼气发酵罐沉降观测

沼气发酵罐基础沉降观测点宜沿罐周长 10 m 内设置 1 点并沿圆周方向对称均匀设置，观测点设置个数可参考表 5-10。

表 5-10　沼气发酵罐沉降观测点设置

容积（m³）	沉降观测点数量（个）	容积（m³）	沉降观测点数量（个）
1 000 及以下	4	10 000	12
2000	4	20 000	16
3 000	8	30 000	24
5 000	8	50 000	24

沼气发酵罐试水试压时，发酵罐基础可能会发生基础沉降的情况，这是正常现象，只要基础沉降在表 5-11 规定范围内即为合格。

沉降观测要求：① 沼气发酵罐充水前、充水过程中、充满水稳压阶段、放水后等全过程都需要观测。② 沉降观测专人定期进行，每天不少于一次并做好记录，测量精度宜为 Ⅱ 精度。③ 充水过程中如发现罐基础沉降有异常，应立即停止充水，待处理后方可继续充水。④ 沉降速率不宜大于 10 ~ 15 mm/d，侧向位移不宜大于5 mm/d。

表 5-11 地基变形允许值

罐地基变形特征	罐型式	罐底圈内直径 D（m）	沉降差允许值（mm）
平面倾斜（任意直径方向）	立式固定顶罐	D≤22	0.015D
非平面倾斜（罐周边不均匀沉降）	立式固定顶罐		ΔS/I≤0.0040

注：ΔS 为罐周边相邻测点的沉降差（mm）；I 为罐周边相邻测点间距（mm）

沉降观测方法：① 坚实地基基础，预计沉降量很小时，第一次可充水至罐高1/2，进行沉降观测，与充水前的观测数据进行对照，计算出沉降量，未超过规定允许值时，继续充水至罐高 3/4，计算出沉降量，仍未超过规定允许值时，充水至最高水位，并保持48 h，沉降无明显变化，即可放水；48 h后沉降仍在继续，保持高水位每天观测记录直到沉降稳定为止。② 软地基基础，以 0.6 m/d 的速度向罐内充水，达到 3 m 时停止充水，观测并记录，当沉降量减少时可继续充水，当发现沉降量增加时应放掉当天充入的水，并以较小的充水量重复上述步骤，直到沉降稳定为止。

三、沼气发酵罐试水试压

沼气发酵罐（池）在主体结构达到设计强度，防水层、涂料层施工后，保温层施工及回填土前，应进行满水试验和气密性试验。

地上式沼气发酵罐（池）满水试验方法如下。

（一）充水

充水宜分四次进行，每次充水为设计水深的1/4；充水时的水位上升速度不宜超过 2 m/d；相邻两次充水的间隔时间，不应小于24 h；每次充水宜测量24 h的水位下降值，计算渗水量，在充水过程中和充水以后，应对沼气发酵罐作外观检查，当发现渗水量过大时，应停止充水。待查明原因并作出处理后方可继续充水。

（二）水位观测

充水至设计水深进行渗水测定时，应采用水位测针测定水位。水位测针的读数精确到1/10 mm；充水至设计水深后到开始进行渗水量测定的间隔时间应不少于24 h；测量水位的初读数与末读数之间的间隔时间，应为24 h；连续测定的时间可根据实际情况而定，如第一天测定的渗水量符合标准，应再测定一天；如第一天测定的渗水量超过允许标准，而以后的渗水量逐渐减少，可继续延长观测。

渗水量按下式计算：

$$q = \frac{A_1}{A_2}（E_1 - E_2）$$

式中 q——渗水量 $[L/(m^2 \cdot d)]$；

A_1——沼气发酵罐的水面面积（m^2）；

A_2——沼气发酵罐的浸湿总面积（m^2）；

E_1——沼气发酵罐中水位测针的读数（mm）；

E_2——测量 E_1 后 24 h 水位测针的末读数（mm）。

由于沼气发酵罐在试水时，只有溢流口或罐顶人孔与大气相通，其面积相对发罐（池）的水面面积较小，故此公式不考虑蒸发量的计算。

按上式的计算结果，如渗水量小于 $2 \ L/(m^2 \cdot d)$，则满水试验合格；如渗水量超过 $2 \ L/(m^2 \cdot d)$，应经检查处理后，重新进行测定。

（三）气密性试验

满水试验合格后，可进行气密性试验，气密性试验压力应为沼气发酵罐设计工作气压的 1.5 倍，24 h 的气压降应小于试验压力的 3%。气密性试验方法如下。

安装好沼气发酵罐顶人孔盖，做好密封处理，封闭导气管、溢流管等管道；然后接好气压表（精确到 10 Pa），若为 U 形管水压表，刻度精确至 mm，用空气压缩机向沼气发酵罐（池）内充气至试验压力，待稳定后测读发酵罐内的气压值为初读数，稳定观察 24 h 后，测读的气压值为末读数；若气压表下降值小于试验压力的 3%，则可确定试验合格；若气压表下降值大于试验压力的 3%，说明有漏气现象，应经检查并处理后，重新进行气密性试验。

四、地下水压式沼气池试水试压

地下水压式沼气发酵池试水试压方法如下。

水试压法：向池内注水，水面升至零压线位时停止加水，待池体湿透后标记水位线，观察 12 h。当水位无明显变化时，表明发酵间及进出料管水位线以下不漏水，之后方可试压。试压时先安装好活动盖，并做好密封处理，接上 U 形水柱气压表后继续向池内加水，待 U 形水柱气压表数值升至最大设计工作气压时停止加水，记录 U 形水柱气压表数值，稳压观察 24 h。若气压表下降数值小于设计工作气压的 3% 时，可确认为该沼气池的抗渗性能符合要求。

气试压法：池体加水试漏同水试压法。确定池墙不漏水之后，抽出池中水，将进出料管口及活动盖严格密封，装上 U 形水柱气压表，向池内充气，当 U 形水柱气压表数值升至设计工作气压时停止充气，并关好开关，稳压观察 24 h。若 U 形水柱气压表下降数值小于设计工作气压的 3% 时，可确认为该沼气池的抗渗性能符合要求。

第六章 沼气净化与提纯

沼气是一种混合气体,主要成分包括甲烷和二氧化碳,以及少量其他杂质。其中一些杂质具有腐蚀性或者引起机械磨损,因此沼气在使用前必须经过一定程度的净化,达到相应标准的要求。沼气净化一般包括脱水、脱硫以及脱除其他杂质,脱除二氧化碳通常称为沼气提纯。

第一节 沼气特性与质量要求

沼气净化的程度与工艺主要取决于原始沼气成分和对目标产品的质量要求。

一、沼气特性

原始沼气成分比较复杂,不仅随发酵原料的种类及相对含量不同而有变化,而且因发酵条件、发酵阶段及操作方式的不同而有所差异。如秸秆、畜禽粪便、生活有机垃圾以及轻工业废水等所产沼气组分均有所不同,当沼气池处于正常发酵阶段时,沼气的大致成分为:甲烷50%~70%,二氧化碳30%~50%,此外,还含有少量的一氧化碳、氢气、硫化氢、氧气和氮气等气体,以及少许颗粒物。一般情况下,沼气成分如表6-1所示。

表6-1 沼气典型成分

成分	体积百分比（%）
甲烷	50~70
二氧化碳	30~50
氮气	0~4
氧气	0~3
硫化氢	0.03~0.5
氢气	2~7

二、沼气中杂质的影响及危害

沼气中二氧化碳浓度较高，其他杂质浓度尽管比较低，但会对沼气利用带来负面影响，各种杂质的影响简述如下（Arthur 等，2013；邓良伟等，2015）。

1. 二氧化碳

二氧化碳是沼气中含量仅次于甲烷的主要成分。不同类型的底物在发酵产沼气过程中都会产生二氧化碳。底物转化生成沼气是一个复杂的过程，涉及多个阶段和不同类型的微生物菌群，二氧化碳可形成于不同的阶段。在产甲烷阶段，二氧化碳作为电子受体，也可被转化成甲烷。二氧化碳会降低沼气热值，如果需要提高沼气热值（例如用作车用燃气或并入天然气管网），必须分离去除二氧化碳。沼气作为其他用途，如沼气发电或集中供气，其中含有二氧化碳不会有大的问题。但是，二氧化碳溶于冷凝水形成碳酸，对管道和设备有一定的腐蚀。

2. 水

在沼气发酵过程中，由于蒸发作用，沼气中存在一定量的水分。未经处理的沼气通常含有饱和水蒸气，其绝对含量与温度有关。沼气中的水分会引起后续利用的一系列问题，例如，当沼气在管路中流动时，沼气中的水蒸气冷凝增加了沼气在管路中流动的阻力，水和二氧化碳、硫化氢等混合后形成酸性溶液，引起金属管道、阀门、流量计、压缩机、储气柜以及发动机的腐蚀或堵塞。水还会降低沼气热值进而影响沼气利用，根据燃烧阶段的温度和压力，冷凝水还会造成热交换器和排气部件堵塞。

3. 硫化氢

沼气中的硫主要以硫化氢的形式存在，也可能含有少量的硫醇等其他硫化物。硫化氢的浓度受发酵原料和发酵工艺的影响很大，蛋白质或硫酸盐含量高的原料产生的沼气中，硫化氢的含量较高。

硫化氢是一种无色有毒的可燃性气体，具有强烈的臭鸡蛋气味。由于硫化氢容易失去电子而被氧化，具有较强的还原性，还容易溶于醇等有机溶剂，易与碱作用，形成金属硫化物或硫氢化物。在高温或常温下，能与一些金属氧化物，如氧化铁、氧化锌等作用生成金属硫化物，还能与许多金属离子（除铵离子和碱金属外）在液相中生成溶解度很低的硫化物。沼气利用过程中硫化氢和水形成硫酸会引起压缩机、储气柜以及发动机比较严重的腐蚀。硫化氢燃烧后生成二氧化硫，二氧化硫与燃烧产物中的水蒸气结合形成亚硫酸，还会对燃烧设备低温部位的金属表面产生腐蚀。

硫化氢不仅会引起比较严重的腐蚀，而且影响人体健康。硫化氢是一种强烈的神经毒物，对人的黏膜和呼吸道有明显的刺激作用，会引起眼角结膜炎，同时极易被肺和胃所吸收。硫化氢可与组织中的碱性物质结合成硫化钠，从而造成眼和呼吸道的损害。硫化氢的全身中毒作用是通过抑制细胞色素氧化酶、阻断生物氧化过程、造成组织缺氧内窒息所致，硫化氢进入血液后，与血红蛋白结合，生成不可还原的硫化血红蛋白，发生中毒症状。不同浓度的硫化氢对人体的危害见表6-2（张海东等，2005）。

表6-2　不同浓度硫化氢对人体的危害

硫化氢浓度（mg/m³）	接触时间	中毒反应
0.035		开始闻到臭味
0.4		臭味明显
4~7		感到中等强烈难闻的臭鸡蛋味
30~40		臭味强烈，仍能忍受
70~150	1~2 h	呼吸道及眼刺激症状，嗅觉疲劳闻不到味道
300	1 h	8分钟出现眼刺激症状，时间长引起肺气肿
760	15~60 min	发生肺气肿，支气管炎、肺炎，接触时间长引起头疼、头晕、步态不稳、恶心、呕吐、排尿困难
1 000	数秒钟	很快出现急性中毒，呼吸麻痹死亡
1 400	立即	昏迷、呼吸麻痹死亡，呈"闪电式"

4. 氧气和氮气

沼气在厌氧条件下产生，氧气和氮气一般不存在于沼气中，但是如果空气从外部进入到系统中，就可能发现氧气和氮气的存在。如果沼气发酵装置中存在氧气，会被兼性厌氧微生物慢慢消耗掉。氮气存在则表明沼气发酵过程存在反硝化作用，或者反应器出现渗漏。在填埋场沼气中更容易发现氮气和极少量的氧气，因为抽取填埋场沼气时，填埋场形成负压，容易导致空气进入填埋场。氧气和沼气中的甲烷会形成易燃易爆的混合气体，因此必须谨慎控制氧气含量。

5. 氨

氨是沼气中常见的杂质气体，氨来源于养殖废水、屠宰废水以及奶制品废水的蛋白质水解过程，沼气发酵过程氨氮过高会抑制产甲烷过程。氨溶于水后具有腐蚀作用。

6. 挥发性有机物

沼气中所含挥发性有机物主要有烷烃、硅氧烷和卤代烃等，挥发性有机物的类型及其浓度取决于沼气发酵的底物。

硅氧烷是用于生产阻燃剂、洗发水和防臭剂的原料，如果硅氧烷作为底物进入反应器，由于蒸发效应，沼气中会含有少量硅氧烷。反应器中的温度决定其蒸发量，低分子量的硅氧烷比其他物质的蒸发程度更高。在垃圾填埋气中也发现有硅氧烷。硅氧烷在燃烧过程中，产生的二氧化硅和微晶体石英会在火花塞、阀门和气缸上沉积，造成表面腐蚀，损坏发动机。二氧化硅具有不溶性，也容易沉积于燃烧设备中。

卤代烃是一类含氯、溴或氟的碳氢化合物。在填埋场中，卤代烃由于含卤材料的挥发而出现在沼气中。卤代烃燃烧形成的酸会引起酸化和腐蚀。

7. 颗粒物

颗粒物作为水凝结的核，常出现在沼气中。颗粒物在压缩机和气体储罐中会沉积并引起堵塞。由于其摩擦性能，颗粒物易造成设备的磨损。

三、各种用途沼气的质量要求

沼气净化程度主要根据沼气用途确定。沼气可用于民用燃料、锅炉燃料、发电或者作为车用燃料。不同用途的沼气有相应的质量要求。设备对气体成分有一定的阈值要求，通常来说，气体杂质越少，设备维护成本越低，但是净化成本越高。因此，沼气净化和设备维护成本两方面需要平衡。由于不同杂质之间会相互影响，因此，评价沼气质量时，不能仅看单个杂质，而需要综合考虑。

（一）沼气用作民用燃料的质量要求

沼气常用于民用燃料。燃烧沼气的主要设备包括沼气灶、沼气灯、沼气饭煲和沼气热水器等，沼气应经过脱水、脱硫处理后进入沼气储存和输配系统，经过净化处理后的沼气质量指标，应满足沼气低位发热值大于 18 MJ/m³，沼气中硫化氢含量小于 20 mg/m³ 以及沼气温度低于 35 ℃ 等要求（周孟津等，2009）。

（二）沼气用作锅炉燃料的质量要求

沼气用于锅炉燃料生产热能。在锅炉冷却系统中，沼气中的硫化氢会形成硫酸和水，然后导致腐蚀。颗粒物和硅氧烷会造成锅炉局部管道阻塞。因此，沼气用作锅炉燃气，需要去除硫化氢、颗粒物和硅氧烷。

工业锅炉可以用原始沼气作为燃料。对于小型锅炉，硫化氢溶于冷凝水易引起腐蚀，颗粒物和硅氧烷也会导致故障。而大型锅炉由于其元件尺寸较大，颗粒物和硅氧烷引起的问题则相对较少。当锅炉适应某一成分的沼气时，应该保持其相对稳定。如果锅炉烟道配备有氧气和一氧化碳传感器，沼气组分范围可以扩大（邓良伟等，2015）。

（三）沼气发电的质量要求

采用内燃机沼气发电机组能适应不同沼气组分，我国沼气发电机对沼气成分的要求见 NY/T 1223《沼气发电机组》，沼气低热值不低于 14 MJ/N m³（相当于甲烷体积分数不小于 30%），硫化氢含量小于等于 200 mg/Nm³（甲烷体积分数 30% ~ 50%）、

250 mg/Nm³（甲烷体积分数 50%~60%）、300 mg/Nm³（甲烷体积分数≥60%），沼气进气相对压力 2 000~2 400 Pa。国外沼气发电机组对硫化氢含量的要求放得更宽一些。

沼气可用于制造燃料电池，不同类型的燃料电池利用的燃料不同，并且对燃气中的杂质有不同的要求。高温燃料电池，如熔融碳酸盐燃料电池（MCFCs）能使用沼气中的甲烷作为燃料。但是，低温燃料电池，如质子交换膜（PEM）燃料电池，沼气必须被催化重整为氢气才能作为燃料使用。沼气制造燃料电池时，对燃料电池有毒性的物质（硫化氢、卤代烃、氨和硅氧烷等）必须去除（周伟等，2014；邓良伟等，2007）。

（四）沼气注入天然气管网的质量要求

目前，国内还没有针对沼气来源天然气的质量标准，主要参考气田、油田来源天然气的标准《天然气》（GB 17820）（表6-3），适用于经预处理后通过管道输送的天然气，其中一类与二类天然气主要用作民用燃料；三类天然气主要作为工业原料或燃料；另外，在满足国家有关安全卫生等标准的前提下，对上述 3 个类别以外的天然气，供需双方可用合同或协议来确定其具体技术要求。

表 6-3　天然气特性

技术参数	一类	二类	三类
高位发热量（MJ·m⁻³）	≥36.0	≥31.4	≥31.4
总硫（mg·m⁻³）	≤60	≤200	≤350
硫化氢（mg·m⁻³）	≤6	≤20	≤350
二氧化碳（%）	≤2.0	≤3.0	—

注：以上参数引自 GB 17820—2012《天然气》。1）本标准中气体体积的标准参比条件是（101.325 kPa，20 ℃；2）在输送条件下，当管道管顶埋地温度为 0 ℃时，冰露点应不高于-5 ℃；3）进入输入管道的天然气，水露点压力应是最高输送压力

（五）沼气用于车用燃料的质量要求

当沼气用于车用燃料时，需要脱水、脱硫、脱有机卤化物、脱二氧化碳。沼气用于车用燃料有不同的标准，瑞士针对车用沼气燃料有特别明确的规范标准（SJIS，1999），严格规定了甲烷、硫化氢和水的含量。美国（国际 SAE，1994）、瑞士（ISO，2006）、德国（DIN，2008）先后出台了相应的标准。联合国欧洲经济委员会（UNECE，1958）也涉及相关标准。相对成熟完善的是欧洲标准委员会制定的标准（邓良伟等，2007）。

现阶段国内尚无专门针对沼气净化提纯制取车用燃气的标准，只能依据《车用压

缩天然气》（GB 18047）（表6-4）标准规定，车用压缩天然气必须达到表6-4的主要性能指标。

表 6-4　车用压缩天然气质量标准

特性参数	技术指标
高位发热量（MJ·m⁻³）	≥31.4
总硫质量浓度（以硫计 mg·m⁻³）	≤200
硫化氢质量浓度（mg·m⁻³）	≤15
二氧化碳体积分数（%）	≤3.0
氧气体积分数（%）	≤0.5
水露点（℃）	在汽车驾驶的特定地理区域内，在最高操作压力下，水露点不应高于-13 ℃；当最低气温低于-8 ℃，水露点应比最低气温低5 ℃

注：标准中气体体积的标准参比条件是 101.325 kPa，20 ℃

<h2 align="center">第二节　沼气净化</h2>

一、沼气脱水

在沼气发酵过程中，由于蒸发作用，沼气中存在一定量的水分，特别是在中温或高温发酵时，沼气中水分含量更高。通常情况下，沼气发酵罐中水蒸气呈饱和状态，即相对湿度达到100%，但是水分绝对含量与温度有关。一般来说，1 m³干沼气中饱和含湿量，在 30 ℃时为 35 g，而在 50 ℃时为 111 g。因此，为保护沼气利用设备不受严重腐蚀和损坏，并达到下游净化设备的要求，必须去除沼气中的水蒸气（周孟津等，2009）。

沼气脱水技术主要有：冷凝法、吸附法、吸收法等。

（一）脱水方法

1. 冷凝法

冷凝法是去除沼气中水蒸气最简单的方法，任何流量的沼气都可使用该法。沼气在不同温度下的饱和蒸汽压不同，冷凝法就是利用这一性质，采用降温或加压的方法，使水蒸气从沼气中分离出来。中温发酵或高温发酵产生的沼气可进行适当降温，在热交换系统中通过冷凝器冷却而脱除冷凝水。沼气在管路输送过程中，由于降温，水蒸气会凝结成水。因此，通常在输送沼气管路的最低点设置凝水器将管路中的冷凝水排除。除水蒸气外，其他杂质如水溶气体、气溶胶也会在冷凝过程中被去除。研究发现，该法可达到 3~5 ℃的露点，在初始水蒸气含量 3.1%（体积比）、30 ℃的环境压力条件下，水蒸气含量可降至 0.15%（体积比）（Urban W 等，2007，2008）。冷却之前压缩沼气，可进一步提高效率。这种方法具有较好的脱水效果，但是并不能完全满足并入天然气管网的要求，可通过下游的吸附净化技术（变压吸附、脱硫吸附）弥补。

2. 吸附法

吸附法是指沼气通过固体吸附剂时，在固体表面力（范德华力和色散力）作用下吸收沼气中的水分，达到干燥的目的。根据表面力的性质分为化学吸附（脱水不能再生）和物理吸附（脱水后可再生）。常用吸附材料有硅胶、活性氧化铝和分子筛及复合干燥剂等。

该方法可以达到 -90 ℃的露点（Ramesohl 等，2006）。吸附装置安装在固定床上，可在正常压力或 600~1 000 kPa 的压力下运行，适用于小流量沼气的脱水。通常是两台装置并列运行，一台用于吸收，一台用于再生。在沼气脱水工程中一般会将冷凝法与吸附干燥法结合来用，先用冷凝法将水部分脱除，再用吸附法进行精脱水。

吸附法的特点是吸附过程中放出的热量一般包括水蒸气的冷凝热和吸附剂由于被水润湿所释放出来的热量，整个吸附过程放热量小，通过增加温度或降低压力可对吸附材料进行再生，过程具有可逆性，且物理吸附脱水性能远远超过溶剂吸收法。该方法能获得露点极低的燃气；对温度、压力、流量变化不敏感；设备简单，便于操作；较少出现腐蚀及起泡等现象。

3. 吸收法

吸收法是采用脱水吸收剂与沼气逆流接触来脱除沼气中的水蒸气，脱水吸收剂一般具有亲水性。常用的脱水吸收剂有氯化钙、氯化锂和甘醇类化合物（乙二醇、二甘醇、三甘醇等）（Ryckebosch，2011）。目前应用较多的是甘醇类化合物。使用乙二醇作为吸收剂时，可将吸收剂加热到 200 ℃，使其中杂质挥发来实现醇的再生（Weiland，2003）。文献资料显示，乙二醇脱水可达到 -100 ℃的露点（Schonbucher，2002）。从经济性看，该方法适用于大流量（500 m^3/h）沼气的脱水（Fachagentur 等，2006），因此吸收法可以作为沼气提纯的预处理方法。

（二）常用的脱水装置

1. 沼气集水器

户用沼气池脱水通常采用沼气集水器，同沼气工程输送管路上的沼气凝水器结构类似，但是更加简易。分人工排水集水器和自动排水集水器。人工排水集水器可用磨口玻璃瓶和橡胶塞制成，在橡胶塞上打两个孔，孔内插入两根内径为 6~8 mm 的玻璃弯管，将橡胶塞塞入玻璃瓶瓶口，拧紧不漏气。两弯管水平端分别与输气管连接。当冷凝水高度接近弯管下口时，揭开瓶塞，将水倒出。自动排水集水器的主要部件与人工排水集水器相同，只是瓶塞上一根管上端接上三通，其两水平端接入输气管道，另一根直管上端与大气相通，作为溢流水孔，该溢流水孔应低于三通管，否则在产气量较低时，冷凝水也会堵塞管道（图6-1）（农业部人事劳动司等，2004）。

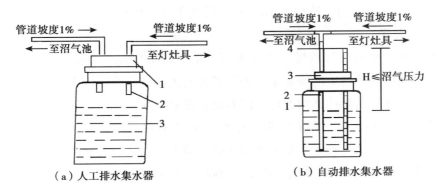

（a）人工排水集水器　　　　　（b）自动排水集水器

图6-1　沼气集水器示意

1—橡皮塞；2—玻璃管；3—玻璃瓶；4—溢流口

2. 气水分离器

气水分离器是在装置内安装水平及竖直滤网，最好再填充填料，滤网或填料可选用不锈钢丝网、紫铜丝网、聚乙烯丝网、聚四氟丝网或陶瓷拉西环等。当沼气以一定的压力从装置下部以切线方式进入后，沼气在离心力作用下进行旋转，然后依次经过竖直滤网及水平滤网，沼气中的水蒸气与沼气得以分离，水蒸气冷凝后在气水分离器内形成水滴，沿内壁向下流动，积存于装置底部并定期排除（图6-2）。

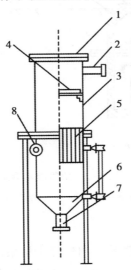

图6-2　气水分离器示意

1—堵板；2—出气管；3—筒体；4—平置滤网；5—竖置滤网；6—封头；7—排水管；8—进气管

设计沼气气水分离器时，应遵循以下设计原则，进入分离器的沼气量应按平均日产气量计算，气水分离器内的沼气压力应大于 2 000 Pa，分离器的压力损失应小于100 Pa，气水分离器空塔流速宜为 0.21~0.23 m/s。沼气进口管应设置在气水分离器筒体的切线方向，气水分离器下部应设有积液包和排污管。气水分离器的入口管内流速宜为 15 m/s，出口管内流速宜为 10 m/s（周孟津等，2009）。

3. 沼气凝水器

沼气凝水器类似城市管道煤气的凝水器。沼气管道的最低点必须设置沼气凝水器，定期或自动排放管道中的冷凝水，否则可能增大沼气管路的阻力，影响沼气输配系统工作的稳定性。其操作必须方便，同时凝水器必须安装于防冻区域。沼气凝水器直径宜为进气管的 3~5 倍，高度宜为直径的 1.5~2.0 倍。根据不同的沼气量，沼气凝水器规格型号如表 6-5 所示。凝水器需要定期排水，凝水器按排水方式，可分为人工和自动排水两种（图 6-3）（周孟津等，2009；邓良伟等，2015）。

表 6-5　凝水器规格型号

序号	凝水器外径	进出口管径（mm）	适用情况
1	Φ600	DN150~200	沼气量≥1 000 m³/d
2	Φ500	DN100~150	沼气量＝500~1 000 m³/d
3	Φ400	DN50~100	沼气量≤500 m³/d

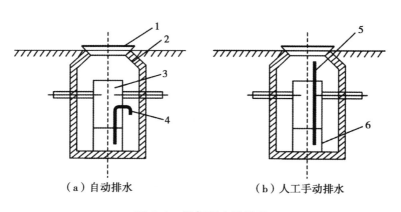

（a）自动排水　　　　　　（b）人工手动排水

图 6-3　沼气凝水器示意

1—井盖；2—集水井；3—凝水器；4—自动排水管；5—排水管；6—排水阀

4. 冷干机

冷干机是冷冻式干燥机的简称。沼气冷干机采用降温结露的工作原理，对压缩沼气进行干燥的一种设备，通过冷干机制冷压缩机冷却的沼气，析出沼气中的水分达到干燥沼气的目的。它主要由热交换系统、制冷系统和电气控制系统三部分组成。从空压机出来的热而潮湿的压缩沼气，首先经过热交换器预冷却，预冷却的沼气在冷干机的冷冻剂循环回路再次冷却，再与蒸发器排出的冷沼气进行热交换，使压缩沼气的温度进一步降低。之后压缩沼气进入蒸发器，与制冷剂进行热交换，压缩沼气的温度降至 0~8 ℃，沼气中的水分在此温度下析出，通过冷凝器将压缩沼气中冷凝水分离，通过自动排水器将其排出机外。而干燥的低温沼气则进入热交换器进行热交换，温度升高后输出。冷干机主要用于特大型沼气工程的脱水单元。常用冷干机按凝水器的冷却方式分为风冷型和水冷型两种；按进气温度高低分为高温进气型（80 ℃ 以下）和常温进气型（40 ℃ 左右）。按工作压力分为普通型（0.3~1.0 MPa）和中、高压型（1.2 MPa 以上）。由于冷凝法脱水相对经济，在冷干机前，一般需要设置气水分离器或凝水器将水部分脱除。

二、沼气脱硫

沼气脱硫方法一般可分为直接脱硫和间接脱硫两大类，直接脱硫就是将沼气中 H_2S 气体直接分离除去，而间接脱硫是指采用具体方法从源头减少或抑制沼气生产中 H_2S 气体的产生。根据脱硫原理不同，沼气直接脱硫可分为湿法脱硫、干法脱硫以及生物脱硫等（黎良新，2007）。

（一）脱硫方法

1. 湿法脱硫

当采用液体吸收脱硫剂进行 H_2S 去除时，即是所谓的湿法脱硫。其工艺过程大致为"吸收-脱吸"。影响脱硫效果的因素包括气液相的组分性质、温度和压力。湿法脱硫主要有水洗法、碱性盐液法等。

（1）水洗法。水洗法是利用水对沼气进行喷淋水洗，去除 H_2S。在温度为 20 ℃、压力为 1.013×10^5 Pa（1 个大气压）时，1 m^3 水能溶解 2.3 m^3 H_2S。当沼气中 H_2S 含量高，且气量较大时，适宜采用水洗法脱硫，同时还可以去除部分 CO_2，提高沼气中甲烷的含量。

（2）Na_2CO_3 吸收法。Na_2CO_3 吸收法是常用的湿法脱硫工艺，由于碳酸钠溶液在吸收酸性气体时，pH 值不会很快发生变化，保证了系统的操作稳定性。此外，碳酸钠溶液吸收 H_2S 比吸收 CO_2 快，可以部分地选择吸收 H_2S。该法通常用于脱除气体中大量 CO_2，也可以用来脱除含 CO_2 和 H_2S 的天然气及沼气中的酸性气体。

含 H_2S 的气体与 $NaCO_3$ 溶液在吸收塔内逆流接触，一般用 2%~6% 的 $NaCO_3$ 溶液从塔顶喷淋而下，与从塔底上升的 H_2S 反应，生成 $NaHCO_3$ 和 $NaHS$。吸收 H_2S 后的溶液送回再生塔，在减压的条件下用蒸气加热再生，即放出 H_2S 气体，同时 $NaCO_3$ 得到再生。脱硫反应与再生反应互为逆反应。

$$Na_2CO_3+H_2S \rightarrow NaHS+NaHCO_3 \tag{6-1}$$

从再生塔流出的溶液回到吸收塔循环使用，从再生塔顶放出的气体中 H_2S 的浓度可达80%以上，可用于制造硫磺或硫酸。碳酸钠吸收法流程简单，药剂便宜，适用于处理 H_2S 含量高的气体。缺点是脱硫效率不高，一般为 80%～90%，且由于再生困难，蒸汽及动力消耗较大。

（3）氢氧化钠吸收法。氢氧化钠吸收法是另一种常用的湿法脱硫工艺，以氢氧化钠水溶液作为吸收介质的主要反应分为两步：第一步是利用氢氧化钠与硫化氢发生反应生成硫化钠和水，实现硫化氢的脱除；第二步是利用氧气将硫化钠氧化为氢氧化钠和单质硫而完成氢氧化钠的再生。脱硫过程中，沼气从碱吸收塔底部进入并与吸收液逆流接触反应，净化后的沼气从塔顶排出。由于受到流速、流量等传质条件的影响，硫化氢并不能全部溶解于碱液中，而且溶解过程中易生成硫氢化钠，硫氢化钠与氧气反应生成有害物质硫代硫酸盐以及硫酸盐，该类有害成分会在吸收液中富集，需要及时补充新鲜碱液后才能继续使用。高碑店污水处理厂二期工程产生的沼气曾采用此法，开始时采用35%的 $NaOH$ 碱液吸收。运行发现，碱液在循环过程中很快结晶，把泵堵塞。操作人员进一步降低碱液的浓度，发现采用16%～20%的碱液可以避免 $NaOH$ 晶体析出问题，但是 H_2S 去除效率也不能满足需要。由于有害物质的生成而需要不断地补充和更换吸收液，增加了处理成本和二次污染的可能性。同时对设备防腐性能要求较高，因此该法现在很少在沼气脱硫中采用。

（4）氨水法。硫化氢是酸性气体，当用碱性的氨水吸收硫化氢时，便发生中和反应（式6-2）。

$$NH_3 \cdot H_2O+H_2S \rightarrow NH_4SH+H_2O \tag{6-2}$$

第一步是气体中硫化氢溶解于氨水，是一个物理溶解过程。第二步是溶解的硫化氢和氨起中和反应生成硫氢化铵，是一个化学吸收过程。再生方法是往含硫氢化铵的溶液中吹入空气，以产生吸收反应的逆过程，使硫化氢气体解吸出来。解吸后的氨溶液经补充新鲜氨水后，继续用于吸收。再生时产生的硫化氢，必须二次处理，以避免造成环境污染。

（5）醇胺吸收法。醇胺吸收法简称胺法。胺法脱硫早在1930年就已工业化了，是气体净化工业应用最广的方法。该法过程简单，性能可靠，溶剂价廉易得，净化效率高。主要使用的胺类有六种：一乙醇胺、二乙醇胺、三乙醇胺（TEA）、甲基二乙醇胺（MDEA）、二甘醇胺、二异丙醇胺。主要反应式（以一乙醇胺为例）见式（6-3）、式（6-4）。

$$2RNH_2+H_2S \rightarrow (RNH_3)_2S \tag{6-3}$$

$$(RNH_3)_2S+H_2S \rightarrow 2RNH_3HS \tag{6-4}$$

以上是可逆反应，在较低温度下（20~40 ℃）向右进行（吸收）；在较高温度下（105 ℃以上）则向左进行（解吸）。经典醇胺溶液是吸收硫化氢的良好溶剂，其优点是价格低，反应能力强，稳定性好，且易回收。缺点是易起泡、腐蚀、对硫化氢与二氧化碳无选择性、在有机硫存在下会发生降解、蒸气压高、溶液损失大。

醇胺法脱硫工艺的基本流程主要由 4 部分组成（刘卫国等，2015）。① 酸气吸收。混合气体先经进气口的分离器除去液相、固相杂质，含硫化氢和二氧化碳组分的混合气体进入吸收塔底部，吸收液从顶部往下喷淋。混合气由下而上与醇胺溶液进行两相接触，其中的 H_2S 和 CO_2 被吸收到液相中，其余气相组分达到净化要求从吸收塔顶部排出，液相由吸收塔底部排出。② 闪蒸。醇胺溶液吸收了硫化氢和二氧化碳，通常称为富液。富液由吸收塔底部流出后降压进入闪蒸罐，闪蒸出富液中溶解、夹带的可燃性烃类，闪蒸罐内产生的闪蒸气可用作装置的燃料气。③ 热交换。富液经过闪蒸后，通过一个过滤器进入贫/富液换热器，与已完成再生的热醇胺（简称贫液）进行热交换，然后被加热的富液从顶部进入低压操作的再生塔。④ 吸收液再生。富液进入再生塔之后，部分酸性组分首先在塔顶被闪蒸出来，然后自上而下流动，在流动过程中与在重沸器中加热气化的水蒸汽进行两相接触，利用热蒸汽将溶液中其余的酸性组分汽提出来。由再生塔留出的溶液为只含有少量未汽提出的残余酸性气体，称之为贫液。热贫液经贫/富液换热器将热量传递给未进入再生塔的富液，回收一部分热量，然后由溶液循环泵把进一步冷却至适当温度的贫液送至吸收塔顶部，完成吸收液再生和循环。

胺法脱硫是大型天然气脱硫工程的主流工艺之一。胺法可同时去除硫化氢和二氧化碳，适用于特大型沼气工程脱硫脱碳。

（6）液相催化氧化法。这类方法的研究始于 20 世纪 20 年代，至今已发展到百余种，其中有工业应用价值的就有 20 多种。液相催化氧化法具有如下特点：①脱硫效率高，可使净化后的气体含硫量低于 10 mg/L，甚至可低于 1~2 mg/L；②可将硫化氢进一步转化为单质硫，无二次污染；③既可在常温下操作，也可在加压下操作；④大多数脱硫剂可以再生，运行成本低。但当原料气中含量过高时，会由于溶液 pH 值下降而使液相中 H_2S/HS^- 反应迅速减慢，从而影响吸收的传质速率和装置的经济性。液相催化氧化法脱硫技术包括 ADA 法脱硫、栲胶法脱硫、砷碱法脱硫、PDS 法脱硫和 Clause 法脱硫（刘卫国等，2015）。

2. 干法脱硫

当采用固体作为脱硫剂去除硫化氢时，即所谓干法脱硫。其影响脱硫效果的因素包括气固相的组分性质、压力和接触时间。干法脱硫是一种气-固传质的工艺过程，为了达到良好的脱硫效果，需要对沼气及空气的塔内流速进行合理的设计。在脱硫过程中，含有硫化氢的沼气从一端进入塔器，从另一端排出塔器，若进气端的填料层负荷高，出气端负荷低，不能使塔内填料得到均匀充分的利用，会造成填料的使用率低。同时负荷不均也会使单质硫在填料内的分布不均，甚至集中积累，压降升高，进一步影响了气体的流速和脱硫效率。加之不断更换填料，增加了生产成本，因此在沼气生产量较大的工程中，干法脱硫具有很大的局限性。同时也由于气-固传质的特点所决定，干法脱硫一般适合用于沼气流量小、硫化氢浓度低的场合。由于反应过程简单，因此相对于湿法脱硫而言，干发脱硫是一种简易、低成本的脱硫方式。常见的干式法主要有分子筛法、活性炭法、氧化铁法、氧化锌法等（周孟津等，2009；黎良新，2007；邓良伟，2015）。

（1）分子筛法。分子筛是由硅氧、铝氧四面体组成骨架结构，并在晶格中存在着 Na^+、K^+、Ca^{2+}、Li^+ 等金属阳离子的一种硅铝酸盐多微孔晶体。分子筛具有微孔结构，是利用微孔结构和巨大的比表面积进行吸附。由于分子筛孔径内部具有很强的极性，对极性分子和不饱和分子具有优先吸附能力。极性程度不同、饱和程度不同，分子大小不同以及沸点不同的分子都可以利用分子筛进行分离。由于分子筛特殊的结构，使得分子筛与其他吸附剂相比吸附能力更高，热稳定性更强，应用范围也比较广泛。

分子筛有天然沸石和合成沸石两种。天然沸石大部分在海相或湖相环境中由火山凝灰岩和凝灰质沉积岩转变而来。常见的有斜发沸石、丝光沸石、毛沸石和菱沸石等。合成沸石依照其晶体结构等的不同，有 3A 分子筛、4A 分子筛、5A 分子筛、10X 分子筛、13X 分子筛、13XAPG 分子筛等不同的分子筛类型，不同的合成分子筛适用于不同的领域。分子筛吸附法脱硫主要用于处理 H_2S 浓度较低的气体，对分子筛进行改性可以提高其脱硫效果。分子筛处理后气体硫含量可降至 0.4 ppm 以下，在 200~300 ℃ 的蒸气下可以把吸附饱和的分子筛脱硫剂进行再生。高温蒸气再生分子筛脱硫剂，存在资金投入大的问题，限制了分子筛脱硫剂的应用。

（2）活性炭吸附。活性炭（Activated carbon）是一种疏水性吸附剂，本质上是多孔含炭介质，可由许多种含炭物质如煤及椰子壳等经高温炭化和活化制备而成。碳元素不是活性炭的唯一组分，在元素组成方面，80%~90% 以上由碳组成，这也是活性炭为疏水性吸附剂的原因。活性炭作为常用的固体脱硫剂，其特点是吸附容量大，抗酸耐碱，化学稳定性好。解吸容易，在较高温度下解吸再生时，其晶体结构没有什么变化。热稳定性高，经多次吸附和解吸操作，仍保持原有的吸附性能。用于分离无机硫化物（H_2S）的活性炭，其微孔和大孔数量是大致相同的，平均孔径为 8~20 nm。

用活性炭吸附脱除硫化物时，活性炭中含有一定的水分，可提高吸附效果，因此，可用蒸汽活化活性炭。为了提高活性炭的脱硫能力，必须将普通活性炭改性，常用的改性剂为金属氧化物及其盐，如 ZnO、CuO、$CuSO_4$、Na_2CO_3、Fe_2O_3 等。根据脱硫机理，可将活性炭分为吸附法、氧化法和催化法三种。由于脱硫反应，活性炭表面上逐渐地沉积单质硫，积累至一定的硫容量后就需要对活性炭进行再生。

（3）氧化铁法。氧化铁法脱除气体中的硫化氢是比较古老的方法，在 19 世纪 40 年代随着城市煤气工业的诞生而发展起来。当时采用的常温氧化铁脱硫至今仍被大量采用。近代开发的中温氧化铁脱硫已在一些工业装置上使用，高温氧化铁脱硫也有研究报道。

氧化铁脱硫过程反应式如下。

脱硫 $Fe_2O_3+H_2O+3H_2S \rightarrow Fe_2S_3 \cdot H_2O+3H_2O$ （6-5）

$Fe_2O_3+H_2O+3H_2S \rightarrow 2FeS+S+4H_2O$ （6-6）

再生 $Fe_2S_3 \cdot H_2+3O_2 \rightarrow 2Fe_2O_3 \cdot 6S$ （6-7）

$4FeS+3O_2 \rightarrow 2Fe_2O_3+4S$ （6-8）

氧化铁脱硫法是常用的干法脱硫工艺，沼气中的硫化氢在固体氧化铁的表面进行化学反应而得以去除，沼气在脱硫器内的流速越小，接触时间越长，反应进行得越充分，脱硫效果也就越好。一般情况下，最佳反应温度为 25～50 ℃。当脱硫剂中的硫化铁质量分数达到 30% 以上时，脱硫效果明显变差，这是由于在氧化铁的表面形成并覆盖一层单质硫。脱硫剂失效而不能继续使用时，就需要将失去活性的脱硫剂与空气接触，将 Fe_2S_3 氧化，使失效的脱硫剂再生。在经过很多次重复使用后，就需要更换氧化铁或氢氧化铁。如果将氧化铁覆盖在一层木片上，则相同质量的氧化铁有更大的比表面积和较低的密度，能够提高单位质量脱硫剂对 H_2S 吸收率，大约 100 g 的氧化铁木片可以吸收 20 g 的 H_2S（宋灿辉等，2007）。氧化铁资源丰富，价廉易得，是目前使用最多的沼气脱硫剂。该法的优点是去除效率高（大于 99%）、投资低、操作简单。缺点是对水敏感，脱硫成本较高，再生放热，床层有燃烧风险，反应表面随再生次数而减少，释放的粉尘有毒。

（4）氧化锌法。将上述脱硫剂中氧化铁改用氧化锌时，就是氧化锌沼气脱硫法。硫化氢与氧化锌的反应见（式6-9）。氧化锌法脱除硫化氢的反应机理和反应行为已得到了公认。氧化锌还有部分转化吸收的功能，能将 COS、CS_2 等有机硫部分转化成硫化氢而吸收脱除。由于生成的 ZnS 难离解，且脱硫精度高，脱硫后的气体含硫量在 0.1×10^{-6} mg/m³ 以下，所以一直应用于精脱硫过程。氧化锌法与氧化铁法相比，其脱硫效率高，吸附 H_2S 的速度快。氧化锌脱硫能力随温度增加而增加，但脱除 H_2S 在较低温度下（200 ℃）即可进行。该方法适合于处理浓度较低的气体，脱硫效率高，据其在工业煤气脱硫净化中的试验研究表明，其脱硫率可达99%。但氧化锌法脱硫后一般不能用简单的办法来恢复脱硫能力，而且目前氧化锌价格也不如氧化铁便宜。

$$H_2S+ZnO \rightarrow ZnS \tag{6-9}$$

3. 生物脱硫

生物脱硫包括有氧生物脱硫和无氧生物脱硫。

有氧生物脱硫法是向沼气发酵反应器或单独的脱硫塔注入空气，在微生物作用下，硫化氢与空气中的氧反应生成单质硫或硫酸盐，反应式如式（6-10）、式（6-11）所示。

$$2H_2S+O_2 \rightarrow 2H_2O+2S \tag{6-10}$$

$$2H_2S+3O_2 \rightarrow 2H_2SO_3 \tag{6-11}$$

能够将硫化氢转化为单质硫的微生物有光合细菌和无色硫细菌。光合细菌在转化过程中需要大量的辐射能，在经济技术上难以实现。因为废水中生成硫的微颗粒后，废水将变得混浊，透光率将大大降低，从而影响脱硫效率。在无色硫细菌的微生物类群中，并非所有的硫细菌都能够氧化硫化氢。由于有些硫细菌将产生的硫积累于细胞内部，此外杂菌生长还会造成反应器中的污泥膨胀，给单质硫的分离带来麻烦，如果不能及时得到分离就会存在进一步氧化的问题，从而影响脱硫效率。所以在脱硫单元运行的过程中，必须严格控制反应条件以控制这类微生物的优势生长。

如果直接向沼气发酵罐上部通入空气，脱硫反应在沼气发酵罐上部和壁面泡沫层发生，这种脱硫称为罐内生物脱硫，脱硫反应由硫杆菌催化，通常在沼气发酵罐顶部安装一些机械结构有利于菌种繁殖。由于产物呈酸性，易腐蚀，而且反应依赖稳定泡沫层，因此脱硫反应最好在一个独立的反应器中进行。

罐外生物脱硫是向单独设置的脱硫塔通入空气（或曝气后的营养液），沼气与空气（或营养液）通过具有大比表面的填料，经过填料附着微生物的作用，将硫化氢转化成单质硫或硫酸盐，使沼气得以净化。生成的单质硫或硫酸盐仍然存在于脱硫装置的液相之中。如图6-4所示，罐外生物脱硫反应器在某种程度上类似于洗涤器，反应器内设置填料，微生物生长在填料上。需要配备污水槽、泵和罗茨鼓风机等附属设施。污水槽盛装含有碱和营养物质的喷淋液，沼液可作为喷淋液。定时向填料喷液，喷淋液具有洗出酸性产物并为微生物提供营养的功能。在空气足够的条件下，能获得较高的脱硫效率，工程上 H_2S 去除率高达99%（尹雅芳等，2017）。清洗时，采用空气/水混合脉冲、间歇冲洗。在停止喷淋时，应避免单质硫的沉积（Birgitte，2003）。

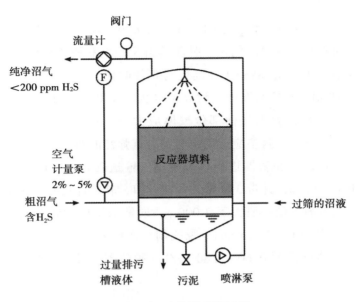

图 6-4 生物脱硫塔示意

有氧生物脱硫技术的优点是不需要催化剂、不需要处理化学污泥，产生很少的生物污泥、耗能低、可回收单质硫、去处效率高。缺点是沼气中氧气过多存在爆炸风险。

无氧生物脱硫是农业部沼气科学研究所开发的新型生物脱硫工艺（Deng 等，2009），该工艺以沼液好氧后处理出水中硝酸盐和亚硝酸盐为电子受体，以沼气中硫化氢为电子供体，通过微生物作用实现同步脱氮脱硫，主要反应如下。

$$5S^{2-}+2NO_3^-+12H^+ \rightarrow 5S^0+N_2+6H_2O \tag{6-12}$$

$$5S^0+6NO_3^-+2H_2O \rightarrow 5SO_4^{2-}+3N_2+4H^+ \tag{6-13}$$

$$5S^{2-}+8NO_3^-+8H^+ \rightarrow 5SO_4^{2-}+4N_2+4H_2O \tag{6-14}$$

在进水 NO_x-N（NO_2^--N，NO_3^--N 之和）浓度 270~350 mg/L、沼气中硫化氢含量 1273~1697 mg/m³、水力停留时间 0.985~3.72 d、空塔停留时间 3.94~15.76 min 的条件下，NO_x-N 去除率 96.4%~99.9%，出水 NO_x-N 浓度 0.114~110.6 mg/L，硫化氢去除率 96.4%~99.0%，出气硫化氢浓度 100 mg/m³左右。该工艺具有以下优点：废水中的氮与沼气中的硫同时脱除；沼液脱氮不需要外加碳源；沼气脱硫不需加氧，也不需要脱硫剂；产生很少生物污泥；运行费用低（邓良伟等，2015）。

（二）脱硫装置

沼气脱硫主要采用氧化铁干法脱硫以及生物脱硫，以下主要介绍基于干法脱硫和生物脱硫的三种脱硫反应器（系统）。

1. 脱硫器

户用沼气池或小型沼气工程产生的沼气，气量小，硫化氢浓度比较低，通常采用装有氧化铁的脱硫器直接脱出硫化氢。脱硫器由脱硫剂和脱硫瓶组成（图6-5）。脱硫器容积一般不小于2.5 L，高径比（高度与直径的比）2∶1~3∶1。脱硫器容器应采用耐压不小于10 kPa并且耐腐蚀、耐高温（大于110 ℃）的材料制造，一般采用耐高温ABS塑料。脱硫器容器任何部位壁厚应大于2 mm，不得有气孔、裂纹等缺陷，其盖子应有密封垫，密封垫应选用耐磨并具有弹性的垫片。脱硫器首次使用产生的压力降应小于200 Pa。脱硫器进出口采用沼气输送管相匹配的PVC软管或PE管材，长度应不小于20 mm，并带3个密封节或丝口，软管连接时应用卡扣卡紧，不得漏气。脱硫器中脱硫剂重量一般大于2 000 g。通常采用柱状颗粒氧化铁脱硫剂，直径（φ）4~6 mm，长（L）5~15 mm。脱硫剂首次硫容不应小于12%，累计硫容不应小于30%，脱硫剂堆密度0.60~0.80 kg/L。脱硫器在使用中应易于更换脱硫剂，

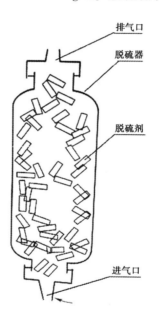

图6-5　脱硫器示意

沼气在脱硫器内流动不应有短路现象。脱硫器独立使用时，其表面应有明显的进出气方向标识。脱硫容量达到饱和后，需要将脱硫剂倒出，在空气中自行氧化，最好在太阳下晾晒，待黑色变成橙、黄、褐色即可，然后再装入脱硫器容器中。脱硫剂再生不能在脱硫器内进行。脱硫剂再生次数不宜超过3次，脱硫剂使用一段时间后必须更换，更换时间根据沼气中硫化氢含量多少确定。

2. 干法脱硫塔

氧化铁脱硫是我国大中型沼气工程采用的主要脱硫方法，由氧化铁制成成型脱硫剂时，脱硫装置常采用脱硫塔（图6-6）。沼气中硫化氢可采用单级或多级装置脱除，应根据当前大中型沼气工程的实际情况、H_2S 的浓度范围以及脱硫程度采用合适的脱硫级数。一级脱硫适合 H_2S 含量 2 g/m³ 以下沼气，沼气 H_2S 含量 2~5 g/m³ 宜采用二级脱硫，H_2S 含量 5 g/m³ 以上采用三级脱硫。如果 H_2S 在 10 g/m³ 以上，最好先采用湿法粗脱，再用氧化铁进行精脱。脱硫塔是一种填料塔，由塔体、封头、进出气管、检查孔、排污孔、支架及内部木格栅（篦子）等组成。为防止冷凝水沉积在塔顶部而使脱硫剂受湿，通常可在顶部脱硫剂上铺一定厚度的碎硅酸铝纤维棉或其他多孔性填料，将冷凝水阻隔。根据处理沼气量的不同，在塔内可分为单层床或双层床。一般床层高度为 1 m 左右时，取单层床；若高度大于 1.5 m，则取双层床（周孟津等，2009）。

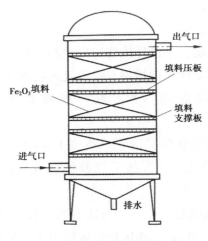

图 6-6　干法脱硫塔示意

干法脱硫塔设计主要考虑以下参数。

（1）空速。空速是指单位体积脱硫剂每小时能处理沼气量的大小，单位为 h⁻¹。其表达式为：

$$V_{SP} = V_m/V_t \tag{6-15}$$

式中　V_{SP}——沼气空速，h⁻¹；

　　　V_m——沼气小时流量，m³/h；

　　　V_t——脱硫剂体积，m³。

从上式不难看出，空速是表征脱硫剂性能的重要参数之一。不同的脱硫剂因其活性不同，在选择空速时应根据沼气中 H_2S 的浓度、操作温度、脱硫工作区高度等因素综合考虑。

空速值选得越高，则沼气与脱硫剂的接触时间也越短，即接触时间 t_j 为空速的倒数。

$$t_j = 1/V_{SP} \tag{6-16}$$

式中　　t_j——接触时间，s。

在常温常压下，沼气中的 H_2S 浓度小于 3 g/m^3 时，取 t_j 为 100 s，相当于空速 36 h^{-1}；若 H_2S 含量在 4~8 g/m^3，则需 t_j 为 450 s，相当于空速为 8 h^{-1}。若沼气中含少量氧气时，空速可适当提高。

（2）线速度。线速度是指沼气通过脱硫剂床层时的速度，其值为床高与接触时间之比。

$$U_S = H_{ch}/t_j \tag{6-17}$$

式中　　U_S——线速度，mm/s；

　　　　H_{ch}——床高，mm；

　　　　t_j——接触时间，s。

沼气通过脱硫塔的线速度，是设计该装置尺寸的一个关键性参数。线速度取得太低，沼气呈现滞留状态。随着线速的增加，气流进入湍流区，能在更大程度上减少气膜厚度，从而增加了脱硫剂的活性。选择颗粒状脱硫剂时的线速度宜为 0.020~0.025 m/s。

（3）床层高度。每层颗粒状脱硫剂装填高度 1.0~1.4 m，床层高度超过 1.5 m 以上时，可采用双层、分层装填，有利于克服偏流或局部短路，改善并提高脱硫效果。

（4）塔径比。氧化铁脱硫是一个化学吸附过程，在吸附的各个时期，脱硫床层可分为备用区、工作区和饱和区。工作区是指床层内执行脱硫功能的部位。工作区的高低与脱硫剂的活性、空速有关。根据 TTL 型脱硫剂的试验结果，在空速为 50 h^{-1} 以下，H_2S 的浓度为 1~3 g/m^3 时，脱硫剂床层高度为塔径的 3~4 倍。

（5）脱硫剂的更换时间。脱硫剂的更换时间与脱硫剂的技术性能，即工作硫容及填料量成正比，与沼气中 H_2S 浓度及日处理气量成反比。对于小型、中大型沼气工程，既要考虑脱硫设备的大小及所占场地，又要考虑到频繁更换脱硫剂给运行上带来的不便，一般取脱硫剂的更换期为 6 个月较为适宜。通过下式可计算出脱硫剂的装填量。

$$G = \frac{t \cdot c \cdot V}{s \cdot 1\,000} \tag{6-18}$$

式中　　G——脱硫剂装填量，kg

　　　　t——脱硫剂使用时间，d。

s——脱硫剂饱和硫容（%）；

C——沼气中 H_2S 含量（g/m^3）；

V——日处理沼气量（m^3/d）

（6）干法脱硫塔的结构与材质。脱硫塔一般采用 Q235A 或 Q235AF 钢板焊接制造。塔内表面应涂两道防锈漆或环氧树脂；外表面涂 1~2 道防锈漆。封头密封采用石棉橡胶或氯丁橡胶。温度监视采用 WNG-12 型直角式金属保护管玻璃温度计，其位置设在距床层底部 100 mm 处。液位显示在脱硫塔下部低于进气口的位置，用有机玻璃显示液位，作用在于防止冷凝水积聚在底部而影响脱硫剂正常工作。观察镜可设在床层上部 50 mm 处，采用有机玻璃以便观察床层变化，掌握脱硫剂的再生时间。

3. 罐外生物脱硫系统

沼气罐外生物脱硫系统有 2 种类型，一种是直接往生物脱硫塔通入空气，另一种是塔外再生池曝气。不让氧气混入沼气或生物天然气时，一般采用塔外再生池曝气，无氧生物脱硫也采用这种形式。

罐外生物脱硫主要设计参数：

生物脱硫负荷 8~10 m^3沼气/（h·m^3填料）；

气水比（沼气：喷淋液）=（5~10）:1；

空气加入量为所处理沼气量的 2%~5%，或喷淋液溶解氧为 1~1.5 mg/L；

工艺温度 25~35 ℃；

喷淋液 pH 值大于 6.0。

以下主要介绍塔外再生池曝气生物脱硫系统，该系统中不仅仅有生物脱硫塔，而且还必须配备富液池、再生池、沉淀池、贫液池等设施，以及循环水泵、曝气风机、计量泵、加热系统、自动加药系统、补水系统等设备，具体介绍如下（图6-7）（尹雅芳 & 张伟，2017）。

（1）生物脱硫塔。生物脱硫塔高径比为（8~10）:1，可分为 3~5 段，下段收集吸收液并溢流至富液槽。中段为填料层，由于 H_2S 具有腐蚀性，故选用的填料需要耐腐蚀并分层设置，保证循环水与沼气均匀接触和承受足够强度，提高气液接触效率。吸收液通过上段的布水器均匀喷淋在填料上。上段设置除沫器，阻止生成的单质硫进入沼气管而堵塞管道。在吸收塔内设置布水器可对除沫器进行反冲洗，定期把除沫器中积存的单质硫冲洗下来。

（2）富液池。通过吸收 H_2S 而富含 HS^- 的吸收液进入富液池，该池对系统起到缓冲和排气的作用，以保证循环泵把富液池的溶液泵入再生池的运行安全。无色硫细菌所需要的硫酸镁、磷酸氢二钾、尿素等营养盐及补充的碱都通过富液池加入。富液池的水力停留时间为 0.5~1.0 h。

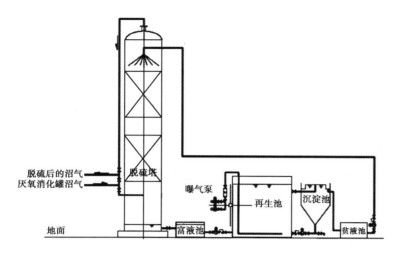

图 6-7　沼气生物脱硫系统工艺流程（尹雅芳 & 张伟，2017）

（3）再生池。再生池内有曝气系统、加热系统、自动加药系统、补水系统，提供循环水中微生物需要的溶解氧、生长温度、适应的 pH 值及营养。富含 HS^- 的吸收液进入再生池，HS^- 在微生物作用下被转化为单质硫（S）和 OH^-。再生池采用罗茨风机曝气，为微生物生长代谢提供所需的氧气。由于再生反应会产生硫沫，反应器的顶部需要设置硫沫槽，环绕生物反应器一圈。再生池上部设置管径为 100~200 mm 的排液管，收集混合液排入沉淀池。由于再生池会产生污泥，底部需设置管径为 200 mm 的排泥管。再生池的水力停留时间为 0.5~2.0 h。

（4）沉淀池。沉淀池的作用主要是将再生池排出的富含单质（S）的混合液进行沉淀，使泥水分离，硫泥被排出系统，沉淀池的水力停留时间为 0.5~2 h。内部可设置斜管，强化沉淀效果，防止污泥进入吸收塔而堵塞填料。沉淀池下部为锥体，作为储泥斗，并设置直径为 200 mm 排泥管。需要定期从沉淀池排泥，并补充自来水。

（5）贫液池。从沉淀池出来的上清液回到贫液池。贫液池对系统起到缓冲和排气的作用。贫液池的水力停留时间为 0.5~1.0 h。

（6）循环水系统和废水处理。富液再生后获得的贫液再次通过循环泵送至脱硫塔顶部，以形成循环水。循环水将生物脱硫塔、再生池、沉淀池、循环水泵加药装置、加热装置等连贯起来。喷淋系统可以让沼气和循环水充分接触，以促进 H_2S 从气相到液相的转化。从沉淀池底部排出的泥经提升排入沼液池中。

（7）自动加药系统。微生物生长需要一定的营养元素，采用营养液自动投加形式。营养液加到循环水管路，加药量由计量泵进行精确控制。由于部分 HS^- 转化为硫酸根，导致循环水的 pH 值逐渐下降，因此，需要不断投加碱来中和硫酸根离子，碱的投加形式与营养液投加形式相同。

（8）生物脱硫塔的结构与材质。脱硫塔可采用 Q235A 或 Q235AF 钢板焊接制造。塔内表面应涂环氧树脂；外表面涂1~2 道防锈漆。最好采用耐酸蚀玻璃钢，所有填料、附属装置均为塑料、不锈钢 S316 等防腐材料。沼气管道采用 PE 管。空气管道可以采用镀锌钢管。

三、除氧、氮

通过活性炭、分子筛或者膜可以去除氧气和氮气。在一些脱硫过程或沼气提纯过程中，氧和氮也会部分去除。然而，从沼气中分离氧气和氮气还是比较困难，若沼气利用对氧气和氮气有较高要求（比如沼气并入天然气管网或者用于车用燃气）时，应尽量避免氧气、氮气混入沼气。目前已有的最好方法是利用钯铂催化剂的催化去除和铜的化学吸附。

四、去除其他微量气体

沼气中的微量气体有氨、硅氧烷和苯类气体。这些气体很少出现在农业沼气工程，这些微量气体经常在上述脱硫、脱水的净化过程中被去除。如氨易溶于水，通常在沼气脱水阶段被去除。硅氧烷和苯类气体可通过有机溶剂、强酸或者强碱吸收，也可通过硅胶或活性炭吸附，以及在低温条件下去除。

第三节　沼气提纯

沼气提纯的主要目的是去除 CO_2 获得高纯度甲烷。沼气提纯技术多源于天然气、合成氨变换气的脱碳技术。由于沼气的处理量远小于天然气或合成氨变换气，在脱碳技术选择上应更注重小型化、节能化。目前，应用广泛的沼气提纯技术主要包括六种：变压吸附、水洗、有机溶剂物理吸收、有机溶剂化学吸收、高压膜分离、低温提纯。

一、变压吸附（PSA）

变压吸附（PSA）法的原理是利用气体分子直径和物理性质的不同，以及吸附剂对不同气体组分的吸附量、吸附速度、吸附力等方面的差异，将混合气体分离，实现沼气提纯。在加压时完成混合气体选择性吸附，在降压条件下完成吸附剂的再生。组分的吸附量受压力及温度的影响，压力升高时吸附量增加，压力降低时吸附量减少。当温度升高时吸附量减小，温度降低时吸附量增加。常用吸附材料有活性炭、沸石和分子筛（多为碳分子筛）。变压吸附（PSA）作为商业应用开始于 20 世纪 60 年代。

除了 CO_2，其他气体分子如 H_2S，NH_3 和 H_2O 也能被吸附。实际工程中，H_2S 和 H_2O 应在沼气进入吸附塔之前去除。部分 N_2 和 O_2 也能同 CO_2 一同被吸附。从大型提纯站提供的数据来看，大约 50% 的 N_2 会随废气排出。变压吸附获得的生物甲烷纯度大于 96%（Beil 等，2011）。

沼气提纯站一般将 4~6 个吸附塔并联，完成吸附（吸附水蒸气和二氧化碳）、减压、脱附（即通过大量原料气体或产品气体解吸），以及增压这四个环节。变压吸附的操作压力范围是 $1 \times 10^5 \sim 1 \times 10^6 \, Pa$，大多数变压吸附系统将沼气加压到 $4 \times 10^5 \sim 7 \times 10^5 \, Pa$，压力损失大约为 $1 \times 10^5 \, Pa$。沼气经过脱硫脱水后，通入装有分子筛的填料吸附塔。操作温度范围 5~35 ℃（Berndt，2012）。大部分 CO_2 会吸附于分子筛表面，而大部分 CH_4 则通过分子筛，仅有少量 CH_4 被吸附。产品气离开填料吸附塔后，吸附填料通过泄压释放完成解吸。通过增加原料气或产品气的冲洗解吸循环次数，以及循环上游压缩机产生的废气，可进一步提高甲烷浓度，相应也会增加提纯成本。根据制造商和工厂操作员提供的数据，实际运行负荷为额定负荷的 40%~100%（Radlinger，2010）。图 6-8 为一个四塔 PSA 过程的工艺流程图。

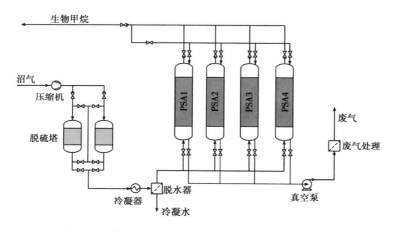

图 6-8　变压吸附工艺流程（Fraunhofer，2012）

20 世纪 80 年代中期，变压吸附的电耗为 $0.35 \, kWh/m_n^3$ 原始沼气，到 2012 年，电耗降低到 $0.16 \sim 0.18 \, kWh/m_n^3$ 原始沼气。有沼气提纯站报道，在绝对压力为 $3 \times 10^5 \, Pa$ 时，甲烷含量为 65% 的沼气需要耗电 $0.17 \, kWh/m_n^3$，而甲烷含量为 55% 的沼气需要耗电 $0.18 \, kWh/m_n^3$。另一家沼气提纯站报道，在相同条件下，耗电量为 $0.19 \sim 0.23 \, kWh/m^3$。在操作绝对压力为 $5.4 \times 10^5 \, Pa$ 时，提纯后的产品气体中甲烷含量达 96%~97%，处理能力为 $1\,000 \, m^3/h$（Radlinger，2010）。

在国外以前的系统中，甲烷回收率一般为 94%（甲烷损失率为 6%）。而在新的系统中，甲烷回收率一般为 97.5%~98.5%（甲烷损失率为 1.5%~2.5%）。一方面，更有效地利用了废气。另一方面，可获得更高的甲烷浓度。如果再回收废气中 17%~18% 的甲烷，提纯后的沼气甲烷浓度可达 99% 以上（Stiegler，2008）。

由于废气中含有相当数量的 CH_4，必须对其进行氧化处理。废气中硫含量不大，因此大型工程中常采用"催化氧化"和"无焰氧化"作为废气处理技术。如果废气中甲烷浓度足够低，也可以采用蓄热式热氧化（RTO）。

二、水洗

水洗是利用甲烷和二氧化碳在水中的不同溶解度而对沼气进行分离的方法（见图 6-9）。二氧化碳、硫化氢在水中的溶解度均比甲烷大，故沼气通过水洗都可脱去二氧化碳、硫化氢，水洗工艺通常有两种类型：即单程吸收和再生吸收，后者的洗涤用水循环使用，前者则不循环。水洗是一种基于范德华力的可逆吸收过程，属于物理吸收，低温和高压可以增加吸收率。

在水洗过程中，首先需要将沼气加压到 $4 \times 10^5 \sim 8 \times 10^5$ Pa，然后送入洗涤塔（MT-Biomethan GmbH，2011），在洗涤塔内沼气自下而上与水流逆向接触，CO_2 和 H_2S 溶于水中，从而与 CH_4 分离，CH_4 从洗涤塔的上端排出，进一步干燥后得到生物甲烷。在加压条件下，一部分 CH_4 也溶入了水中，所以从洗涤塔底部排出的水需要进入闪蒸塔，通过降压将溶解在水中的 CH_4 和部分 CO_2 从水中释放出来，这部分混合气体重新与原料气混合再次参与洗涤分离。从闪蒸塔排出的水进入解吸塔，利用空气、蒸汽或惰性气体进行再生（Krich，2005）。当沼气中 H_2S 含量高时，不宜采用空气吹脱法对水进行再生，因为空气吹脱会产生单质硫污染和堵塞管道。这种情况下，可以采用蒸汽或者惰性气体进行吹脱再生，或者对沼气进行脱硫预处理。此外，空气吹脱产生的另一个问题是增加了生物甲烷气中氧气和氮气的浓度（Anneli Petersson，2009）。在水资源比较廉价的地方，可以一直采用新鲜水而无需对水进行再生处理，这样既简化了系统，又提高了提纯效率。水洗法效率较高，不用复杂的操作管理，单个洗涤塔可以将 CH_4 浓度提纯到 95%（Schomaker，2000），CH_4 的损失率也可以控制在比较低的水平（<2%），当 H_2S<300 ppm 时，H_2S 可同时去除，而且由于采用水作吸收剂，所以也是一种相对廉价的提纯方法。在不需要对水进行再生处理时，水洗法的经济性更加突出，而且通过改变压力和温度可调整处理能力。

加压水洗法的主要问题是投资大，操作费用高，微生物会在洗涤塔内填料表面生长形成生物膜，从而造成填料堵塞，因此，需要安装自动冲洗装置，或者通过加氯杀菌的方式解决（Tynell，2005）。虽然水洗过程可以同时脱除 H_2S，但是为了避免其对脱碳阶段所使用压缩设备的腐蚀，应在脱 CO_2 之前将其脱除。此外，由于提纯后的沼

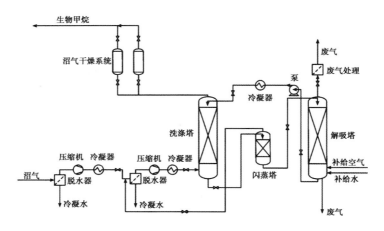

图6-9 水洗工艺流程（Fraunhofer，2012）

气处于水分饱和状态，所以需要进行干燥处理（郑戈等，2013）。

水洗法的电力消耗为 0.20～0.30 kWh/m³ 原始沼气。在 5×10⁵ Pa 压力下（绝对压力），目前技术供应商提供的电耗参数值是 0.22 kWh/m³（大型提纯站）和 0.25 kWh/m³（小型提纯站）。而工厂操作员记录的平均电耗为 0.26 kWh/m³（Wellinger 等，2013）。

根据提纯站的规模不同，对水的消耗约为 1～3 m³/d，即每天提纯 1 m³ 原始沼气对应耗水 2.1～3.3 L。另外有技术供应商报告的耗水量小于 1～2 m³/d（Ohly，2010）。

甲烷回收率为 98.0%～99.5%（甲烷损失 0.5%～2%）。一个技术供应商提供的甲烷损失参数值为 1%，甚至降低到 0.5%。工厂操作员实际记录甲烷回收率范围在 98.8%～99.4%（Wellinger 等，2013）。

由于解吸塔中空气稀释，废气中甲烷浓度远低于 1%，但废气中仍含有 CH_4，因此要求废气必须经过处理后排放。由于废气通常包括硫和低浓度的 CH_4，在大规模水洗中，蓄热式热氧化（RTO）通常用于废气处理（Beil，2012）。

三、有机溶剂物理吸收

有机溶剂物理吸收纯粹是物理吸收过程（图6-10）。有机溶剂物理吸收法与水洗法的工艺流程相似，主要不同之处在于吸收剂采用的是有机溶剂，CO_2 和 H_2S 在有机溶剂中的溶解性比在水中的溶解性更强，因此，提纯等量沼气所采用的液相循环量更小，电耗小，净化提纯成本更低。典型的物理吸收剂有碳酸丙烯酯（PC 法）、聚乙二醇二甲醚（Genosorb 法）、低温甲醇和 N-甲基吡咯烷酮等。另外还有一种常用的物理吸收剂为 Selexol©，主要成分为二甲基聚乙烯乙二醇（DMPEG），水和卤化烃（主要来自填埋场沼气）也可以用 Selexol 吸收去除。一般使用水蒸气或者惰性气体吹脱 Selexol© 进行再生（宋灿辉等，2007）。

有机溶剂物理吸收法的特点是在洗涤塔中可以同时吸收 CO_2、H_2S 和 H_2O，另外 NH_3 也能够被吸收，但应避免形成不利的中间产物。表 6-6 列出了沼气提纯时各气体的溶解度（25 ℃，四乙二醇二甲醚为吸附剂）。在原始沼气中不存在 SO_2，其来源是因 H_2S 燃烧生成。提纯后的沼气中甲烷浓度范围是93%～98%。

原始沼气进入吸收塔之前，被加压至 $4×10^5$～$8×10^5$ Pa。在目前的工程应用中，操作压力一般为 $6×10^5$～$7×10^5$ Pa。加压气体时产生的冷凝水，需要从系统中排出。在洗涤塔中的操作温度为 10～20 ℃。有机溶剂洗涤塔与水洗涤塔在设计和操作方面有所不同。对于水洗吸收塔而言，一般不需要精脱硫。有机溶剂吸收需要通过吸附进行精细脱硫和干燥。经过脱水脱硫，产物气体从塔顶部排除。为减少甲烷损失，通常采用两个闪蒸塔。解吸在解吸塔中可以通过加热（40～80 ℃）汽提实现（Girod，2009），也可以通过热解偶联实现（换热器/冷却压缩/废气处理），无须任何外部热源。实际运行负荷为额定负荷的 50%～100%（Wellinger 等，2013）。

表 6-6　各气体的溶解度（25 ℃，四乙二醇二甲醚为吸附剂，单位：cm^3/g）

CH_4	CO_2	H_2S	NH_3	O_2	H_2	SO_2
0.2	3.1	21	14.6	0.2	0.03	280

有机溶液剂物理吸收电耗为 0.23～0.33 kWh/m³ 原始沼气。在新建提纯站，预期电耗为 0.23～0.27 kWh/m³ 原始沼气。热量需求 0.10～0.15 kWh/m³ 原始沼气，可以通过提高装置的热回收率来减少热量需求（Wellinger 等，2013）。

由于废气含 1%～4% 的 CH_4（CH_4 回收率 96%～99%），必须进行废气净化。因为废气中通常含有 H_2S，典型的废气处理技术是蓄热式热氧化，这是大型提纯站的废气处理通用方法（Beil，2012）。

四、有机溶剂化学吸收

化学溶剂吸收法常用于脱除沼气中的 CO_2。目前使用较为广泛的化学溶剂有各种醇胺类和碱溶液等。在吸收塔里吸收液与 CO_2 发生化学反应，从而对 CO_2 进行分离。吸收 CO_2 的富液进入脱吸塔中，通过加热分解出 CO_2，使吸收剂完成再生，最终实现对 CO_2 的分离。有机溶剂化学吸收，通常被称为"胺洗"，是利用胺溶液将 CO_2 和 CH_4 分离的方法（Beil，2012）。不同链烷醇胺溶液可用于化学吸收过程对 CO_2 的分离，不同的设备制造商使用不同的乙醇胺-水混合物作为吸收剂。常用的胺溶液有乙醇胺（MEA）、二乙醇胺（DEA）、甲基二乙醇胺（MDEA）（Foo，2009；张京亮等，

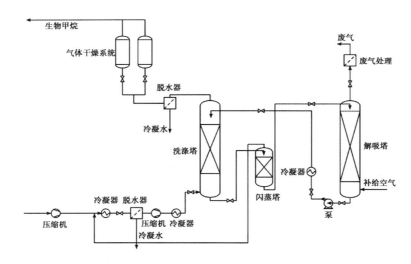

图 6-10　有机溶剂物理吸收工艺流程（Fraunhofer，2012）

2011），其中 N-甲基二乙醇胺（MDEA）具有化学性质稳定、腐蚀性小、选择性好等特点。醇胺与 CO_2 的反应式为：

$$2RNH_2+CO_2 \rightarrow RNHCOONH_3R \tag{6-19}$$

$$2RNH_2+CO_2+H_2O \rightarrow (RNH_3)_2RCO_3 \tag{6-20}$$

$$(RNH_3)_2RCO_3+CO_2+H_2O \rightarrow 2RNH_3HRCO_3 \tag{6-21}$$

自从 20 世纪 70 年代开始，胺溶液化学吸收就用于酸性气体中 CO_2 和 H_2S 的分离（Diez，2011）。图 6-11 是有机溶剂化学吸收工艺流程图。

除了 CO_2，H_2S 也可以在胺洗过程被吸收。但是，在大多数实际应用中，在进入吸收塔前会有一个精脱硫步骤，以减少再生过程的能量需求。获得的产品气体中，甲烷浓度达 99% 以上。由于 N_2 不能被吸收，原始沼气中的 N_2 会降低产品气体品质，但是，其他提纯方法也存在这样的问题。此外，应当避免氧气的进入，因为氧可能造成不良反应，并使胺降解（Girod，2009）。

由于 CO_2 被吸收后与胺溶液发生了化学反应，因此，吸收过程可以在较低的压力下进行，一般情况下只需要在沼气已有压力的基础上稍微提高压力即可。胺溶液的再生过程比较困难，需要 160 ℃ 的温度条件，因此，运行过程需要消耗大量的热量，存在运行能耗高的弊端。此外，由于存在蒸发损失，运行过程需要经常补充胺溶液（Petersson，2009）。如果沼气含有高浓度的 H_2S，需要提前进行脱硫处理，否则会导致化学吸收剂中毒（Hara，1997）。

胺洗的电耗 0.06~0.17 kWh/m_n^3 原始沼气。有一个厂商提供的电耗指标为 0.09 kWh/m^3（原始沼气中甲烷浓度为 65%）和 0.11 kWh/m^3（原始沼气中甲烷浓度为

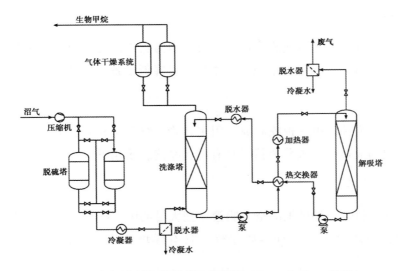

图6-11 有机溶剂化学吸收工艺流程（Fraunhofer，2012）

55%），两个电耗参数对应的产品气体压力为 $5 \times 10^3 \sim 1.5 \times 10^4$ Pa，解吸温度 $135 \sim 145$ ℃（Wellinger 等，2013）。另一家厂商报告的电耗为 0.17 kWh/m³，对应的产品气体压力为 2.5×10^5 Pa，解吸温度 $120 \sim 130$ ℃。解吸过程热量需求 $0.4 \sim 0.8$ kWh/m³ 原始沼气（Boback，2012；Burmeister，2009）。

相对于其他提纯方法，胺洗法吸收能力大，甲烷回收率高达 99.9%（Petersson，2009），甲烷损失小（<0.1%），废气通常不需要进一步处理，溶剂可再生，操作成本低。但缺点是投资大，再生温度高，能耗大；O_2 或其他物质存在时易引起分解和中毒；易有盐类沉淀，易发泡，有腐蚀性。

五、膜分离

膜分离，也称为气体渗透，其原理是利用气体中各组分在一定压力下通过高分子膜的渗透速率差异（Beil，2012）而进行气体分离。膜法的主要特点是无相变，设备简单，装置规模可大可小。在膜系统中，存在三种不同的流体，分别为：进入气体（原始沼气），渗透气体（富含 CO_2 气体）和滞留气体（富含 CH_4 气体）。在渗透膜两侧的不同分压称为系统的驱动力。增加进入侧压力和降低渗透侧压力可以获得高的通过率。图6-12是膜分离工艺流程图。目前所用的分离膜大多数是高分子膜，主要包括纤维素衍生物、聚砜类、聚酰胺类、聚酯类、聚烯烃和含硅分子膜等。

膜组件通常是由膜元件和外壳组成。在一个膜组件中，有的只装一个元件，但大部分装有多个元件。气体膜组件形式主要有中空纤维式、板框式和螺旋卷式多种类型（梁正贤，2015）。

（一）板框式

板框式膜组件也称平板式膜组件，主要是因为它是由许多板和框堆积组装在一起而得名的。其构造简单，且可单独更换膜片，可降低设备投资和运行成本。

（二）螺旋卷式

螺旋卷式膜组件是由平板膜制成。用多孔管卷绕多层膜叶，形成膜卷；将膜卷装入外壳中，便制成螺旋卷式分离器。具有结构紧凑，价格低廉的优点。

（三）中空纤维式

中空纤维式膜是一种极细的空心膜管。把大量的中空纤维膜弯成 U 形装入圆筒形耐压容器内，便制成了中空纤维膜组件。具有膜堆积密度大，不需要外加支撑的优点。

为了延长膜的使用寿命并获得最佳分离效率，原始沼气应干燥和精脱硫，在气体进入膜之前，还需分离粉尘和气溶胶（Beil，2012）。沼气被加压到 $7 \times 10^5 \sim 2 \times 10^6$ Pa（20 世纪八九十年代的系统压力大于 2×10^6 Pa），加压之前或之后进行精脱硫，然后进入膜组件（Baumgarten，2012）。在系统中的压力损失约为 1×10^5 Pa。内部的膜组件中，CO_2 通过膜而大部分 CH_4 不通过。大多数实际工程应用中，至少是两级膜分离系统（见图 6-12）（Harasek，2008）。透过的气体中仍含部分甲烷，因此，废气应进行再循环（如第二级膜分离）或附加一级膜分离。

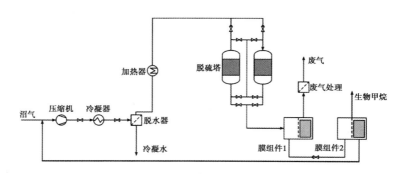

图 6-12 膜分离工艺流程（Fraunhofer，2012）

由于采用的操作压力、循环流量和膜材质不同，电耗为 $0.18 \sim 0.35$ kWh/m³ 原始沼气（Burmeister，2009）。在新的系统，电耗显著低于 0.35 kWh/m³ 原始沼气。一家膜供应商声称，电耗<0.2 kWh/m$_n^3$ 原始沼气（操作压力 $1 \times 10^6 \sim 2 \times 10^6$ Pa）（Baumgarten，2012）。也有厂商标识的电耗为 $0.29 \sim 0.35$ kWh/m$_n^3$ 原始沼气，主要取决于原料气组成及甲烷回收率（提纯后生物甲烷为 97%）（Harasek，2012）。在德国一家大

型提纯站，沼气提纯电耗为 0.20 kWh/m$_n^3$ 原始沼气。

有文献报道，膜分离的甲烷回收率为 85%～99%（甲烷 1%～15% 的损失）（Burmeister，2009）。以前，经济的甲烷回收率范围是 95%～96%，可以提高纯度，但会增加再循环率以及电量。因为废气中包含较多的 CH_4，废气必须进行氧化处理。

总的来说，膜分离技术相对可靠，操作简单，同时去除 H_2S 和水，可得到副产品—纯 CO_2。但是可选择的膜有限，需平衡 CH_4 纯度和处理量，需要多步处理，CH_4 损失大。

六、低温提纯

低温分离法是利用制冷系统将混合气降温，由于二氧化碳的凝固点比甲烷要高，先被冷凝下来，从而得以分离。低温分离一般步骤如下。

（1）首先将温度下降至 6 ℃，在此温度下，部分 H_2S 和硅氧烷可以通过催化吸附去掉。

（2）预处理后，原料气体被加压到 $18×10^5$～$25×10^5$ Pa。

（3）然后再将温度降低至 -25 ℃，在此温度下，气体被干燥，剩余硅氧烷也可以被冷凝。

（4）脱硫。

（5）温度下降至 -59～-50 ℃，二氧化碳液化，进而将其去除。

甲烷的预期损失 0.1%～1%，甲烷实际损失被限制在 2% 以内。电耗 0.18～0.25 kWh/m$_n^3$ 原始沼气（Wellinger 等，2013）。

CH_4 的存在会影响 CO_2 的升华温度，为了使 CO_2 凝结成液体或干冰需要更高的压力或更低的温度。荷兰 Gastreatment Service B. V. 公司开发的 GPP 沼气提纯系统，利用该系统将沼气中 CO_2 冷凝为液体而从沼气中分离出去。CO_2 被冷凝成液体后可以用作温室气肥或进一步转化为干冰（Petersson，2009）。低温分离法可以得到纯度极高的 CO_2 和 CH_4，易得到液化生物甲烷，但是将沼气冷却到 -80 ℃ 以下，需要消耗大量的能量，同时，分离设备也很复杂，导致提纯费用比较高（Marco Scholz，2013）。

除了上述六种主流方法外，还有最新出现的水合物分离工艺，水合物是指 N_2、O_2、CO_2、H_2S 和 CH_4 等小分子气体，与水在一定温度和压力下，形成的非化学计量性笼状晶体物质，故又称笼型水合物。不同气体形成水合物的温度和压力不同，不易水合的气体组分和易水合的组分分别在气相中和水合物相中富集，从而实现分离。

七、沼气提纯技术关键参数与经济比较

在瑞典，加压水洗法用得最多；在德国，变压吸附法更为广泛；而在荷兰，加压

水洗法、变压吸附法和膜分离技术应用都比较普遍。沼气提纯技术经济比较如表6-7所示。

表6-7 沼气提纯技术经济比较

	变压吸附	水洗	有机溶剂物理吸收	有机溶剂化学吸收	膜分离	低温分离
处理范围（m^3/h）	350~2800	300~1400	250~2800	250~2000	250~750	
耗电量（kWh/m^3BG）	0.16~0.35	0.20~0.30	0.23~0.33	0.06~0.17	0.18~0.35	0.18~0.25
耗热量（kWh/m^3BG）	0	0	0.10~0.15	0.4~0.8	0	0
反应器温度（℃）	—	—	40~80	106~160	—	—
操作压力（10^5Pa）	1~10	4~10	4~8	0.05~4	7~20	10~25
产品压力（10^5Pa）	2	5	6.5	1.15	7	—
甲烷损失（%）	1.5~10	0.5~2	1~4	约0.1	1~15	0.1~2.0
甲烷回收率（%）	90~98.5	98~99.5	96~99	约99.9	85~99	98~99.9
废气处理	需要	需要	需要	不需要	需要	需要
精脱硫要求	是	否	否	是（取决于制造商）	推荐	是
用水	不需要	1~3 m^3/d	不需要	需要	不需要	不需要
化学试剂	不需要	不需要	需要	需要	不需要	不需要

注：BG指沼气。耗电成本（12~18欧分/kWhel），耗热成本（3~5欧分/kWhth），水费用为5欧元/m^3（含污水处理费）。所有值都是基于满负荷运转情况

沼气提纯成本与原料气体甲烷含量以及产品气体甲烷含量有关。高甲烷含量的原始沼气提纯成本更低。这主要由于能量输出的增加，而总成本与高能级有关。可以通过提高效率（降低单位输出能耗），使用高热值的原始沼气降低实际能耗，从而降低成本。

停机时间短，设备运行良好，在额定负荷和足够原料气的条件下设备能正常连续运行，是一个沼气提纯站高效可用的标准。快速响应时间非常必要，因此由技术供应商提供良好网络服务至关重要。此外，还可以采用远程监控，当操作被中断，技术人员可以直接发现故障，根据故障类型立即采取必要的补救措施，避免了时间延误，不需要服务技术人员长途跋涉到达现场解决问题。

上述几种CO_2/CH_4分离方法已经在其他行业应用了几十年，是目前最先进的沼气提纯方法。沼气提纯的发展趋势是降低能耗，提高回收率和减少甲烷排放。主要措施包括，降低产品气体压力以减少电耗，降低解吸过程的温度水平（胺洗），开发具有较高选择性的CO_2/CH_4膜，几种技术联合使用，如膜和低温分离组合。

第七章　沼气储存

沼气发酵装置全天都在产生沼气,在进料均衡及发酵温度稳定条件下, 每小时产气量基本相同。但是, 沼气的使用常常不均衡,用气量与产气量很难完全匹配,因此, 需要设置储气柜或储气箱储存没有利用完的沼气。储气柜或储气箱实际上就是缓冲装置, 起调峰的作用,解决整个沼气生产利用系统中沼气均衡生产与沼气不均衡使用之间的矛盾, 也就是, 储存某段时间未用完的沼气,用以补充沼气大量使用时气量不足的部分。

沼气工程常用的储气方式有水压式储气、低压湿式储气、低压干式储气,少数情况会用到中压或次高压储气作为中间缓冲。储气方式选择需根据工程规模、工程所在区域气候条件、沼气使用情况和造价等综合考虑。户用沼气池、中小规模地下式沼气工程, 可采用水压式储气。在冬季不结冰地区, 沼气工程宜采用湿式储气柜, 压力稳定, 调压方便;在冬季结冰的地区, 沼气工程宜采用干式储气柜, 可避免湿式储气柜因天气寒冷水封池结冰而无法使用的问题。远距离集中供气、沼气提纯后生物天然气储存, 可增设中间缓冲用中压或次高压储气罐。

储气柜是沼气生产利用系统的主要危险源, 与周边建构筑物的安全间距必须达到相关规范的要求, 并应远离居民稠密区、大型公共建筑、重要物资仓库以及通信和交通枢纽等重要设施。同时, 储气柜必须具备防止过量充气和排气的安全保护装置。

第一节　沼气储存压力与储气柜容积

沼气的用途不同, 储气装置的容积大小和储存压力也不同。沼气用于发电、烧锅炉或作为生活燃料, 通常采用低压储气, 即储气压力小于 10 kPa(表压), 可满足用气设备对进气压力的要求;沼气用于提纯制取生物天然气, 由于提纯后的生物天然气压力较大, 通常采用中压或次高压储气罐进行储存, 便于管道输送和提高储存能力, 中压储气压力不大于 0.4 MPa(表压), 次高压不大于 1.6 MPa(表压)。

沼气用于民用炊事时，储气容积可按日平均供气量的 50%~60%确定；沼气用于发电，发电机组连续运行时，储气容积按发电机日用气量的 10%~30%确定；发电机组间断运行时，储气容积宜大于间断发电时间的用气总量；用于提纯压缩，储气容量宜按日用气量的 10%~30%确定。

第二节　水压式储气

户用沼气池、中小规模地下式沼气工程通常不需要建设单独储气柜进行沼气储存，沼气池顶部气箱部分就是沼气储存空间。气箱内沼气最大压力由发酵间液面与水压间沼液溢流口液面高差控制，高差越大压力越大，但通常不超过 12 kPa（表压）；气箱内沼气储存量由水压间的容积控制，水压间容积越大，沼气储存量越大（图 7-1）。

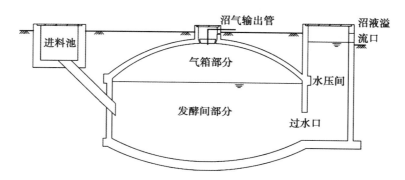

图 7-1　水压式储气示意

在沼气输出管阀门关闭时，随着发酵间沼气的产生，气箱内沼气压力增加，发酵间内的液面随之下降，料液通过过水口进入水压间，当水压间的料液装满后，由沼液溢流口流出。随着沼气产量不断增加，沼气池内的液面不断下降，当液面下降到过水口上端面后，再产生的沼气将从过水口进入水压间，并从水压间上液面逸出。

当沼气使用时，气箱内沼气量减少，压力下降，水压间中料液通过过水孔回补到发酵间，回流料液量与使用的沼气体积相等，发酵间内液面上升，当水压间料液液面和发酵间内液面达到同一平面时，气箱内沼气压力为 0（表压）。

第三节　湿式储气柜

湿式储气柜系统由水封池和钟罩两部分构成，钟罩置于水封池内部。水封池内注满清水作为沼气密封介质，钟罩作为沼气储存空间，通过导向装置在水封池内上升或下降，达到储气或供气目的。当沼气输入储气柜时，位于水封池内的钟罩上升；当沼气从储气柜导出时，钟罩降落。湿式储气柜属于低压储气，储气压力一般为 2 000~5 000 Pa，当有特殊要求时，也可设置为6 000~8 000 Pa，压力大小由配重块调整。

湿式储气柜的容积可按式（7-1）计算，压力可按式（7-2）计算。

$$V = \frac{\pi d^2}{4}（H-h）\tag{7-1}$$

式中　V——储气柜有效容积，m^3；

　　　　d——钟罩直径，m；

　　　　H——钟罩高度，m；

　　　　h——沼气不泄漏的水封高度，m。

$$P = \frac{4}{9.81\pi d^2}\Big[G + G_1) - \frac{\gamma G_2}{7.85}\Big]\tag{7-2}$$

式中　P——储气柜压力，Pa；

　　　　d——钟罩直径，m；

　　　　G——配重重量，kg；

　　　　G_1——气柜钟罩（含钟罩上所有附属物）的重量，kg；

　　　　G_2——钟罩浸没于水中部分的重量，kg；

　　　　γ——水的密度，kg/m^3。

湿式储气柜结构简单，施工容易，不需要动力，运行可靠，但是，北方地区需要保温。水封池、钟罩以及导轨常年与水接触，容易腐蚀；气柜的负重大、占地面积大；总体建造费用比较高。

一、湿式储气柜的形式

湿式储气柜按导轨形式可分为：无外导架直升湿式储气柜、外导架直升湿式储气柜和螺旋上升湿式储气柜，如图 7-2、图 7-3 和图 7-4 所示。

三种类型湿式储气柜的原理和附属设施基本相同，主要区别在导轨、上导轮的安装以及钟罩的运动方式。无外导架直升湿式储气柜和螺旋上升湿式储气柜的导轨直接焊接在钟罩上，上导轮安装在水封池上沿口，导轨随钟罩运动，上导轮固定不动。外导架直升湿式储气柜的导轨制作成网状结构固定在水封池上沿口，上导轮焊接在钟罩上，导轨固定不动，上导轮随钟罩运动。直升储气柜的导轨为直线形，钟罩的运动是直线上升和下降，螺旋上升储气柜的导轨为 45°螺旋形，钟罩的运动呈螺旋上升和下降。

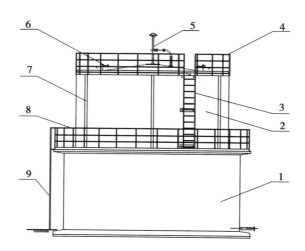

图 7-2　无外导架直升湿式储气柜示意

1—水封池；2—钟罩；3—钟罩爬梯；4—钟罩栏杆；5—放空管；6—检修人孔；

7—导轨；8—水封池栏杆；9—水封池爬梯

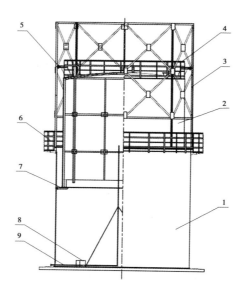

图 7-3　外导架直升湿式储气柜示意

1—水封池；2—钟罩；3—外导架；4—钟罩栏杆；5—上导轮；

6—水封池栏杆；7—下导轮；8—钟罩支墩；9—进气管

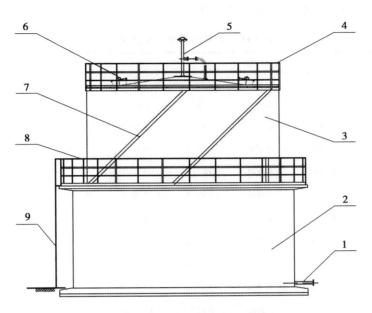

图7-4　螺旋上升湿式储气柜示意

1—进气管；2—水封池；3—钟罩；4—钟罩栏杆；5—放空管；6—检修人孔；

7—导轨；8—水封池栏杆；9—水封池爬梯

二、湿式储气柜的构造

（一）外形尺寸

湿式储气柜容积确定后，外形尺寸取决于径高比（D：H）。径高比是指直径和高度的比值，直径D是指储气柜水封池内径，高度H是指气柜钟罩升到最高位时储气柜的总高度。对于无外导架的直升气柜和螺旋上升气柜，D：H=1.0～1.65，对于有外导架的直升气柜，D：H=0.8～1.2。如图7-5所示。

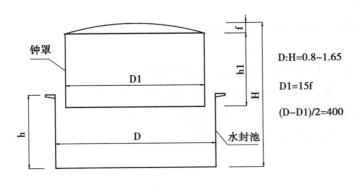

图7-5　湿式储气柜示意

湿式储气柜水封池高度一般不大于 10 m，常用湿式储气柜几何尺寸可参见表7-1。

表7-1　常用湿式储气柜几何尺寸

序号	公称容积	水封池				钟罩			
	V_0	D	H	V	D_1	h_1	f	V_1
	（m^3）	（mm）	（mm）	（m^3）	（mm）	（mm）	（mm）	（m^3）
1	25	4 400	2 800	42.5	3 600	2 500	260	27
2	50	5 400	3 300	75.5	4 600	3 000	300	52.4
3	100	6 700	4 050	142.7	5 900	3 750	400	107.7
4	150	8 000	4 050	203.5	7 200	3 750	480	162.4
5	200	8 800	4 300	261.4	8 000	4 000	540	214.7
6	250	9 500	4 550	322.4	8 700	4 250	580	268.1
7	300	10 000	4 800	376.8	9 200	4 500	620	317.8
8	400	11 000	5 300	503.4	10 200	5 000	660	429.7
9	500	11 800	5 800	640	11 000	5 500	720	548.8

（二）水封池

水封池主要起支撑钟罩和密封沼气的作用。湿式储气柜水封池结构形式多采用钢筋混凝土结构或钢板焊接结构。采用钢筋混凝土结构形式的水封池设计按照钢筋混凝土结构水池相关公式计算；采用钢板焊接结构形式的水封池设计按照钢板焊接结构沼气发酵罐罐壁强度公式计算，钢结构水封池壁板最小厚度必须符合表7-2的要求。

表7-2　钢结构水封池壁板最小厚度

池体直径 D（m）	池壁最小公称厚度（mm）
D<12	4
12≤D<16	4.5
D>16	6

湿式储气柜水封池最好采用地上式，方便气管的接入和管道排水。当水封池设置在地下时，应充分考虑管道和水封池排水放空的操作安全和方便。

水封池内部底面需要设置支墩，保证钟罩降到支墩上时不会压到沼气进气管，支墩需要均匀布置，一般为4~8个，其上端面应保持在同一水平面上。

（三）钟罩

钟罩是湿式储气柜的储气主体。钟罩上装有导向装置，包括导轨和导向轮，用以保持钟罩的平稳运动。水封池内壁设置下导轨，下导轨通常用槽钢制作，水封池顶部平台设置上导轮；钟罩下部设置下导轮，外壁设置上导轨，导轨通常采用轻轨。储气柜钟罩最大升降速度 Vmax≤0.9~1.2 m/min。

湿式储气柜的最大气体压力由钟罩的重量决定，当钟罩材料的重量小于钟罩内沼气对其产生的向上的顶升力时，通过在钟罩上添加配重来达到储气柜压力的要求。配重通常采用 C10 混凝土，整体均匀现浇在钟罩底部的配重槽内，同时，制作一定数量 20 kg 左右的混凝土块，放置于钟罩顶部的配重盘内，用于调节钟罩的平衡。式（7-2）变换可得配重计算公式（7-3）。

$$G = \frac{9.81\pi d^2}{4}P + \frac{\gamma G_2}{7.85} - G_1 \qquad (7-3)$$

式中　　G——配重重量，kg,

$\quad\quad\quad P$——储气柜压力，Pa;

$\quad\quad\quad d$——钟罩直径，m;

$\quad\quad\quad G_1$——气柜钟罩（含钟罩上所有附属物）的重量，kg;

$\quad\quad\quad G_2$——钟罩浸没于水中部分的重量，kg;

$\quad\quad\quad \gamma$——水的密度，kg/m³。

（四）基础

湿式储气柜对不均匀沉降敏感，过大的沉降量会引起导轮卡轨，影响钟罩升降的灵活性以及水池的密封效果。因此，湿式储气柜需要牢固的基础，在软地基上建造湿式储气柜时一般采用桩基。

三、湿式储气柜材料

水封池材料可以采用钢板或钢筋混凝土，钟罩通常采用钢结构，对容积小于 300 m³的低压湿式储气柜钟罩，也可采用钢筋混凝土结构。湿式储气柜制作使用的钢材不应采用酸性转炉钢。

四、附属结构和设施

湿式储气柜附属结构和设施一般包括：沼气进气管、放空管、爬梯、钟罩支墩、上水管、溢流管、栏杆、钟罩检修人孔及检查井等。

湿式储气柜水封池外沼气进气管必须安装阀门，在管道最低处设置排水口。水封池内沼气进气管管口高度必须高于溢流管口高度 150 mm 以上，进气管安装位置不得影响钟罩的运动，也不因为钟罩的运动而遭到损坏。

湿式储气柜应同时设置手动放空管和自动放空管，放空管直径通常不小于

50 mm。手动放空管上装设有球阀，平时关闭，检修时打开，用于排出钟罩内的沼气；自动放空管上不得安装阀门，管口下端一般高于钟罩底部 350 mm 以上，当钟罩上升到自动放空管管口下端脱离水封池水面时，沼气从自动放空管排出，防止钟罩被顶出水封池。

湿式储气柜水封池和钟罩都需设置爬梯和栏杆，水封池顶部须有通行平台。

第四节　干式储气柜

本节的干式储气柜指低压干式储气柜，可以分为刚性结构干式储气柜和柔性结构干式储气柜。刚性结构储气柜外部有一层刚性外壳，在其内部设有能够上下移动的活塞或可折叠的柔性气囊用于储存沼气。柔性结构干式储气柜使用双层膜材料，外膜起保护和稳定的作用，用于抵抗外界风压、雪压以及稳定内膜压力，内膜用于储存沼气，称为双膜储气柜。干式储气柜的主要优点是无水封结构，运行不受气候影响，主要缺点是密封油和柔性膜有老化现象。

一、刚性结构干式储气柜

刚性结构干式储气柜根据内部组成，通常分为活塞式干式储气柜和气囊式干式储气柜。

（一）活塞式干式储气柜

活塞式干式储气柜的刚性外壳和活塞之间通过油或者是橡胶膜进行密封，其主要部件有刚性外壳、活塞系统、密封系统、压力平衡装置等，附属设施主要有供气柜操作维护用的平台、楼梯、顶部换气装置、活塞限位装置、栏杆、检修人孔等。

采用油密封的活塞式干式储气柜的活塞形状有圆柱形和正多边形，其外形尺寸略小于刚性外壳内部尺寸，活塞随储气量的增减上下移动，升降速度约为 1.5m/min，储气压力为 2.5~8.0 kPa，压力大小通过活塞上设置的配重块进行调整。密封油充满活塞上的油槽和刚性外壳之间的间隙，使其油压与活塞下部的沼气压力平衡而进行密封。在活塞运动过程中，密封油沿活塞和刚性外壳内壁间隙下渗，与沼气中的冷凝水一起存积在气柜底部油槽中，通过油水分离装置去除积水后循环利用（图 7-6）。

采用橡胶膜密封的活塞式干式储气柜又称为卷帘式干式气柜，活塞随储气量的增减上下移动，活塞升降速度约为 5 m/min，储气压力可达到 10.0 kPa。刚性外壳和活塞之间通过橡胶膜进行密封，橡胶膜耐腐蚀，具有很强的柔韧性，可反复折叠，密封性能好。刚性外壳作为橡胶膜的保护层（图 7-7）。

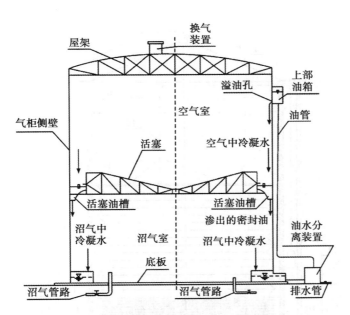

图 7-6 采用油密封的活塞式干式储气柜示意（唐艳芬等，2013）

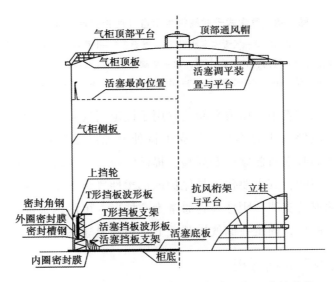

图 7-7 采用橡胶膜密封的活塞式干式储气柜示意（唐艳芬等，2013）

（二）气囊式干式储气柜

气囊式干式储气柜主要部件有刚性外壳、柔性气囊、压力平衡装置等，附属设施主要有气囊高度显示标尺、供气柜操作维护用平台、楼梯、气囊限位装置、栏杆、检修人孔等（图 7-8）。

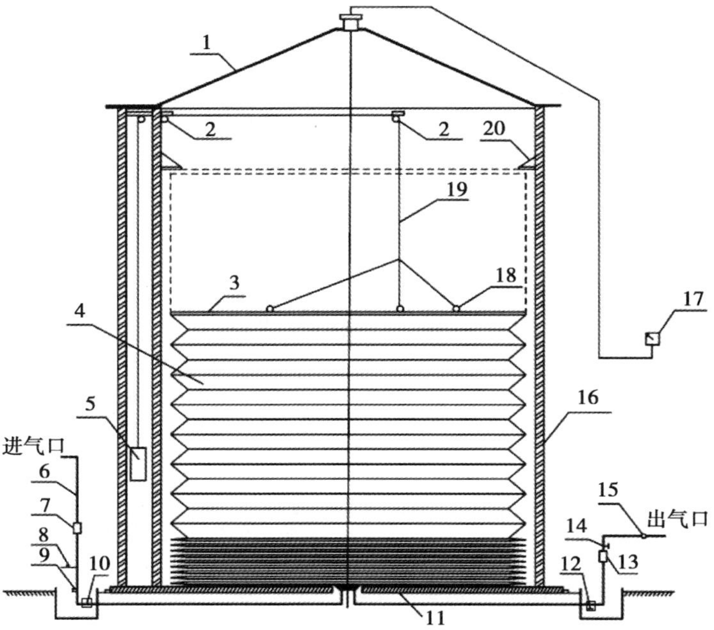

图 7-8　气囊式干式储气柜示意（唐艳芬等，2013）

1—顶盖；2—滑轮；3—气囊固定环架；4—气囊；5—平衡配重；6—进气管；7—减
压阀；8—阀门；9—阀门；10—凝水器；11—基础；12—凝水器；13—阻火器；14—安
全阀；15—加压泵；16—保护壳侧壁；17—声纳仪；18—吊环；19—吊索；20—限位架

沼气储存在柔性气囊中，压力平衡装置用于设定沼气储存压力，沼气的储存全部由柔性气囊完成，故储气压力不高。气囊由特种聚酯纤维塑料薄膜热压成蛇腹管形式，该形式能使气囊收缩时侧壁折叠规整，提高气囊上下运动的稳定性。刚性外壳不参与形成沼气储存空间，其主要作用是保护内部柔性气囊不受外界的干扰与损坏，同时作为附属设施的安装支架。刚性外壳通常为圆柱形，可用钢板焊接、利浦罐、搪瓷拼装罐或玻璃钢等制成，固定在储气柜基础上，顶部设通气帽。

二、柔性结构干式储气柜

在沼气工程中，最常用的柔性结构干式储气柜是独立式双膜储气柜（俗称落地式双膜储气柜）和沼气发酵罐顶部双膜储气柜，后者用于产气储气一体化装置（俗称罐顶式双膜储气柜）。与传统刚性储气柜相比，双膜气柜由高分子聚合物制成，可在工厂制造加工，能确保制作质量。生产材料柔软，可折叠性好，因而可以进行折叠运输。普通湿式气柜和干式气柜的容积利用率只有 60%～70%，而双膜气柜内的容积利用率几乎可以达到 100%。在负压情况下，双膜气柜由于具有可折叠性而不会遭到破坏，而钢制气柜在负压的情况下很容易塌陷变形。双膜气柜采用氟化物制造，可有效抵抗紫外线、微生物和风化等自然老化，在储存腐蚀性气体时防腐能力好，使用寿命较长。双膜气柜由于无须水密封，因而气柜不需单独考虑防冻问题，特别适合寒冷地区，但是，沼气进出管以及冷凝水排放管需要防冻。双膜气柜相比一般的低压气柜，结构更加简单，外形更加美观，在工厂中可以采用工业化生产，具有效率高、施工和检修简单的特点。另外，双膜储气柜还有一个重要优势，造价比湿式储气柜低，在容积大时，优势更明显。和湿式气柜相比，双膜储气柜的缺点是，必须对沼气进行增压才能满足后端对沼气压力的要求，并且在停电的时候无法正常使用。

（一）独立式双膜储气柜

1. 储气原理及系统组成

双膜储气柜由膜体及附属设备组成。膜体由底膜、内膜和外膜共同形成两个空间，底膜和内膜形成的空间用于储气沼气，内膜和外膜形成的空间充入空气，用于调节内膜中沼气的压力，同时支撑外膜抵挡外部风雪压力。当内膜空间储存的沼气增多时内膜上升，将内外膜之间的空气挤压出去，为内膜腾出有效空间，使沼气能够顺利进入气柜。当内膜上升至极限位置，多余的沼气将通过内膜的安全保护器释放，不至于使内膜受到过高压力而损坏；当内膜储存的沼气减少时内膜下降，内外膜空间内则充入空气，调节内膜中沼气压力，同时稳定外膜刚度，使储存的气体能顺利排出气柜。

独立式双膜储气柜系统主要组成如图7-9所示。

沼气工程采用的独立式双膜储气柜外形通常为3/4球体（图7-10），常用尺寸见表7-3。

表7-3　独立式双膜储气柜常用外形尺寸

序号	容积（m³）	球体直径 D（m）	基础直径（m）	高 H（m）
1	100	6.58	5.4	4.45
2	200	7.79	6.95	5.65
3	300	9.11	8.49	6.21
4	500	10.83	9	7.8
5	800	12.48	10.66	9.1
6	1 000	13.55	11.91	9.61
7	1 500	15	13	11.28
8	2 000	17	15.02	12.1

（续表）

序号	容积（m³）	球体直径 D（m）	基础直径（m）	高 H（m）
9	3 000	19.8	18.69	13.16
10	5 000	22.8	19.5	16.82
11	10 000	28.29	24.5	21.22`
12	20 000	37.7	35.31	24.7

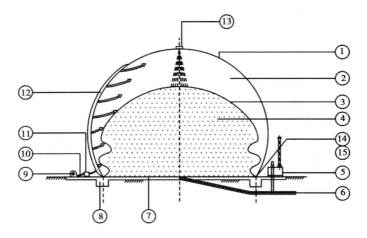

图 7-9 双膜气柜组成示意

1—外膜；2—空气室；3—内膜；4—沼气储存室；5—压力保护器；6—排水管；7—基础；

8—预埋件；9—鼓风机；10—空气管；11—单向阀；12—空气供气通道；13—超声波探头；

14—上压板；15—压紧螺栓

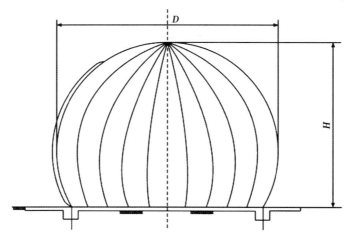

图 7-10 双膜储气柜尺寸示意

2. 双膜储气柜附属设施

双膜储气柜由于受材料力学特性的限制，为延长使用寿命，通常采用 1 kPa 左右的储存压力，这个压力无法满足后端沼气使用设备的入口端压力。因此，必须安装相应的附属设施才能正常使用，双膜储气柜的附属设施通常包含外膜恒压控制系统、内外膜压力保护系统、后增压稳压系统等。

（1）外膜恒压控制系统。外膜恒压控制系统有的在排气口设置恒压压块，有的配备多种传感器和中央控制器，可检测气柜压力和内膜容积，还可按需集成内膜容积、泄漏浓度、系统流量等众多信息，根据压力自动注入调压空气。

（2）内外膜压力保护系统。双膜储气柜单体直径较大，为了不让内膜先于外膜排气，一般情况下内膜压力要比外膜高约 1 kPa，正常情况下内膜满气时承受 1 kPa 的压力，但是如果外膜压力丧失（如停电、水封水位流失或者故障均可导致），那么内膜可能承受 4 kPa 的压力，虽然可采用高抗拉膜材，但在这种情况下极可能造成内膜变形，发生渗透。外膜承受着自然老化、强紫外线，再加上内膜气体腐蚀，寿命将大大降低，美观度也将大打折扣，而内膜和外膜之间空气层甲烷达到爆炸极限就可能造成大的事故，因此，双膜气柜需要精度较高、运行可靠的压力保护系统。

比较简单的保护就是采用安全水封，水封的原理是将一根管道向下放置于水中，依靠水的压力抵抗沼气压力而进行密封，当沼气压力大于水压时则沼气从管道排出，排放至大气中。双膜气柜压力保护系统分为内膜保护和外膜保护，采用水封作为安全保护的气柜内膜、外膜只能分开单独保护。也可采用同时具备电磁泄压和物理泄压的保护装置，具体做法：①采用高通电磁阀进行主动泄压。高通电磁阀可以实现高寿命、防爆、大流量、低压低能量启动，通过中央控制器或者触摸屏手动操作，可实现提前主动泄压，使气柜的压力始终控制在安全范围内。②备用无水物理安全阀。高通电磁阀虽然拥有很多的优点，但是只要停电就无法工作，所以需要备用无水物理安全阀，精度可达 0.15 kPa，压力可调，可以在电磁阀不工作时完美地自动投入使用。没有水，就不存在腐蚀、冰冻和压力变化的情况，可以减少保护系统的维护。③配备内外膜压力平衡系统。该系统正常情况下可保持内膜和外膜的压力基本相当，当内膜压力大于外膜压力 0.3 kPa 时，就排放内膜中沼气（此时内膜已经饱和），也就是说外膜 1 kPa 时，内膜 1.3 kPa 泄压；内膜和外膜压差始终保证不大于 0.3 kPa，内膜受压就不会超过 0.3 kPa，从而实现内膜的保护。

（3）后增压稳压系统。后增压稳压系统通常包括增压风机和稳压罐，当双膜气柜内沼气压力无法满足沼气使用设备入口端的气体压力要求时，需要安装该系统。

3. 双膜储气柜的安装

双膜储气柜通常在厂内制作，现场安装。安装时，可参照图 7-11 进行，需要注意以下几点。

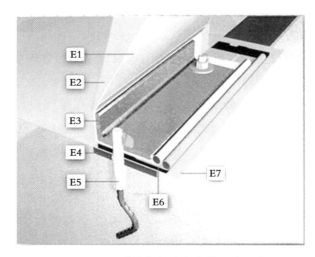

图 7-11　双膜储气柜底部安装固定示意

E1—外膜；E2—内膜；E3—上压板；E4—底压板；E5—锚定螺栓；E6—密封胶；E7—底膜

（1）首先检查基础中双膜气柜下压板预埋位置和表面是否正确、牢固、平整，以及进排气管和排水管预埋位置是否正确，达到安装要求方可进行安装。

（2）将上压板摆放在与下压板对应的位置。

（3）将底膜铺设在基础上，将内膜放置于已经铺好的底膜上，将外膜放置于已经铺好的内膜上，在内膜外膜的边沿均匀地铺放下压板（需要人工对位），检查尺寸偏差，进行相应的调整（安装膜时安装人员不得佩戴尖锐物品，需要脱鞋或者穿胶底鞋进入）。

（4）将橡胶密封条铺设在下压板上，密封条接口用柔性专用胶水粘牢。

（5）用打孔器一次性将底膜、内膜、外膜一起打孔。打孔时先打上压板的两头，将膜固定后再将所有的孔打完，然后用螺栓固定好。

（6）进行附属设施的安装。

（7）系统启动，内膜充空气，检查连接缝处是否漏气，附属设施是否正常运行。

（二）罐顶式双膜储气柜

1. 储气原理及系统组成

罐顶式双膜储气柜是将双膜储气柜建在沼气发酵罐顶部，从结构和功能上实现了产气单元与储气单元整合（图 7-12），形成产气储气一体化装置。相对于传统分体建设的产气、储气系统，减少了沼气发酵罐罐顶、气柜基础。具有结构紧凑，节省占地，减少工程造价，降低运行维护费用等优点。

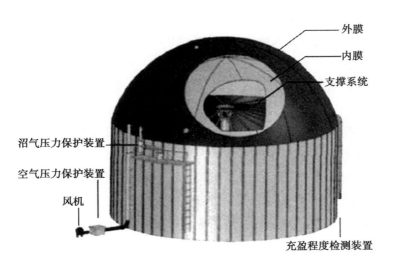

外膜

内膜

支撑系统

沼气压力保护装置

空气压力保护装置

风机

充盈程度检测装置

图 7-12　产气储气一体化装置示意

产气储气一体化装置中，沼气发酵罐和双膜储气柜的设计建造和传统分体式系统没有太大区别，不同之处在于一体化装置中的沼气发酵罐顶部壁板的包边角钢换成了压紧法兰。产气储气一体化装置主要由以下几部分组成。

（1）沼气发酵罐。沼气发酵罐位于产气储气一体化装置的下部。沼气发酵罐罐体可采用钢结构或钢筋混凝土结构，容积一般为 500~3 000 m^3，可采用组合装配方式建造。罐体常用直径为 12 m、14 m、16 m、18 m、20 m、22 m 和 24 m，高度为6~8 m，径高比为2∶1~3∶1。沼气发酵罐内一般设有搅拌装置，可采用侧式搅拌器、斜搅拌器（低速节能搅拌技术）或二者组合使用。采用中温、高温发酵时，沼气发酵罐设增温保温装置，钢结构罐体的增温管可安装在罐壁外侧，钢筋混凝土罐体的增温管一般安装在罐壁内侧的下部。

（2）储气柜。储气柜位于产气储气一体化装置顶部，通常采用双膜储气柜，主要形式为圆锥形或球冠形。双膜式储气柜由内膜、外膜组成，外膜起保护内膜、保持结构的作用，内膜储存沼气。双膜式储气柜通过鼓风机和压力调节器调节内外膜之间夹层的空气压力，维持储气柜的形态和结构，将内膜中的沼气送入输气管道。

（3）支撑网架。罐顶式双膜储气柜没有底膜，为保证双膜气柜内膜不与罐内料液接触，通常需在沼气发酵罐中心增设支柱，支柱可采用混凝土、不锈钢或木质结构，在支柱顶部和檐口间安装伞骨状支架，一般采用柔性织带，以保证内膜在沼气池负压时不会直接与发酵液接触。支撑网架同时还可起到附着生物脱硫细菌的作用。

（4）支撑鼓风机。用于向内外膜的夹层内充气，使夹层内维持设计压力，从而确保外膜始终处于充盈状态，能够承载设计范围内的风、雨和雪荷载。

（5）沼气压力保护器。设定储气压力值，当沼气压力超出设定压力范围时，压力保护器会自动释放沼气或吸入空气，以维持沼气压力在设定的范围内，确保储气柜和沼气发酵罐不受损坏。

（6）充盈程度检测装置。用于检测储气柜内的沼气充盈程度。

2. 安装

罐顶式双膜储气柜安装时，双膜储气柜需要吊装到沼气发酵罐顶部，其与沼气发酵罐边缘的连接采用螺栓压紧的方式。沼气发酵罐顶部的压紧法兰先按设计的直径预弯成型，然后与双膜储气柜的上压板配钻，再焊接到沼气发酵罐顶端壁板上作为包边角钢，压紧法兰钻孔边向沼气发酵罐外部支出，粘上密封条，待双膜储气柜吊装到位后，安装上压板，并压紧，然后充空气检查有无泄漏，附属设施是否正常工作。

第五节　中压或次高压储气罐

中压或次高压储气罐通常用于较远距离集中供气、沼气提纯制取的生物天然气的储存，常见形式为固定容积球型罐（图 7-13），中压储气压力不大于 0.4 MPa（表压），次高压不大于 1.6 MPa（表压）。

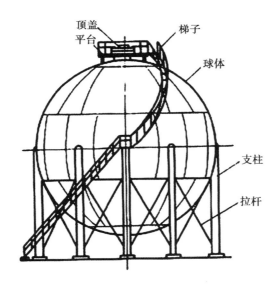

图 7-13　球形罐示意

球罐由本体、支柱和附件组成。其特点是：表面积小，在相同容积下球罐所需钢材面积最小，占地面积小，基础简单，受风面小；在相同直径、相同压力、采用相同的钢材条件下，球罐的板厚只需圆筒形容器板厚的一半，并且外形美观。

球罐本体是球罐结构的主体，由钢板制成，是承受压力的构件。球罐支柱是承受球罐本体重量和储存物料重量的结构件，支柱在满足操作和检修的条件下宜尽量矮小，以降低球罐的重心。沼气工程中的球罐附件通常有梯子平台、压力表、顶部安全阀、底部排水阀、检修人孔和沼气接管。

中压或次高压储气罐有效容积取决于罐本身的几何尺寸、压力及沼气管网供气压力，计算公式如式（7-4）。

$$V_n = V(P - P_c) \frac{T_B}{P_B T} \qquad (7-4)$$

式中 V_n——储气罐有效容积，m^3；

  V——储气罐几何容积，m^3；

  P——储气罐最高压力，Pa；

  P_c——沼气管网压力，Pa；

  P_B——标准状态压力，101 325 Pa；

  T——使用温度，℃；

  T_B——标准状态温度，℃。

中压或次高压储气罐属于压力容器，完全不同于低压储气柜、沼气发酵罐等常压容器，需要严格遵守压力容器的相关法规与技术规范，法规与技术规范对压力容器的材料、设计、制造、安装、使用管理、安全附件都做了严格规定。以下事项需特别注意。

（1）压力容器材料的生产经国家安全监察机构认可批准。材料生产单位应按相应标准的规定向用户提供质量证明书（原件），并在材料上的明显部位作有清晰、牢固的钢印标志或其他标志，标志至少包括材料制造标准代号、材料牌号及规格、炉（批）号、国家安全监察机构认可标志、材料生产单位名称及检验印鉴标志等。材料质量证明书的内容必须齐全、清晰，并加盖材料生产单位质量检验章。选材除应考虑力学性能和弯曲性能外，还应考虑与介质的相容性。

（2）固定式压力容器制造单位，应取得 AR 级或 BR 级的压力容器制造许可证。

（3）从事安装的单位必须是已取得相应的制造资格的单位或者是经安装单位所在地的省级安全监察机构批准的安装单位。从事安装监理的监理工程师应具备压力容器专业知识，并通过国家安全监察机构认可的培训和考核，持证上岗。

安装单位或使用单位应向压力容器使用登记所在地的安全监察机构申报压力容器名称、数量、制造单位、使用单位、安装单位及安装地点，办理报装手续。使用单位购买或进行工程招标时，应选择具有相应制造资格的压力容器设计、制造（或组焊）单位。设计单位资格、设计类别和品种范围的划分应符合《压力容器设计单位资格管理与监督规则》的规定。

（4）使用单位技术负责人对压力容器的安全管理负责，并指定具有压力容器专业知识、熟悉国家相关法规标准的工程技术人员负责压力容器的安全管理工作。在压力容器投入使用前，应按《压力容器使用登记管理规则》的要求，到安全监察机构或授权的部门逐台办理使用登记手续。在工艺操作规程和岗位操作规程中，应明确提出压力容器安全操作要求，对操作人员定期进行专业培训与安全教育，操作人员应持证上岗。

（5）使用单位及其主管部门，必须及时安排定期检验工作，并将年度检验计划报当地安全监察机构及检验单位。在用压力容器，按照《在用压力容器检验规程》《压力容器使用登记管理规则》的规定，进行定期检验、评定安全状况和办理注册登记。投用首次内外部检验周期一般为3年，以后的内外部检验周期，由检验单位根据前次内外部检验情况与使用单位协商确定后报当地安全监察机构备案。

从以上规定可以看出，当沼气工程涉及中压或次高压储气装置时，完全不同于低压储气柜的安装制作及使用的程序和要求，需要特别注意。

第八章 沼气利用

随着化石能源日趋紧缺、生态环境逐渐恶化，沼气作为能源加以利用越来越成为人们的共识。沼气利用经历了从传统生活燃料到交通能源、发电、并网、工业原料的转变，利用方式逐渐多样，利用领域不断拓宽。

第一节 沼气燃烧特性

沼气主要通过燃烧进行利用，了解其燃烧特性是沼气利用设施、设备设计的基础。沼气的燃烧特性由其成分所决定。沼气中的甲烷、一氧化碳、氢气、硫化氢和碳水化合物是可燃气体，二氧化碳和氮气是惰性气体。甲烷的着火温度较高，含量较高的二氧化碳对其燃烧有强烈的抑制作用，所以沼气的燃烧速度较慢。

一、沼气燃烧

沼气中的甲烷、氢气、硫化氢等成分都是可燃物质，在适量氧气的条件下，遇明火即燃烧，散发出光和热。当沼气完全燃烧时，火焰呈蓝白色。沼气的理论燃烧温度约为 1 807.2 ~ 1 943.5 ℃。沼气完全燃烧的化学反应方程式如下。

$$CH_4 + 2O_2 \rightarrow CO_2 + 2H_2O + 35.91MJ \tag{8-1}$$

$$H_2 + 0.5O_2 \rightarrow H_2O + 10.8MJ \tag{8-2}$$

$$H_2S + 1.5O_2 \rightarrow SO_2 + H_2O + 23.38MJ \tag{8-3}$$

二、沼气燃烧的理论空气需要量和过剩空气系数

（一）沼气燃烧的理论空气需要量

沼气燃烧需要供给适量的氧气，氧气过多或过少都对其燃烧不利。沼气在其燃烧设备中燃烧所需要的氧气一般是从空气中直接获取。由于空气中氧气的体积分数为20.9%，其余为氮气和二氧化碳等，因此干空气中的氮气与氧气的体积比约为 3.76。

沼气燃烧的理论空气需要量是指单位体积的沼气按照燃烧反应计量方程式完全燃烧所需要的空气体积。当甲烷和二氧化碳在沼气中的体积分数不同时，沼气燃烧的理论空气需要量会有所不同。

沼气燃烧的理论空气需要量可由式（8-4）确定。

$$V^0 = \sum_{i=1}^{n} r_i V_i^0 \tag{8-4}$$

式中　V^0——沼气燃烧的理论空气需要量，m^3/m^3；

　　　n——沼气中可燃组分的种数；

　　　r_i——沼气中第 i 种可燃组分的体积分数，%；

　　　V_i^0——沼气中第 i 种可燃组分的理论空气需要量，m^3/m^3。

（二）沼气燃烧的过剩空气系数

沼气燃烧的理论空气需要量是沼气燃烧所需要空气体积的最小值。在实际工况中，由于沼气和空气的混合存在不均匀性，如果只供给沼气燃烧设备理论空气需要量，则无法实现沼气的完全燃烧。因此，沼气燃烧的实际空气需要量大于沼气燃烧的理论空气需要量，二者的比值称为沼气燃烧的过剩空气系数。沼气燃烧的过剩空气系数可由式（8-5）确定。

$$\alpha = V/V^0 \tag{8-5}$$

式中　α——沼气燃烧的过剩空气系数；

　　　V——沼气燃烧的实际空气需要量，m^3/m^3；

　　　V^0——沼气燃烧的理论空气需要量，m^3/m^3。

在实际工况中，α 的数值取决于沼气的燃烧产物和沼气燃烧设备的运行情况。对于民用及公用燃烧设备，α 一般为 1.30~1.80；对于工业燃烧设备，α 一般为 1.05~1.20。α 过小，则导致不完全燃烧；α 过大，则增加烟气量，降低燃烧温度，增加排烟热损失，从而使热效率降低。

由于燃烧所需的空气量和由此产生的烟气量是设计和改造各种燃烧装置所必需的基本参数，同时也是设计空气供给装置、烟囱、烟道等设施和计算烟气温度、用气设施热效率和热平衡的基本数据，因此合理选择和计算 α 值显得尤为重要。

三、沼气燃烧产物和热值

（一）沼气燃烧产物

沼气经燃烧后所生成的烟气统称为沼气燃烧产物。由于沼气燃烧产物中携带的灰粒和未燃尽的固体颗粒所占比例极小，因此一般不考虑烟气中的固体成分。

当供给沼气燃烧理论空气需要量时，沼气完全燃烧产生的烟气量称为沼气燃烧的理论烟气量。理论烟气的组分为二氧化碳、二氧化硫、氮气和水，包含水在内的烟气称为湿烟气，不包含水在内的烟气称为干烟气。当甲烷和二氧化碳在沼气中的体积分数不同时，沼气燃烧的理论烟气量会有所不同（表 8-1）。

沼气燃烧的理论烟气量可由式（8-6）确定。

$$V_f^0 = V_{CO_2} + V_{SO_2} + V_{N_2} + V_{H_2O} \tag{8-6}$$

式中　V_f^0——沼气燃烧的理论烟气量，m^3/kg；

　　　V_{CO_2}——单位质量沼气完全燃烧后烟气中的二氧化碳气体体积，m^3/kg；

　　　V_{SO_2}——单位质量沼气完全燃烧后烟气中的二氧化硫气体体积，m^3/kg；

　　　V_{N_2}——单位质量沼气完全燃烧后烟气中的氮气体积，m^3/kg；

　　　V_{H_2O}——单位质量沼气完全燃烧后烟气中的水蒸气体积，m^3/kg。

当供给沼气燃烧实际空气需要量时，沼气完全燃烧或者不完全燃烧产生的烟气量称为沼气燃烧的实际烟气量。完全燃烧工况下，实际烟气的组分为二氧化碳、二氧化硫、氮气、氧气和水等；不完全燃烧工况下，实际烟气的组分除了二氧化碳、二氧化硫、氮气、氧气和水，还可能会出现一氧化碳、甲烷、硫化氢和氢气等可燃气体。沼气燃烧的实际烟气量可由式（8-7）确定。

$$V_f = V_f^0 + （\alpha-1）V^0 + 0.001\,61d（\alpha-1）V^0 \tag{8-7}$$

式中　V_f——沼气燃烧的实际烟气量，m^3/kg；

　　　V_f^0——沼气燃烧的理论烟气量，m^3/kg；

　　　α——沼气燃烧的过剩空气系数；

　　　V^0——沼气燃烧的理论空气需要量，m^3/m^3；

　　　d——空气含湿量，g/kg。

对于沼气燃烧而言，理论烟气量与理论空气需要量相对应，实际烟气量与实际空气需要量相对应。因此，理论烟气量和实际烟气量同样也是设计和改造各种燃烧设施所必需的基本数据，在沼气利用中发挥着重要的作用。

（二）沼气的热值

沼气的热值是沼气的理化特性之一，取决于沼气中可燃组分的多少，是指单位质量或单位体积的沼气完全燃烧时所能释放出的最大热量，是衡量沼气作为能源利用的一个重要指标。

沼气的热值分为高热值和低热值。高热值是沼气的实际最大可发热量，其中包含元素氢燃烧后形成的水及沼气中本身含有的水分的汽化潜热。由于实际燃烧过程中，沼气燃烧后产生的水分以水蒸气的形式随烟气一起排放了，因此这部分能量无法使用，沼气的实际发热量其实是低热值，即从高热值扣除了这部分汽化潜热后所净得的发热量。当甲烷和二氧化碳在沼气中的体积分数不同时，沼气的低热值会有所不同（表 8-1）。

沼气的低热值可由沼气中各单一可燃气体的低热值计算得到，计算方法见式（8-8）。

$$Q_{net} = \sum_{i=1}^{n} r_i Q_{neti} \qquad (8-8)$$

式中　Q_{net}——沼气的低热值，为 22 154~24 244 kJ/m³；

　　　　n——沼气中可燃组分的种数；

　　　　r_i——沼气中第 i 种可燃组分的体积分数，%；

　　　　Q_{neti}——沼气中第 i 种可燃组分的低热值，kJ/m³。

四、沼气的着火温度、着火浓度极限和燃烧速度

（一）沼气的着火温度

任何可燃气体混合物的燃烧都必须经过着火阶段才能进行燃烧。着火阶段是燃烧阶段的准备过程，是由于温度的不断升高而引起的。当燃气中可燃气体由于温度急剧升高，由稳定的氧化反应转变为不稳定的氧化反应而引起燃烧的一瞬间，称为着火。这一转变发生所在临界点的最低温度称为着火温度。

着火温度不是一个固定数值，它取决于可燃气体在空气中的浓度及其混合程度、压力以及燃烧室的形状与大小。甲烷的着火温度为 538 ℃左右，因为沼气中含有大量的二氧化碳等惰性气体，所以沼气的着火温度高于甲烷的着火温度，为 650~750 ℃，也就是说沼气不如甲烷那样容易点燃。

（二）沼气的着火浓度极限

沼气与空气的混合气体能发生着火以致引起爆炸的浓度范围，称作沼气的着火浓度极限或沼气的爆炸极限，分为上限和下限。沼气与空气混合，形成可燃混合气体，其中，沼气过多或过少均达不到着火条件。若可燃混合气体中沼气过多，则氧气含量就过少，只能使一部分沼气发生氧化反应，因而生成的热量较少，这些少量的热量不能使该可燃混合气体达到着火温度，因此就不能燃烧；反之，若可燃混合气体中沼气过少，生成的热量同样较少，这些少量的热量也不能使该可燃混合气体达到着火温度，因此也就不能燃烧。达到沼气的着火温度时，可燃混合气体中沼气所占的最大体积分数称为沼气的着火浓度上限，可燃混合气体中沼气所占的最小体积分数称为沼气的着火浓度下限。

可见，沼气的着火浓度极限极大地影响着沼气的燃烧特性。而沼气的着火浓度极限则受到可燃混合气体的温度、可燃混合气体的压力和可燃混合气体中惰性气体的含量等因素的影响。

（1）可燃混合气体的温度，当提高可燃混合气体的初始温度时，可使沼气的着火浓度极限范围变宽，试验表明，温度对沼气的着火浓度极限的影响主要反映在其上限，而对其下限影响微弱。

（2）可燃混合气体的压力，当可燃混合气体的压力较高时，其对沼气的着火浓度极限的影响微弱，但当可燃混合气体的压力逐渐下降时，其对沼气的着火浓度极限的影响才会显现出来。

（3）可燃混合气体中惰性气体的含量，一般来说，可燃混合气体中惰性气体的含量增加时，沼气的着火浓度上限和下限均会提高。当甲烷和二氧化碳在沼气中的体积分数不同时，沼气的着火浓度极限会有所不同（表8-1）。

（三）沼气燃烧速度

沼气燃烧速度又称沼气的火焰传播速度，它是沼气燃烧最重要的理化特性之一。当点燃一部分沼气空气混合气体后，在着火处形成一层极薄的燃烧焰面，这层高温燃烧焰面加热了相邻的沼气空气混合气体，使其温度升高，当达到着火温度时，开始着火并形成新的燃烧焰面。未燃气体与燃烧产物的分界面称为燃烧焰面。燃烧焰面不断地向未燃气体方向移动，使每层气体都相继经历加热、着火和燃烧的过程，这个现象称为火焰传播。

燃烧焰面向前移动的速度称为燃烧速度或火焰传播速度，单位为 m/s。燃烧速度的高低与可燃气体的成分、温度、混合速度、混合气体压力、可燃气体与空气的混合比例等因素有关。沼气的燃烧速度很低，这是由沼气的成分决定的。当甲烷和二氧化碳在沼气中的体积分数不同时，沼气的燃烧速度会有所不同（表8-1）。

沼气中大量存在的甲烷，其火焰传播速度在诸多的单一可燃气体中是最低的，而二氧化碳的存在又进一步限制了沼气燃烧时的火焰传播速度，其最大燃烧速度只能达到0.2 m/s 左右，不到液化石油气燃烧速度的1/4，仅为炼焦气燃烧速度的1/8 左右。因为沼气的燃烧速度较低，当从燃烧设备火孔出来的未燃气体的流动速度大于其燃烧速度时，容易将没来得及燃烧的沼气吹走，从而造成脱火。因此，沼气燃烧的稳定性较差。

表8-1　沼气的主要特性参数

项目	CH_4（50%） CO_2（50%）	CH_4（60%） CO_2（40%）	CH_4（70%） CO_2（30%）
密度（kg/Nm^3）	1.347	1.221	1.095

（续表）

项目	CH₄（50%） CO₂（50%）	CH₄（60%） CO₂（40%）	CH₄（70%） CO₂（30%）
相对密度	1.042	0.944	0.847
理论空气需要量（m³/m³）	4.76	5.71	6.67
理论烟气量（m³/m³）	6.763	7.914	9.067
低热值（kJ/m³）	17 937	21 524	25 111
着火浓度极限（%）上限/下限	26.10/9.52	24.44/8.80	20.13/7.00
燃烧速度（m/s）	0.152	0.198	0.243

第二节　沼气民用

沼气民用是将沼气作为能源提供给居民生活或公共建筑使用，是我国沼气利用最重要的途径之一。

一、沼气输配技术

（一）用气量和供气压力

沼气的用气量应根据当地供气原则和条件确定，包括居民生活用气量或烧锅炉用气量、其他类型用气量和未预见气量。其中：居民生活用气量指标应根据当地居民生活用气量的统计数据分析确定，当缺乏用气量的实际统计资料时，可根据当地实际情况按每户 0.8~1.6 m³/d 估算；烧锅炉用气量，可按实际燃料消耗量折算；其他类型用气量，可按现行国家标准《城镇燃气设计规范》GB 50028 确定；未预见气量按总用气量的 5%~8% 计算。

沼气只有具备一定的供气压力才能进行输送和使用。通常湿式储气柜能够提供的供气压力为 3~5 kPa（即 0.003~0.005 MPa），在供气半径 500 m 范围内且管道设计合理的情况下，无须增压就能够满足多种用气设施的压力要求。如果输送距离较长或用气设施较多，则需要通过增压和调压，以保证用气设施的压力要求。沼气民用可采用低压供气（≤0.01 MPa）或中压 B 级供气（>0.01 MPa 且 ≤0.2 MPa），较少采用中压 A 级供气（>0.2 MPa 且 ≤0.4 MPa），一般不采用高压供气（>0.4 MPa）。

（二）沼气管道的材质

根据管道材质，沼气管道可分为钢管、聚乙烯塑料管或钢骨架聚乙烯塑料复合管等，所选用的管材必须符合相关标准规定。钢管、聚乙烯塑料管和钢骨架聚乙烯塑料复合管的主要特点如下。

1. 钢管

钢管是燃气输配工程中使用的主要管材，具有强度大、严密性好、焊接技术成熟等优点，但耐腐蚀性差，需要防腐。钢管按制造方法分为无缝钢管及焊接钢管。在沼气输配中，常用直缝卷焊钢管。钢管按表面处理不同分为镀锌（白铁管）和不镀锌（黑铁管）。按壁厚不同分为普通钢管、加厚钢管及薄壁钢管三种。

小口径无缝钢管以镀锌管为主，通常用于室内，若用于室外埋地敷设时，也必须进行防腐处理。大于 DN 150 mm 的无缝钢管为不镀锌的黑铁管。沼气管道输送压力不高，采用一般无缝管或由碳素软钢制造的燃气输送钢管；但大口径燃气管通常采用对接焊缝和螺旋焊缝钢管。

钢质沼气输送管道必须进行外防腐。管道防腐层宜采用挤压聚乙烯防腐层、熔结环氧粉末防腐层、双层环氧防腐层等，普通级和加强级的防腐层基本结构应符合表 8-2 的规定。

表 8-2　钢质沼气管道防腐层基本结构

防腐层	基本结构	
	普通级	加强级
挤压聚乙烯防腐层	≥120 μm 环氧粉末 加 ≥170 μm 胶粘剂 加 1.8～3.0 mm 聚乙烯	≥120 μm 环氧粉末 加 ≥170 μm 胶粘剂 加 2.5～3.7 mm 聚乙烯
熔结环氧粉末防腐层	≥300 μm 环氧粉末	≥400 μm 环氧粉末
双层环氧防腐层	≥250 μm 环氧粉末 加 ≥370 μm 改性环氧	≥300 μm 环氧粉末 加 ≥500 μm 改性环氧

埋地钢管应根据工程的具体情况，可选用石油沥清、聚乙烯防腐胶带、环氧煤沥清、聚乙烯热塑涂层及氯磺化聚乙烯涂料等。当选用上述涂层时，应符合现行的国家有关标准。埋地钢管应根据管道所经地段的地质条件和土壤的电阻率确定土壤的腐蚀等级和防腐涂料层等级（表 8-3）。暴露在大气中的输送沼气的钢质管道应选用漆膜性能稳定、表面附着力强、耐候性好的防腐涂料，并根据涂料要求对管道表面进行处理。管道外表面应涂以黄色的防腐识别漆。采用涂层保护埋地敷设的钢质沼气干管宜同时采用阴极保护。

表 8-3　土壤腐蚀等级与防腐涂层等级

土壤腐蚀等级	低	中	较高	高	特高
土壤电阻率（Ω）	> 100	100~20	20~10	10~5	<5
防腐涂层等级	普通级		加强级	特加强级	

2. 聚乙烯塑料管

聚乙烯塑料管是传统钢管的换代产品。因为燃气管必须承受一定的压力，其生产原料通常选用分子量大、机械性能较好的聚乙烯树脂。并且由于其具备无毒、无臭、无味的理化特性，低密度聚乙烯（LDPE）树脂特别是线性低密度聚乙烯（LLDPE）树脂已成为燃气管的常用材料。LDPE 树脂、LLDPE 树脂的熔融黏度小，流动性好，易加工，因而对其熔融指数（MI）的选择范围也较宽，通常 MI 在 0.3~3.0 g/10 min 之间。

聚乙烯塑料管的优点包括：密度小，只有钢管的 1/4，运输、加工、安装均很方便；电绝缘性好，不易受电化学腐蚀，使用寿命可达 50 年，比钢管寿命长 2~3 倍；管道内壁光滑，抗磨性强，沿程阻力较小，避免了沼气中杂质沉积，可提高输气能力；具有良好的挠曲性，抗震能力强，在紧急事故时可夹扁抢修，施工遇有障碍时可灵活调整；施工工艺简便，不需除锈、防腐，连接方法简单可靠，管道维护简便。

聚乙烯塑料管的缺点包括：比钢管强度低，一般只用于低压，高密度聚乙烯管最高使用压力为 0.4MPa；在氧气及紫外线作用下易老化，因此不应架空铺设；对温度变化极为敏感，温度升高材料弹性增加、刚性下降，制品尺寸稳定性差，而温度过低则材料变硬、变脆，又易开裂；刚度差，如遇管基下沉或管内积水，易造成管路变形和局部堵塞；属非极性材料，易带静电，埋地管线查找困难。

3. 钢骨架聚乙烯塑料复合管

钢骨架聚乙烯塑料复合管是一款改良过的新型管道。这种管道用高强度过塑钢丝网骨架和热塑性塑料聚乙烯为原材料，钢丝缠绕网作为聚乙烯塑料管的骨架增强体，以高密度聚乙烯（HDPE）为基体，采用高性能的 HDPE 改性粘结树脂将钢丝骨架与内、外层高密度聚乙烯紧密地连接在一起，使之具有优良的复合效果。因为有了高强度钢丝增强体被包覆在连续热塑性塑料之中，因此这种复合管克服了钢管和聚乙烯塑料管各自的缺点，而又保持了钢管和聚乙烯塑料管各自的优点。

室外高压沼气管道应采用钢管，中压和低压沼气管道宜采用聚乙烯燃气管、钢管或者钢骨架聚乙烯塑料复合管。户用沼气池、生活污水净化沼气池的沼气输送通常采用聚乙烯塑料管。

（三）沼气管道的布置安装和气压调节

沼气易燃易爆，因此沼气管道的安全必须得到可靠保证。沼气管道应设置防止超压的安全保护装置和浓度报警装置，同时沼气管道的防雷、防静电等措施也必须可靠。在进出建筑物沼气管道的进出口处，室外的屋面管、立管、放散管、引入管和沼气设备等处均应有防雷、防静电接地设施。此外，为保障沼气管道的安全，还必须设置放空管、紧急切断阀、沼气浓度检测报警器等安全设施。

1. 室外沼气管道的布置安装

室外沼气管道应能够安全可靠地满足各类用户的用气量和供气压力。在布置安装室外沼气管道时，首先应满足沼气使用上的要求，同时也要尽量缩短管道长度，节省投资、减少浪费。室外沼气管道的布置安装应依据全面规划、远近结合、近期为主、分期建设的原则。

在布置安装室外沼气管道时，特别应注意如下具体事项。

（1）室外沼气管道干管的位置应靠近大型用户。

（2）为保证沼气供应的可靠性，室外沼气管道干管应逐步连成环状。

（3）室外沼气管道应少占良田，尽量靠近公路敷设，并避开规划用地。

（4）室外沼气管道不得与其他管道或电缆同沟敷设。

（5）室外沼气管道严禁在高压电缆走廊、易燃易爆材料或具有腐蚀性液体的堆放场所、固定建筑物下面、交通隧道敷设。

（6）室外沼气管道不得穿越河底敷设。

（7）室外沼气管道宜采用埋地敷设；埋地困难时，钢管可采用架空敷设。

（8）室外沼气管道埋地敷设时，应埋设在土壤冰冻线以下。

（9）室外沼气管道埋地敷设时，应尽量避开主要交通干道，避免与铁路、河道交叉；当室外沼气管道穿越铁路、高速公路或城镇主要干道时应符合现行的国家有关标准；当室外沼气管道穿越一般道路、给排水管（沟）、热力管（沟）、地沟、隧道等设施时，应设置套管。

（10）室外沼气管道埋地敷设时，地基宜为原土层，凡可能引起管道不均匀沉降的地段，都应对其地基进行处理。

（11）室外埋地沼气管道与建筑物、构筑物或相邻管道之间的水平净距，应满足表8-4的要求。

表8-4 室外埋地沼气管道与建筑物、构筑物或相邻管道之间的水平净距（单位：m）

项目	室外埋地沼气管道压力（MPa）		
	低压≤0.01	中压	
		0.01<B≤0.2	0.2<A≤0.4
建筑物基础	0.7	1.0	1.5
给水管	0.5	0.5	0.5

（续表）

项目		室外埋地沼气管道压力（MPa）		
		低压≤0.01	中压	
			0.01<B≤0.2	0.2<A≤0.4
污水、雨水排水管		1.0	1.2	1.2
电力电缆（含电车电缆）	直埋	0.5	0.5	0.5
通信电缆	直埋	0.5	0.5	0.5
	在导管内	1.0	1.0	1.0
其他燃气管道	DN≤300 mm	0.4	0.4	0.4
	DN>300 mm	0.5	0.5	0.5
热力管	直埋	1.0	1.0	1.0
	在管沟内（至外壁）	1.0	1.5	1.5
电杆（塔）的基础	≤35 kV	1.0	1.0	1.0
	>35 kV	2.0	2.0	2.0
通信照明电杆（至电杆中心）		1.0	1.0	1.0
铁路路堤坡脚		5.0	5.0	5.0
有轨电车钢轨		2.0	2.0	2.0
街树（至树中心）		0.75	0.75	0.75

（12）室外埋地沼气管道与构筑物或相邻管道之间垂直净距，应满足表8-5的要求。

（13）室外沼气管道架空敷设时，可沿耐火等级不低于二级的住宅或公共建筑的外墙或支柱敷设。

（14）室外架空沼气管道与铁路、道路、其他管线交叉时的垂直净距，应满足表8-6的要求。

表8-5 室外埋地沼气管道与构筑物或相邻管道之间垂直净距（单位：m）

项　　目		室外埋地沼气管道（当有套管时，以套管计）
给水管、排水管或其他沼气管道		0.15
热力管的管沟底（或顶）		0.15
电缆	直埋	0.50
	在导管内	0.15
铁路轨底		1.20
有轨电车（轨底）		1.00

表 8-6 室外架空沼气管道与铁路、道路、其他管线交叉时的垂直净距（单位：m）

建筑物和管线名称		最小垂直净距	
		沼气管道下	沼气管道上
铁路轨顶		6.0	—
城市道路路面		5.5	—
厂区道路路面		5.0	—
人行道路路面		2.2	—
架空电力线，电压	3 kV 以下	—	1.5
	3～10 kV	—	3.0
	35～66 kV	—	4.0
其他管道，管径	≤300 mm	同管道直径，但不小于 0.10	同左
	>300 mm	0.30	0.30

2. 室内沼气管道的布置安装

室内沼气管道包括沼气引入管和沼气室内管。沼气引入管是指室外配气支管与用户室内沼气进口管总阀门之间的管道。沼气室内管是指用户室内沼气进口管总阀门与用气设施之间的管道。

沼气引入管的类型，各地根据各自具体情况，做法不完全相同，按引入方式可分为地下引入和地上引入。在采暖地区输送湿燃气的引入管一般由地下引入室内，当采取防冻措施时，也可由地上引入；在非采暖地区或输送干燃气时，且管径不大于75 mm的，则可由地上直接引入室内。

在布置安装室内沼气管道时，特别应注意如下具体事项。

（1）沼气引入管应直接从室外管引入厨房或其他用气设施房间，沼气室内管不得敷设在易燃易爆品仓库和有腐蚀性介质的房间、配电间、变电室、电缆沟、烟道及进风道等地方。

（2）沼气管道严禁引入卧室。当沼气水平管道穿过卧室、浴室或地下室时，必须采用焊接连接并安装在套管中；沼气管道进入密闭室时，密闭室必须进行改造，并设置换气口，其通风换气次数每小时不得小于3次。

（3）沼气引入管穿过建筑物基础、墙或管沟时，均应设在套管内；套管与沼气管之间用沥青、油麻填实，热沥青封口；套管穿墙孔洞应与建筑物沉降量相适应。

（4）沼气引入管与沼气室内管的连接方法根据使用管材而有所不同。当沼气室内管及沼气引入管为钢管时，一般采用焊接或丝接；当沼气室内管为塑料管、沼气引入管为钢管时，一般采用钢塑接头。

（5）沼气室内管应明设。当建筑或工艺有特殊要求时沼气室内管可暗设，但应符合下列要求：①暗设的沼气立管，可设在墙上的管槽或管道井中，暗设的沼气水平管，可设在吊顶或管沟中。②暗设沼气管道的管槽应设活动门和通风孔；暗设沼气管道的管沟应设活动盖板，并填充干沙。③工业和实验室用的沼气管道可敷设在混凝土地面中，其沼气管道的引入和引出处均应设套管，套管应伸出地面 50～100 mm，套管两端应采用柔性的防水材料密封；沼气管道应有防腐绝缘层。④暗设的沼气管道可与空气、惰性气体、供水管道等一起敷设在管道井、管沟或设备层中，但沼气管道应采用焊接连接；沼气管道不得敷设在可能渗入腐蚀性介质的管沟中。⑤当敷设沼气管道的管沟与其他管沟相交时，管沟之间应密封，沼气管道应敷设在钢套管内。⑥敷设沼气管道的设备层和管道井应通风良好；每层的管道井应设与楼板耐火极限相同的防火隔断层，并应有进出方便的检修门。⑦沼气管道应涂以黄色的防腐识别漆。

（6）沼气室内管与电气设备、相邻管道之间的最小净距，应满足表 8-7 的要求。

（7）沿墙、柱、楼板等明设的沼气室内管应采用管卡、支架或吊架固定。

（8）沼气室内管水平敷设高度，距室内地坪不应低于 2.2 m，距厨房地坪不应低于 1.8 m，距顶棚不应小于 0.15 m。

（9）沼气室内管的水平坡度不应小于 0.003，且分别坡向立管和灶具。

（10）沼气室内管应在流量计和用气设施前分别设置阀门。

（11）大中型用气设施的管道上应设置放散管。放散管管口应高出屋脊 1 m 以上，并应采取防止雨雪进入管道的措施。

（12）沼气室内管与民用沼气灶的连接可采用软管连接，其设计应符合下列要求：①连接软管的长度不应超过 2 m，中间不应有接口。②沼气用软管宜采用专用燃气软管。③软管与沼气管道、沼气灶等用气设施的连接处应采用压紧螺帽或管卡固定。④软管不得穿墙、窗和门。

3. 沼气管道的气压调节

沼气管道的气压调节是为了保证沼气压力能够满足沼气用气设施的使用要求而采取的技术措施。在沼气供气中，常用的调压装置有调压箱和调压器。调压装置的主要技术参数包括：气体流量、进口压力、出口压力、工作温度、稳压精度等。

在一般情况下，当自然条件和周围环境许可时，调压装置宜设置在露天，但要设置围墙、护栏或车挡。当受到地上条件限制时，调压装置可设置在地下单独的建筑物内或地下单独的箱内，但必须符合现行国家标准《输气管道工程设计规范》GB 50251 的要求。无采暖调压装置的环境温度应能保证调压装置的活动部件正常工作，无防冻措施的调压装置的环境温度应大于 0 ℃。

表 8-7 沼气室内管与电气设备、相邻管道之间的最小净距（单位：m）

管道和设备	与沼气管道的净距	
	平行敷设	交叉敷设
明装的绝缘电线或电缆	0.25	0.10（注）
暗装或管内绝缘电线	0.05（从所做的槽或管子的边缘算起）	0.01
电压小于 1 000 V 的裸露电线	1.00	1.00
配电盘或配电箱、电表	0.30	不允许
电插座、电源开关	0.15	不允许
相邻管道	保证沼气管道、相邻管道的安装和检修	0.02

注：当明装电线加绝缘套管且套管的两端各伸出沼气管道 0.10 m 时，套管与沼气管道的交叉净距可降至 0.01 m；当布置确有困难，在采取有效措施后，可适当减小净距

（1）调压箱。调压箱是中压沼气管网的重要组成部分，是将中压管网内沼气压力降至适合用气设施使用压力的设备，可用于居民小区、公共用户、直燃设备、沼气锅炉、工业炉窑等的供气压力调节，因其结构紧凑、占地面积小、节省投资、安装使用方便等优势得到广泛的应用。调压箱内部的基本配置包括：进口阀门、出口阀门、过滤器、调压器和相应的测量仪表，也可加装波纹补偿器、超压放散阀、超压切断阀等附属设备。同时，根据使用情况和用户要求，调压箱可以组装成单路（1+0）、单路加旁通（1+1）、双路（2+0）、双路加旁通（2+1）、多路并联等结构形式。其中，单路加旁通（1+1）调压箱、双路（2+0）调压箱如图 8-1、图 8-2 所示。

图 8-1 单路加旁通（1+1）调压箱

图 8-2 双路（2+0）调压箱

单路调压箱配有一路调压系统。由于维护检修时必须停气，所以单路调压箱一般用于可以间断供气的用户。

双路调压箱配有两路调压系统，其中一路调压系统运行使用，另外一路调压系统保障安全。这样，在不影响用气的情况下就可以实现调压系统的维护检修。因此，双路调压箱一般用于必须连续供气的用户。如果两路调压系统都配装了超压切断阀，通过对切断压力的不同设定，即可实现自动切换功能。

调压箱的安装应符合以下要求：①调压箱的箱底距地坪的高度宜为1.0~1.2 m，可安装在用气设施所在建筑物的外墙壁上或悬挂于专用的支架上；当安装在用气设施所在建筑物的外墙上时，调压器进出口管径不宜大于 DN50。②调压箱到建筑物的门、窗或其他通向室内的孔槽的水平净距不应小于 1.5 m；调压箱不应安装在建筑物的窗下和阳台下的墙上；不应安装在室内通风机进风口墙上。③安装调压箱的墙体应为永久性的实体墙，其建筑物耐火等级不应低于二级。④调压箱的沼气进、出口管道之间应设旁通管，用户调压箱（悬挂式）可不设旁通管。

（2）调压器。调压器俗称减压阀，也叫燃气调压阀，是通过自动改变流经调节阀的燃气流量而使出口燃气保持规定压力的设备。调压器按照作用方式可分为直接作用式调压器和间接作用式调压器两种。直接作用式调压器、间接作用式调压器如图8-3、图8-4所示。

图8-3　直接作用式调压器

图8-4　间接作用式调压器

直接作用式调压器由测量元件（薄膜）、传动部件（阀杆）和调节机构（阀门）组成。当出口后的用气量增加或进口压力降低时，出口压力就下降，这时由导压管反映的压力使作用在薄膜下侧的力小于膜上重块（或弹簧）的力，薄膜下降，阀瓣也随着阀杆下移，使阀门开大，燃气流量增加，出口压力恢复到原来给定的数值。反之，当出口后的用气量减少或进口压力升高时，阀门关小，流量降低，仍使出口压力得到恢复。出口压力值可用调节重块的重量或弹簧力来设定。直接作用式调压器工作原理如图8-5所示。

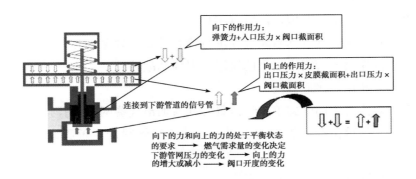

图8-5　直接作用式调压器工作原理

间接作用式调压器由主调压器、指挥器和排气阀组成。当出口压力低于给定值时，指挥器的薄膜就下降，使指挥器阀门开启，经节流后的燃气补充到主调压器的膜下空间，使主调压器阀门开大，流量增加，出口压力恢复到给定值。反之，当出口压力超过给定值时，指挥器薄膜上升，使阀门关闭，同时，由于作用在排气阀薄膜下侧的力使排气阀开启，一部分燃气排入大气，使主调压器薄膜下侧的力减小，阀门关小，出口压力也即恢复到给定值。间接作用式调压器工作原理如图8-6所示。

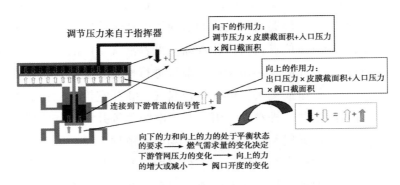

图8-6　间接作用式调压器工作原理

调压器的安装应符合以下要求：①在调压器入口或出口处，应设防止沼气出口压力过高的安全保护装置，当调压器本身带有安全保护装置时可不设。②调压器的安全保护装置宜选用人工复位型，安全保护（放散或切断）装置必须设定启动压力值，启动压力不应超过出口工作压力上限的50%，且应使与低压管道直接相连的沼气用气设施处于安全工作压力以内。

（四）沼气管网的运行管理

1. 运行管理的基本任务

（1）将沼气安全不间断地供给所有用户。

（2）定期对沼气管网及其附属设施进行检查维修，确保完好无损。

（3）迅速消除沼气管网中出现的泄漏、损坏和故障。

（4）负责对新用户接通管网。

（5）负责对沼气管网的施工质量监督，并参加沼气管网竣工验收工作。

（6）负责其他单位在施工时与正在运行的沼气管网发生矛盾或需要配合的事宜的处理。

（7）定期排除沼气管网中的冷凝水。

2. 沼气管网的运行和安全技术

（1）沼气管网在运行中的检修抢修工作，通常是带气作业，作业时严禁明火，并戴好防毒面具，做好安全防护。当沼气管网带气操作时，沼气压力应控制在 200~800 Pa 范围内，作业人员不得少于 2 人，观察人员不得少于 1 人。

（2）对低压沼气管网每月至少进行两次巡视，对闸井、地下设施的定期预防检查应同时进行。主要检查闸井的完好程度、沿线凝水器冷凝水的排除情况、地下设施的污染程度等。在闸井打开时，禁止吸烟、点火、使用非防爆灯具等。

（3）沼气管网日常维护管理最主要工作是沼气管网的泄漏检查。在未安装沼气泄漏监控系统的情况下，可根据沼气气味的浓淡程度初步确定出大致的泄漏范围，并选用以下经验方法查找泄漏位点：①钻孔查漏。沿着沼气管网的走向，在地面上每隔一定距离（2~6 m）钻一孔眼，用嗅觉或检漏仪进行检查。②挖探坑。在管道位置或接头位置上挖坑，露出管道或接头，检查是否漏气。③井室检查。在敷设沼气管道的道路下，可利用沿线给水井、排水井、雨水井、电缆井等井室或其他地下设施的各种护罩或井盖，用嗅觉或检漏仪判断是否漏气。④观察植物生长。地下管道中的沼气泄漏到土壤中会引起植物的枝叶变黄枯干。⑤利用凝水器判断漏气。凝水器在按周期有规律地排水时，如突然发现水量大幅度增加，则有可能是沼气管道产生缝隙，以致地下水渗入管道并流入凝水器中，因此可以预测到沼气的泄漏。

另外，泄漏检查的周期、次数应根据管道的运行压力、管材、埋设年限、土质、地下水位、道路交通量以及以往泄漏检查记录等全面考虑后决定。泄漏检查工作应有专人负责、常年坚持、形成制度，除平时的泄漏检查外，每隔一定年限还应有重点地、彻底地进行泄漏检查，检查方法可结合沼气管网的具体情况适当选定。在有条件的情况下，也可以利用沼气泄漏监控系统对沼气管网的泄漏情况进行实时在线监控，以便泄漏检查可以顺利实施。

（4）管道阻塞及其排除应注意以下几个方面：①沼气中含有水蒸气，温度降低或压力升高，都会使其中的水蒸气凝结成液态水流入凝水器或管道最低处，如果凝结水达到一定数量而不及时排除，就会阻塞管道。为了防止凝结水阻塞管道，每个凝水器应建立位置卡片和排水记录，将排水日期和排水数量记录在案，作为确定排水周期的重要依据，同时还可以尽早发现地下水渗入等异常情况。②当地下水压力高于管道内沼气压力时，对年久失修的管道，可能由管道接头不严处、腐蚀孔或裂缝等处渗入沼气管道内。当凝水器内水量急剧增加时，有可能是由于渗水所致，可以关断可疑管段，压入高于渗入压力的沼气，再用泄漏检查的经验方法找出泄漏位点。③由于各种原因引起沼气管道发生不均匀沉降，凝结水就会保存在管道下沉的部分，形成所谓"袋水"。寻找"袋水"的方法是先在沼气管道上钻孔，将橡胶球胆塞在钻孔里，充气后检查钻孔充气侧是否有水波动的声音，找出"袋水"后，采用校正管道坡度或增设排水器的方法消除"袋水"。④对无内壁涂层或内涂层处理不好的钢制管道，其腐蚀情况比较严重，产生的铁锈屑也更多，不但使管道有效流通断面减小，而且还常在支管的地方造成堵塞。⑤清除杂质的办法是对干管进行分段机械清洗，一般按50 m左右作为1个清洗管段；管道转变部分、阀门和排水器如出现阻塞，可将其拆下清洗。

二、居民生活用气设施

沼气的居民生活用气设施包括：燃气表、沼气灶、沼气热水器。这些用气设施都是使用低压沼气，用气设施进气端的沼气压力要控制在 $0.75 \sim 1.5 \, P_n$ 的范围内（P_n 为燃具的额定压力）。

（一）生活用气设施及其安装

由于沼气和天然气、液化石油气等燃气在成分上有所差异，除燃气表可以通用以外，燃烧设施不能通用。

1. 燃气表

家用燃气表通常为膜式结构。膜式燃气表属于容积式机械仪表，膜片运动的推动力依靠燃气表进出口处的气体压力差，在压力差的作用下，膜片产生不断的交替运动，从而把充满计量室内的燃气不断地分隔成单个的计量体积（循环体积）排向出口，再通过机械传动机构与计数器相连，实现对单个计量体积的计数和单个计量体积量的运算传递，从而可测得（计量）流通的燃气总量（图8-7）。

燃气表达到标准规定技术指标要求的最大流量叫燃气表的容量。制造厂商根据用户不同要求，按标准生产不同容量规格的燃气表。一般来说，不可能生产出一种规格燃气表适应各种使用要求。例如：J1.6C型燃气表其公称流量为 1.6 m³/h，最大额定

图 8-7　膜式燃气表

流量为 2.5 m³/h。这样的燃气表就不可能满足一个大企业、饭店的使用要求。燃气表在超出量程、超出允许条件的情况下使用，就不能保证其功能的实现。容量的选取应根据最大用气量来决定，正常使用时燃气流量应该在燃气表最大额定流量的 20%～70%范围内。计算最大容量时不仅要看到当前情况，还要考虑到今后燃气用途的发展，例如，不仅要满足当前燃气灶、热水器耗气量的要求，还要考虑到燃气烤箱、燃气壁挂炉等使用的可能性。

　　燃气表应安装在不燃结构室内，通风良好且便于查表、检修的地方。严禁安装在以下地方：卧室、浴室、更衣室及厕所内；有电源、电器开关及其他电器设备的管道井内，或有可能滞留泄漏沼气的隐蔽场所；环境温度高于 45 ℃的地方；经常潮湿的地方；堆放易燃、易腐蚀或有放射性物质等危险场所。

　　燃气表应垂直安装，不得有明显倾斜现象。燃气表高位安装时，表底距地面不小于 1.4 m；燃气表低位安装时，表底距地面不得小于 0.1 m；燃气表装于燃气灶具上方时，燃气表与燃气灶具水平净距不得小于 0.3 m。

　　2. 沼气灶

　　沼气灶是指以沼气为燃料进行直火加热的厨房用具，如图 8-8 所示。按燃烧器头数可分为单头（单眼）灶、双头（双眼）灶、多头（多眼）灶；按点火及控制方式可分为压电陶瓷沼气灶、电脉冲电子打火沼气灶、带熄火保护装置沼气灶等。

　　沼气灶使用时会产生明火，一旦燃气泄漏，可能会引起火灾、爆炸等安全事故，部分沼气灶产品使用交流电，还可能产生电击事故，因此对沼气灶的安全性能要求很高。在安全使用上，沼气灶的选用要考虑以下几个方面。

　　（1）气密性。沼气灶一旦出现泄漏，有可能引起爆炸、火灾等事故，造成人身伤亡和财产损失。因此国家标准对漏气量的要求十分严格，规定从沼气入口到阀门，

图 8-8 沼气灶

漏气量不大于 0.07 L/h，自动控制阀门的漏气量不大于 0.55 L/h，同时从沼气入口到燃烧器火孔无燃气泄漏。

（2）烟气中一氧化碳浓度。沼气燃烧会产生一氧化碳和二氧化碳等废气，其中一氧化碳具有剧毒，且中毒不易被察觉。沼气灶的燃烧废气多数直接排放在厨房中，不能即时排至室外。烟气中一氧化碳浓度过高，会造成潜在危险，国家标准规定干烟气中一氧化碳的体积分数不大于 0.05%。

（3）熄火保护装置。沼气灶可能会出现因溢汤、风吹等造成的意外熄火情况，如果没有控制措施，沼气会大量泄漏，其后果十分严重。为防止泄漏，沼气灶应加装熄火保护装置，熄火保护装置一般有热电式和离子感应两种控制方式。

（4）电气安全性能。部分沼气灶具因功能多元化和控制的智能化使用了交流电，沼气灶多用在湿热的厨房环境，因此对此类灶除了在燃气方面的安全要求外，还有对其电气安全性能的严格要求，要有防触电保护措施、可靠的接地措施、较大的绝缘电阻、较小的泄漏电流和足够耐电压强度，以保证此类灶的使用安全。

沼气灶的选择，除了安全方面的考虑外，还要考虑其热工性能指标。①热负荷即加热功率，该参数是燃气灶最主要的热工性能指标之一。热负荷的高低由产品结构和燃气燃烧系统决定。一般灶的热负荷在 3~5 kW，国家标准规定双眼或多眼灶有一个主火，主火折算热负荷：红外线型不小于 3 kW，其他类型不小于 3.5 kW，同时规定实测折算热负荷与标称值的偏差不超过 10%。②热效率是指沼气灶热能利用的效率，是衡量沼气灶热工性能最重要的指标，嵌入式灶热效率的总体水平比台式灶低，嵌入式灶热效率不低于 50%，台式灶热效率不低于 55%。

沼气灶应安装在有自然通风和自然采光的厨房内。利用卧室的套间（厅）或利用与卧室连接的走廊作厨房时，厨房应设门并与卧室隔开。安装沼气灶的房间净高不宜低于 2.2 m。沼气灶与墙面的净距不小于 10 cm。当墙面为可燃或易燃材料时，应加防火隔热板。沼气灶的灶面边缘距木质家具的净距不得小于 20 cm，当达不到时，应加防火隔热板。放置沼气灶的灶台应采用不燃烧材料，当采用易燃材料时，应加防火隔热板。

3. 沼气用户厨房设施

（1）厨房应设置窗户，以便通风和采光，灶台、橱柜和水池的布局要合理。

（2）厨房内应设置固定砖砌灶台或柜式灶台，台面贴瓷砖，地面用水泥、地砖等硬化材料处理。

（3）灶台长度大于 100 cm，宽度大于 55 cm，高度为 65 cm。采用农村户用沼气池供气时，调控净化器距灶台的水平距离为 50 cm，距离地面的垂直距离为 150～170 cm，如图 8-9 所示。

（4）灶台上方可选择使用自排油烟抽风道、排油烟机或排烟风扇等通风设施。

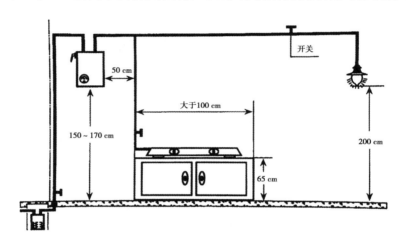

图 8-9　沼气用户厨房设施布局

4. 沼气热水器

沼气热水器与普通的燃气热水器在结构上基本相同，工作原理是冷水进入沼气热水器，流经水气联动阀体，在流动水的一定压力差值作用下，推动水气联动阀门，并同时推动直流电源微动开关将电源接通并启动脉冲点火器，与此同时打开沼气输气电磁阀门，通过脉冲点火器自动再次点火，直到点火成功进入正常工作状态为止，此过程约连续维持 5～10 s。沼气热水器如图 8-10 所示。

当沼气热水器在工作过程或点火过程出现缺水或水压不足、缺电、缺沼气、热水温度过高、意外吹熄火等故障现象时，脉冲点火器将通过检测感应针反馈的信号，自动切断电源，沼气输气电磁阀门在缺电供给的情况下立刻恢复原来的常闭状态，也就是切断沼气通路，防止沼气继续流出，且不能自动重新开启，除非人为地排除以上故障后再重新启动沼气热水器，方能正常工作。

图 8-10　沼气热水器

沼气热水器应安装在通风良好的非居住房间、过道或阳台内，在可燃或易燃烧的墙壁上安装热水器时，要采取有效的防火隔热措施；热水器的排气筒宜采用金属管道连接。

（二）生活用气设施排烟

沼气燃烧所产生的烟气必须排到室外。设有直排式燃具的室内容积热负荷指标超过 207 W/m³ 时，必须设置有效的排气装置将烟气排至室外。

（三）生活用气设施的电气系统

用气设施的电气系统和建筑物电线、包括地线之间的电气连接要符合国家有关电气规范的规定。电点火、燃烧器控制器和电气通风装置，在电源中断情况下或电源重新恢复时，不应使用气设施出现不安全工作状况。自动操作的主燃气控制阀、自动点火器、室温恒温器、极限控制器或其他电气装置（这些都与用气设施一起使用）使用的电路应符合设备接线图的规定，使用电气控制器的所有用气设施，应当让控制器连接到永久带电的电路上，不能使用照明开关控制的电路。

三、公共建筑用气设施

（一）公共建筑用气设施及其安装

1. 公共建筑用气设施

公共建筑用气和居民生活用气有较大区别，公共建筑由于其混合功能的性质，比如商场、公司、宾馆、餐厅等，人流量大，用气量大，沼气的使用主要集中在餐厅的炉灶和宾馆的常压沼气热水锅炉、直燃型冷热水机组等设备。

（1）商用燃气表。目前市场上主流的商用燃气表有两种，一种为机械式膜式燃气表，一种为电子式膜式燃气表。机械式膜式燃气表是通过内部的机械结构，根据使用的气量进行操作，每使用一个单位，滚轮计数加一，最终实现气量计量记录；其技术成熟、计量可靠、质量稳定，但其结构复杂、体积大，人工抄表费时费工。电子式膜式燃气表是在机械式膜式燃气表基础上进行改进，增加了电子计量方式、显示功能、预付费和远程抄表功能，实现了半电子化，计量可靠，有效解决了人工抄表的问题。

（2）大锅灶。大锅灶是商用厨房设备的一种灶具，一般可以分为两种：燃气大锅灶、电磁大锅灶。燃气大锅灶火苗在炉膛向四周传递、火力均匀、节能、高效，通常使用直径 80 cm 以上的大锅，主要用于大型食堂。

（3）常压沼气热水锅炉。常压沼气热水锅炉以沼气为燃料，通过燃烧器对水加热，实现供暖和提供生活、洗浴用热水。锅炉的智能化程度高、加热快、低噪声、无灰尘，常压沼气热水锅炉如图 8-11 所示。

图 8-11 常压沼气热水锅炉

常压沼气热水锅炉由 3 个系统组成。①水系统。自来水从冷水管进入，冷水管上设有冷水电磁阀、单向阀、闸阀和旁通闸阀。冷水电磁阀的作用是自动控制冷水关停，当冷水电磁阀打开时，冷水经过管道进入锅炉，当冷水电磁阀关闭时，管道被截止，冷水停止流动。单向阀的作用是防止热水倒流和冷水混合。旁通闸阀是当冷水电磁阀失灵时，作为临时进冷水的备用通道。②沼气通道系统。沼气通道设有压力表、球阀、过滤器、调压阀、流量计、燃烧机阀组等。沼气作为燃烧机的燃料在锅炉的炉胆内燃烧，高温烟气沿炉胆向后先经回燃室进入第一烟道管束，再经压迫式前烟箱转折180°进入第二烟道管束，最后经过对流换热后进入尾部烟道，通过烟囱将烟气排到大气中。常压锅炉在本体上安装有与大气相通的排气管，不承受任何压力，这是它和高压锅炉的最大区别。当热水烧到设定的温度时，冷水电磁阀打开，利用冷水的压力将锅炉内烧好的热水通过上循环管压到保温水箱内。沼气锅炉内的热水流到保温水箱的同时，冷水从冷水管重新加注。保温水箱接有热水管道提供热水，该管上装有热水电磁阀，作用是按时间选择性地向用户供热水。电磁阀旁边的旁通闸阀可以跳过热水电磁阀直接接通管道作为长期供水。保温水箱上装有液位探头，当水箱的水装满以后锅炉自动停止烧水。水箱内装有温度探头，当水温下降到设定温度的时候，通过下循环管的循环水泵将热水抽到锅炉内重新烧热。③电气控制系统。现在的常压沼气热水锅炉普遍采用自动控制系统，自动控制系统是整个锅炉系统的控制中枢，用户通过自动控制系统来调节锅炉系统的运行。

2. 公共建筑用气设施安装

用气设施应安装在通风良好的专用房间内，不应安装在兼做卧室的警卫室、值班室、人防工程等处，也不应安装在使用、搬送或配送可燃液体的区域。当用气设施安装在靠近车辆或设备穿行的通道地点时，应安装防止用气设施受损的护栏或挡板。用气设施之间及设施与墙面之间的净距应满足操作和检修的要求，用气设施与易燃或可燃的墙壁、地板、家具之间应采取有效的防火隔热措施。

当安装用气设施专用房间为地下室、半地下室或地上密闭房间（包括地上无窗或窗仅用作采光的密闭房间）时，应符合以下要求：沼气引入管上应设球阀等手动快速切断阀和紧急自动切断阀，紧急自动切断阀在停电时必须处于关闭状态（常开型）；用气设备应有熄火保护装置；用气房间应设沼气浓度检测报警器，并由管理室集中监控和控制；用气房间应设置机械送排风系统并应有独立的事故机械通风设施，事故机械通风设施正常工作时换气次数不应小于 6 次/h，事故通风时换气次数不应小于10 次/h。

当用气设施安装在屋顶时，应能承受安装地区气候条件的影响：其连接件、紧固件等应为耐腐蚀材料制造；配备 1.8 m 宽的操作距离和 1.1 m 高的护栏；配备可靠的电源断开装置和接地装置；屋面有水时应能安全维护。

（二）公共建筑用气设施排烟

公共建筑的用气设施不能与使用固体燃料的设施共用一套排烟设施。每套用气设施宜采用单独烟道，当多套用气设施合用一个总烟道时，应保证排烟时互不影响。

当从用气设施顶部排烟或设置排烟罩排烟时，其上部应有不小于 0.3 m 的垂直烟道方可接水平烟道。有防倒风排烟罩的用气设施不得设置烟道闸板，无防倒风排烟罩的用气设施，在至总烟道的每个支管上应设置闸板，闸板上应有直径大于 15 mm 的孔。

烟囱出口应有防止雨雪进入和防倒风的装置，烟囱出口的排烟温度应高于烟气露点 15 ℃以上，安装在低于 0 ℃房间的金属烟道应做保温。

用气设施排烟的烟道抽力应满足：热负荷 30 kW 以下的用气设施，烟道抽力不应小于 3 Pa；热负荷 30 kW 以上的用气设施，烟道抽力不应小于 10 Pa。

当用气设施的烟囱伸出室外时，在任何情况下，烟囱应高出屋面 0.6 m。当烟囱离屋脊小于 1.5 m 时（水平距离），应高出屋脊 0.6 m。当烟囱离屋脊 1.5~3.0 m 时（水平距离），烟囱可与屋脊等高。当烟囱离屋脊的距离大于 3.0 m 时（水平距离），烟囱应在屋脊水平线下 10°的直线上。当烟囱的位置临近高层建筑时，烟囱应高出沿高层建筑物 45°的阴影线。

当有腐蚀或可燃烧的过程烟气或气体存在时，应有安全的处置设施。安装在美容店、理发店或其他正常使用能产生腐蚀性或可燃产物（例如液化喷剂化学品）设施内的燃气用具，应设置在单独的或与其他区域分离的设备间内，供燃烧和稀释（通风）用的空气应从室外吸取，密闭式燃烧用具除外。

（三）公共建筑用气设施防爆

公共建筑用气设施的燃气总阀门与燃烧器阀门之间应设放散管。鼓风机和管道应设静电接地装置，接地电阻不大于 100 Ω。沼气管道上应安装低压和超压报警以及紧急自动切断装置。在容易积聚烟气的地方和封闭式炉膛，均应设泄爆装置，泄爆装置的泄压口应设在安全处。

（四）公共建筑用气设施电气系统

公共建筑用气设施的电气系统参见居民生活用气设施对电气系统的要求。

第三节　沼气发电

沼气发电就是以沼气为燃料，通过燃烧带动发动机运行，进而驱动发电机发电，产生的电能输送给用户或并入电网，发电余热可用于沼气发酵增温或周边用户取暖等。沼气发电是随着沼气工程建设和沼气综合利用不断发展而出现的沼气利用方式，具有增效、节能、安全、环保等优点，是一种应用广泛的分布式能源技术。

一、沼气发电动力类型

沼气以燃烧方式发电，是利用沼气燃烧产生的热能直接或间接地转化为机械能并带动发电机而发电。沼气可作为多种动力设备的燃料，如内燃机、燃气轮机、锅炉等。在内燃机、燃气轮机中，燃料燃烧释放的热量通过动力发电机组和热交换器转换再利用，相对于不进行余热利用的锅炉（蒸汽轮机）机组，其综合热效率更高。采用内燃机发电，结构最简单，而且具有成本低、操作简便等优点。燃料电池发电则是将燃料所具有的化学能直接转换成电能，又称电化学发电器，是一种新型的沼气发电技术。目前，内燃机发电是沼气发电最常用的方式。

（一）沼气内燃机

将沼气作为内燃机的燃料用于发电的尝试始于 20 世纪 20 年代的英国，20 世纪 30 年代开始回收发电余热用于沼气发酵过程增温，这是现代沼气发电、热电联产系统的原始形态。20 世纪 70 年代初期，国外在处理有机污染物的过程中，为了合理高效地利用厌氧消化所产生的沼气，开始普遍使用往复式内燃机进行沼气发电。到 20 世纪 80 年代，我国科研机构和生产企业对内燃机沼气发电机组进行了大量研究和开发，形成了系列化产品。

沼气内燃机是指沼气在一个或多个气缸内燃烧，推动工作活塞作往复运动，将沼气的化学能转化为机械功而输出轴功率的机械装置，也称为沼气发动机，如图 8-12 所示。沼气发动机一般分为压燃和点燃两种型式。

图 8-12 沼气内燃机

压燃式发动机采用柴油和沼气双燃料，通过压燃少量的柴油以点燃沼气进行燃烧做功。这种发动机的特点是可调节柴油与沼气的燃料比，当沼气供应正常时，发动机引燃油量可保持基本不变，只改变沼气供应量来适应外界负荷变化；当沼气不足甚至停气时，发动机能够自动转为燃烧柴油的工作方式。这种方式一般用在小型沼气发电项目中，对供电负荷可靠性连续性要求较高的场合一般不会并网运行。缺点是系统复杂，所以大型沼气发电并网工程往往不采用这种发动机，而采用点燃式沼气发动机。

点燃式沼气发动机采用单一沼气燃料，特点是结构简单，操作方便，用火花塞使沼气和空气混合气点火燃烧，而且无须辅助燃料，适合中大型沼气工程。沼气通过内燃机燃烧，产生的废气可以采用热交换器或者余热锅炉回收利用，该系统稍微复杂，但具有较好的经济效益、环保效益和社会效益。

沼气内燃机发电系统主要由以下几部分组成。

（1）沼气净化及稳压防爆装置。供发动机使用的沼气需要先经过脱硫装置，以减少硫化氢对发动机的腐蚀。沼气进气管路上安装稳压装置，便于对沼气流量进行调节，达到最佳的空燃比。另外，为防止进气管回火，应在沼气总管上安置防回火与防爆的装置。

（2）沼气内燃机（发动机）。与通用的内燃机一样，沼气内燃机也具有进气、压缩、燃烧膨胀做功及排气四个基本过程。由于沼气的热值及燃烧特点与汽油、柴油不同，沼气内燃机必须适合于甲烷的燃烧特性，一般具有较高的压缩比，点火期比汽、柴油机提前，必须采用耐腐蚀缸体和管道等。

（3）交流发电机。与通用交流发电机一样，没有特殊之处，只需与沼气内燃发动机功率和其他要求匹配即可。

（4）废热回收装置。采用水—废气热交换器、冷却水—空气热交换器及余热锅炉等废热回收装置回收由发动机排出的尾气废热，提高机组总能量利用率。回收的废热可用于沼气发酵料液的升温保温。

内燃机发电具有以下特点。

（1）发电效率较高。内燃机的电能转换效率明显高于普通燃气轮机和蒸汽轮机。燃气内燃机的发电效率通常在30%～45%。

（2）可燃用低热值气体。现代燃气内燃机组采用了先进的电子控制技术和空气—燃料混合比控制装置，燃料利用范围和种类扩大，可以燃用沼气和生物质煤气等较低热值的气体燃料。

（3）可直接利用低压气源。燃气内燃机可以利用自身的增压涡轮对燃气进行加压，因此可以利用低压气源。沼气储气和输配气系统多采用低压系统，与这一特点能够实现较好的匹配。

（4）使用功率范围宽、适应性好。目前，燃气内燃机单机最小功率不到1 kW，最大功率已达4 MW，同一型号的燃气内燃机可以适应各种不同用途的需要，可以实现全负荷及部分负荷运转，开停机迅速、调峰能力强、机械效率高、运行可靠、维修简便。

（二）微型燃气轮机

微型燃气轮机是一类新近发展起来的小型热力发动机，其单机功率范围为25～300 kW，基本技术特征是采用径流式叶轮机械（向心式透平和离心式压气机）以及回热循环，与小型航空发动机的结构类似。为了提高效率，普遍采用了回热循环技术。

除了分布式发电外，微型燃气轮机还可用于备用电站、热电联产、并网发电、尖峰负荷发电等，是提供清洁、可靠、高质量、多用途、小型分布式发电及热电联供的最佳方式，无论对中心城市还是远郊农村甚至边远地区均能适用。

目前，Capstone、Turbec 和 Ingersoll Rand 等公司开发出了多种机型用于发电和热电联产，Capstone 微型燃气轮机沼气发电项目如图 8-13 所示。Capstone 公司生产的微型燃气轮机的主要组成部分包括：发电机、离心式压缩机、透平、回热器、燃烧室、空气轴承、数字式电能控制器（将高频电能转换为并联电网频率 50/60 Hz，提供控制、保护和通信）。这种微型燃气轮机的独特设计之处在于它的压缩机和发电机安装在一根转动轴上，该轴由空气轴承支撑，在一层很薄的空气膜上以 96 000 r/min 转速旋转。这是整个装置中唯一的转动部分，它完全不需要齿轮箱、油泵、散热器和其他附属设备。

图 8-13　Capstone 微型燃气轮机沼气发电项目

微型燃气轮机发电具有以下特点：

（1）结构简单紧凑。微型燃气轮机使高速交流发电机与内燃机同轴，组成一个紧凑的高转速透平交流发电机。

（2）操作维护简便、运行成本低、使用寿命长。采用空气轴承和空气冷却，无需更换润滑油和冷却介质，每年的计划检修仅是在全年满负荷连续运行后，进行更换空气过滤网、检查燃料喷射器和传感器探头等工作。机组首次维修时间大于 8 000 h，降低了维护费用。微型燃气轮机的寿命都在 40 000 h 以上。

（3）噪声小且排放低。微型燃气轮机振动小，因此噪声小，比如 Turbec 的 T100 在 1 m 处的噪声值为 70 dBA，Capstone 的 C200 在 10 m 处的噪声值为 65 dBA。同时，微型燃气轮机的废气排放少。

（4）发电效率低于内燃机。目前，微型燃气轮机的发电效率仍低于燃气内燃机的发电效率。有回热的微型燃气轮机的发电效率能够达到 20%～33%。但是，由微型燃气轮机组成的冷热电联产系统的效率可以超过 80%。

（三）沼气燃料电池

燃料电池（Fuel Cell），是一种使用燃料进行化学反应产生电力的装置，最早于1839年由英国的Grove所发明。最常见是以氢氧为燃料的质子交换膜燃料电池，由于燃料容易获得，加上对人体无化学危险、对环境无害，发电后产生纯水和热，1960年代应用在美国军方，后于1965年应用于美国双子星座计划双子星座5号飞船。现在也有一些笔记本电脑开始研究使用燃料电池。但由于产生的电量太小，且无法瞬间提供大量电能，只能用于平稳供电上。

燃料电池是由电池本体与燃料箱组合而成的动力机制。燃料的选择性非常多，包括氢气、甲醇、乙醇、天然气、沼气，甚至于现在运用最广泛的汽油，都可以作为燃料电池的燃料。

燃料电池以特殊催化剂使燃料与氧发生反应产生二氧化碳和水，因不需推动内燃机、涡轮等发动机，也不需将水加热至水蒸气再经散热转变成水，所以能量转换效率高达70%左右，足足比一般发电方式高出了约40%；另外，二氧化碳排放量比一般发电方式低很多，产生的水又无毒无害。

沼气燃料电池是一种备受关注的沼气发电新技术，该技术是在一定条件下，将经过严格净化后的沼气进行烃裂解反应，产生出以氢气为主的混合气体，然后将此混合气体以电化学方式进行能量转换，实现沼气发电。沼气燃料电池系统一般由3个单元组成：燃料处理单元、发电单元和逆变器单元。燃料处理单元主要部件是改质器，它以镍为催化剂，将甲烷转化为氢气；发电单元就是燃料电池，基本部件由两个电极和电解液组成，氢气和氧气在两个电极上进行电化学反应，电解液则构成电池的内回路；逆变器单元的功能是把直流电转换为交流电。燃料电池的工作原理如图8-14所示。

沼气用作燃料的情况下，在前段的改质器中通过甲烷制取氢气。在保持高温的改质器中，水变为水蒸气，水蒸气和甲烷反应后生成氢气和二氧化碳或氢气和一氧化碳，然后一氧化碳再次与水蒸气反应生成氢气和二氧化碳。总体来说，1 mol甲烷可以生成4 mol氢气和1 mol二氧化碳，在此过程中必须有外部能量供给。沼气燃料电池改质器中的化学反应方程式如下：

$$CH_4+2H_2O \rightarrow 4H_2+CO_2 \tag{8-9}$$

$$CH_4+H_2O \rightarrow 3H_2+CO \tag{8-10}$$

$$CO+H_2O \rightarrow H_2+CO_2 \tag{8-11}$$

沼气燃料电池技术与其他沼气发电技术相比，具有以下优点：首先，能量转化效率高，实际的能量转化效率可达40%以上，有废热回收的系统总的能量利用率达70%以上；其次，生态环境友好，沼气燃料电池没有或极少有污染物排放，而且运行

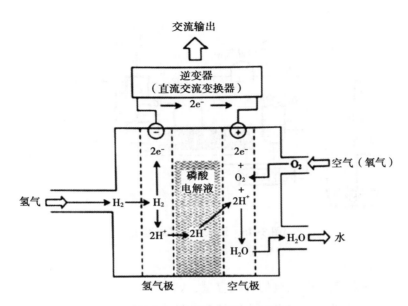

图 8-14 燃料电池的工作原理

时基本没有噪声。然而，沼气燃料电池对沼气的品质要求较高，甲烷含量需要达到85%以上，硫化氢浓度需要达到5.5 mL/m³以下，沼气的提质要求比其他沼气发电技术更加严格。

二、内燃机沼气发电站系统

（一）沼气电站系统组成

内燃机沼气发电仍然是目前最为普遍采用的沼气发电方式。内燃机沼气电站系统由以下几部分组成：供气系统、沼气发电机组、冷却系统、输配电系统、设备管控系统和余热利用系统等。由沼气发酵装置产出的沼气，经过脱水、脱硫后储存在沼气储气装置中。在沼气储气装置自身压力作用下或经过沼气输送设备将沼气再从储气装置导出，经脱水、稳压后供给沼气发动机，驱动与沼气发动机相连接的发电机产生电能。沼气发动机排出的冷却水和烟气中的热量，通过余热回收装置回收，作为沼气发酵装置或其他用热设施的热源（图8-15）。根据运行方式不同，内燃机沼气电站可以分为孤岛运行沼气电站和并网运行沼气电站。

（二）沼气发电机组选型

沼气发电机组的设备选型是沼气发电工程设计的重要环节，而沼气发电机组的装机容量是设备选型的主要内容，应根据沼气量及其低热值由式（8-12）确定。

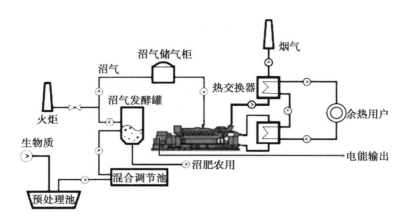

图 8-15　沼气电站系统组成

$$P = k(V \times Q_{net}/g_h) \tag{8-12}$$

式中　　P ——沼气发电机组的装机容量，kW；

　　　　k ——装机余量与发电机组效率的综合比例系数，为 1.08 ~ 1.20；

　　　　V ——每小时最大沼气量换算为标准状况下的体积，m^3/h；

　　Q_{net} ——沼气的低热值，为 22 154 ~ 24 244 kJ/m^3；

　　　　g_h ——沼气发电机组的热耗率，$kJ/(kW \cdot h)$，$g_h = \dfrac{3\,600}{\eta_e}$，$\eta_e$ 为发电机

　　　　　组热效率，%。

另外，还需要注意以下事项。

（1）并联运行的沼气发电机组，应考虑有功功率及无功功率的分配差度对沼气发电机组功率的影响。

（2）启动最大容量的电动机时，总母线电压不宜低于额定值的 80%。

（3）总装机容量大于或等于 200 kW 且发电不允许间断的电站，应设置备用机组，备用机组的数量宜按用 3 备 1。

（4）当沼气发电机组的实际工作条件比产品技术条件规定恶劣时，其输出功率应按有关规定换算出试验条件下的发动机功率后再折算成电功率，此电功率不应超过发电机组的额定功率。

（三）沼气发电机组余热回用

沼气发电机在发电的同时，产生出大量的热量，烟气温度一般在 550 ℃左右。通过余热回收技术，可将燃气内燃机中的润滑油、中冷器、缸套水和尾气排放中的热量充分回收，用于冬季采暖以及生活热水。夏季可与溴化锂吸收式制冷机连接，作为空调制冷。一般从内燃机热回收系统中吸收的热量以 90 ℃的热水形式供给热交换器使

用。内燃机正常回水温度为 70 ℃。在沼气工程中，还可利用这一热量给沼气发酵装置加热。

沼气发动机的冷却与一般的汽油和柴油发动机一样，一般用水冷却。为防止产生水垢，冷却水要用软水。为此，通常把调制的水作为一次冷却水，在发动机内部循环；采用热交换器把热传到二次冷却水的间接冷却方法回收缸套水中余热。此外，润滑油吸收的热也可以通过润滑油冷却器，传至冷却水中。

由于沼气中含有微量杂质和腐蚀性物质，若燃烧后的烟气经换热后温度过低会产生一些杂质，因此，要求沼气发动机的尾气排放温度要比其他燃气发动机的尾气排放温度高几十度，回水温度相应就要略高一些。

目前，一些国外发电设备将余热利用设备与发电机组集成一体，即换热装置在机组内部，而不用单独配置，出来的直接是热水。设备只需三个接口：进、回水接口和沼气接口。设备可与热水锅炉并联连接。一体化集成既简化了系统，减少了设备及占地面积，利于运行维护，同时也减少了系统及工程总投资。国外进口的燃气内燃机机组还配有全自动电脑控制系统，并可实现远程控制冷却系统、润滑油自动补给系统、尾气消音器等。

（四）沼气发电并网

沼气电站属于分布式电源。分布式电源是指位于用户附近，所发电能就地利用，以 10 kV 及以下电压等级接入电网，且单个并网点总装机容量不超过 6 MW 的发电项目。

分布式电源接入配电网系统如图 8-16 所示。图中接点包括并网点、接入点和公共连接点。

1. 并网点

对于有升压站的分布式电源，并网点为分布式电源升压站高压侧母线或节点；对于无升压站的分布式电源，并网点为分布式电源的输出汇总点。如图 8-16 所示，A1、B1 分别为分布式电源 A、B 的并网点，C1 为常规电源 C 的并网点。

2. 接入点

接入点是指电源接入电网的连接处，该电网既可能是公共电网，也可能是用户电网。如图 8-16 所示，A2、B2 分别为分布式电源 A、B 的接入点，C2 为常规电源 C 的接入点。

3. 公共连接点

公共连接点是指用户系统（发电或用电）接入公共电网的连接处。如图 8-16 所示，C2、D 是公共连接点，A2、B2 不是公共连接点。

沼气发电并网设计应满足《分布式电源接入配电网设计规范》Q/GDW 11147，

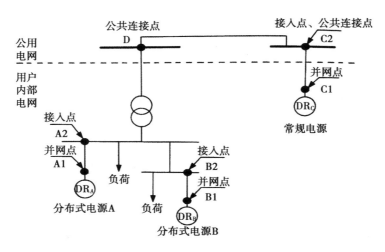

图 8-16　分布式电源接入配电网系统示意

对于单个并网点，分布式电源接入的电压等级应按照安全性、灵活性、经济性的原则，根据分布式电源发电容量、导线载流量、上级变压器及线路可接纳能力、地区配电网情况综合比选后确定。分布式电源并网电压等级根据装机容量进行初步选择的参考标准为：8 kW 以下可接入单相 220 V；8~400 kW 可接入三相 380 V；0.4~6 MW 可接入 10 kV。最终并网电压等级应综合参考有关标准和电网实际条件，通过技术经济比选论证后确定。

沼气发电机组并网应满足 3 个条件：一是待并网发电机组的电压与电网系统的电压相等；二是待并网发电机组的频率与电网系统的频率相等；三是待并网发电机组的相位角与电网系统的相位角一致。

并网操作时，首先要调整相序，使待并网发电机组与电网相序一致，然后再启动发电机组。调整发电机组的励磁，使发电机组电压尽量接近电网电压，调节发动机速度，以便使发电频率与电网趋同，为并网创造条件。当相序达到允许的范围后，即可合闸并网。以上操作，必须由熟练的工程技术人员在专用的并网装置的指示下手动完成，或者由专用的自动装置完成合闸并网（王久臣等，2016）。

第四节　沼气作车用燃气

沼气净化提纯生产的生物天然气，可作为车用燃料的替代品，既可缓解能源紧张趋势，又可有效减少环境污染。目前，生物天然气作为机动车燃料已在欧美等许多国家广泛应用，具有广阔的发展前景。

一、沼气作车用燃气的气质要求

沼气提纯后的生物天然气作为车用燃气，有相应的气质标准。我国目前还没有专门针对车用生物天然气的质量标准。若将生物天然气作车用燃气使用，必须达到现有的《车用压缩天然气》GB 18047 标准，主要特性参数应满足表 6-4 的要求。

二、车用生物天然气的输配

对于燃气的输配，管网输送无疑是最高效和环保的方法之一。在许多国家都有分布广泛的天然气管网，例如，荷兰大约有 90% 以上的居民、爱尔兰有 48% 的居民，都接入了天然气管网。将生物天然气并入机动车燃气管网，无疑是生物天然气作为机动车燃气分销的最佳方法。

除了并入天然气管网以外，还有其他几种生物天然气的分销方法，例如，采用移动储存设备进行公路运输或构建局域生物天然气管网输送。瑞士气体协会的研究表明，对于中短距离和大规模运输而言，本地局域气网输配最佳。对于运输距离大于 200 km 的车载运输而言，压缩生物天然气车载运输（CBG）比液化生物天然气车载运输（LBG）更适宜。本地局域气网的另一个好处是，可在管网任何位置将生物天然气注入管网。从经济利益考虑，现在的沼气商业提纯需要达到一定的规模才有利可图，因此采用这种方法便可构建一个平行于本地局域气网的沼气管网，用于收集和运输一些小型沼气工程的沼气，进行集中提纯，以降低成本。

不管是从投资成本还是能量损耗而言，管网运输都拥有巨大的优势，应该尽量避免生物天然气的大规模陆路运输。本地局域气网的逐渐扩展并接入天然气管网是生物天然气市场发展的必然趋势，应将生物天然气和天然气联合使用。因此，管网、压缩天然气陆路运输和液化天然气陆路运输，将会长期共存，以满足不同的市场需求。目前，中国车用生物天然气主要采用车载运输。

三、车用生物天然气加气站

（一）加气站的结构型式

加气站的结构型式从安装型式上可分为开放式结构和撬装式结构两大类。

1. 开放式结构

是将加气站的所有设备安装在厂房内，通过高低压管道及阀门将各个设备组装成整套的工艺系统，开放式结构具有设备空间较大，便于维修保养的优点，但是自动化程度低。但由于其投资少，便于维修保养，所以在国内得到了广泛应用。

2. 撬装式结构

是指将加气站压缩机前的天然气缓冲罐、过滤器、压缩机主机、空气冷却器、驱动机、储气瓶、电控盘和优先顺序盘、仪表风系统等主要设备集成在一个成撬的底座上，形成一个闭环控制的整体设备系统。这种结构型式便于运输和露天安装，自动化程度高，安全可靠性高，且可减少现场安装调试的工作量，但是一次性投资造价较高。国外加气站一般都采用这种结构。

（二）加气站的工艺系统

生物天然气加气站工艺系统由预处理、压缩、储气、售气、控制等多个子系统构成，如图 8-17 所示。

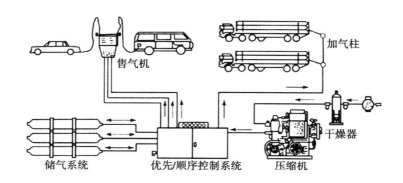

图 8-17　加气站工艺系统示意

1. 预处理子系统

进入加气站的生物天然气在压缩前或压缩后必须经过净化和干燥处理，即要经过脱硫、脱水过程。根据天然气的含水、含硫状况和设计环境温度及湿度等因素，确定脱水干燥和脱硫的工艺方法、装置的规格及结构型式的基本参数。国产压缩机的干燥工艺设计通常采用高压后置脱水，其优点是设备体积小，干燥气体漏点低。生物天然气经过净化和干燥后，可确保天然气气质的纯净，实现保护压缩机的正常运行及生物天然气在发动机中良好燃烧，不会对汽车发动机造成任何危害。预处理子系统主要包括除尘、脱水干燥设备，脱硫、脱油等设备。其中用来除尘、脱硫的净化设备安装在压缩机之前，确保保护压缩机不会受到损坏和腐蚀。

2. 压缩子系统

压缩子系统主要由压缩机主机、进气缓冲罐、冷却设施、润滑设施等部分组成。压缩机主机最为重要，它是加气站的心脏，其性能好坏直接影响加气站运行的可靠性和经济性。压缩生物天然气的加气站一般采用排气压力高、排量小的往复式压缩机。从润滑方式分，主要有油润滑和无油润滑两种，对于有油润滑，在其最终排气口后应安装脱油装置。

加气站用压缩机的排气压力一般为 25 MPa，有的稍高一些，达到 28 MPa，也有少数厂家的压缩机达到 32 MPa，但分析表明，以排气压力 25 MPa 时最为经济、可靠和安全。进气压力范围为 0.035~9 MPa，压缩机排气量可根据不同规模进行选择，范围可为 16~2 000 m³/h，常用排气量为 200~300 m³/h。

3. 储气子系统

储气子系统主要起到缓冲作用，是为顺应加气站间隙式充装的需要。汽车加气规律是按交通运输自身营运规律来确定的，加气站工作的基本规律决定于加气时间与气量上时多时少或间隙充装，且压缩机的工作制度为连续性工作，要满足加气站间隙式充装的工作制度，则必须设置储气系统，这样就可以使压缩机开停机次数减少。根据加气站的加气时间是否集中来考量，并结合相关经验，储气量应该是日加气量的 1/3 到 1/2。

储气设备可分为储气罐、储气瓶组和储气井。

储气罐是按照 GB 150《钢制压力容器》标准生产的 3 类压力容器。这种储气方式的优点是接头少，输气阻力小，储气系统的泄漏点少，缺点是容器容重比较小，耗用钢材量大，因此将这种储气方式一般作为代用储气装置。

储气瓶组是由多个压缩天然气（CNG）钢瓶组成，多组并联形成储气瓶组。按工艺需要，分成高、中、低压库储气系统，这种装置的优点是使用弹性大，但是也存在接头漏气处理困难、钢瓶表面防腐维护困难、检测不便及存在安全隐患等问题。

储气井相对于储气瓶组和储气罐来说是一种地下的储气方式。储气井管采用符合规范要求的石油套管，需要具有较高的强度和防腐能力。通过采用石油地质钻井中无焊点扣连方式，将储气井管深埋于地下，形成储气井的储气工艺设备。储气井具有安全可靠、事故隐患少、占地面积小、操作使用简单、维护管理方便、使用寿命长、防火间距短的优点。因此在目前的 CNG 加气站设计中普遍采用储气井的方式进行储气。

4. 售气子系统

售气子系统由加气机及计算机管理系统组成，压缩天然气通过管道输送至加气机，依次通过入口球阀、过滤器、单向阀、流量计、高压软管、枪阀以及加气枪，最后给汽车加气。流量计计量出流经加气机气体的密度、流量等参数，相应模拟量信号转化成电脉冲信号远传至计算机控制器，经计算得出相应气体的体积、金额，并通过显示屏显示给用户。

储气设施和售气设施通过优先顺序控制盘的顺序来实现高效充气和快速加气。通常加气站采用分级储存方式，将储气瓶组分为高压、中压和低压瓶组，由优先顺序控制盘对其充气和取气过程进行自动控制。充气时，先向高压组充气，当高压组的压力上升到一定值时，中压组开始充气，等到中压组压力上升到一定值时，低压组开始充气，随后三组气瓶一起充气，上升到最大储气压力后停止充气。取气时，先从低压组取气，当低压组的压力下降到一定值时，开始从中压组取气，等到中压组压力下降到一定值时，开始从高压组取气，随后从三组气瓶一起取气，直到三组储气瓶中的压力下降到与车载气瓶的最高储气压力相等时，停止取气。如果仍有汽车需要加气，则直接从压缩机排气管路中取气，等到汽车加气完成后，压缩机再按照充气顺序完成三组储气瓶组的充气，然后停机。这种工作方式的优点可以保证储气瓶组充气最多，提高其利用率，也可使汽车加气的速度最快。

5. 控制子系统

控制子系统的功能是控制加气站设备的正常运转和对有关设备的运行参数进行监控，并在设备发生故障时自动报警或停机。加气站的控制系统包括电源控制、运行控制、储气压力控制、净化及干燥控制、系统安全控制和售气控制。大量使用自动控制设备虽然会增加投资，但是在运行维护人员的数量上和日常运行的费用上可大大降低，同时也确保了加气站的运行安全和效率，提高了运行可靠程度（杨杰，2015）。

（三）加气站的设计原则

在我国，压缩生物天然气加气站必须遵守《城镇燃气设计规范》GB 50028 的规定，压缩生物天然气可采用车载气瓶组或气瓶车运输，也可采用船载运输方式。

加气站宜靠近气源，并应具有适宜的交通、供电、给水排水、通信及工程地质条件。站内应设置气瓶车固定车位，每个气瓶车的固定车位宽度不应小于 4.5 m，长度宜为气瓶车长度，在固定车位场地上应标有各车位明显的边界线，每台车位宜对应 1 个加气嘴，在固定车位前应留有足够的回车场地。气瓶车应停靠在固定车位处，并应采取固定措施，在充气作业中严禁移动。气瓶车在固定车位最大储气总容积不应大于 30 000 m³。加气柱宜设在固定车位附近，距固定车位 2~3 m。加气柱距站内储气罐的距离不应小于 12 m，距围墙不应小于 6 m，距压缩机室、调压室、计量室不应小于 6 m，距燃气热水炉室不应小于 12 m。加气站的设计规模应根据用户的需求量与生物天然气气源的稳定供气能力确定。

压缩生物天然气系统的设计压力应根据工艺条件确定，且不应小于该系统最高工作压力的 1.1 倍。向储配站和供气站运送压缩生物天然气的气瓶车和气瓶组，在充装温度为 20 ℃时，充装压力不应大于 20 MPa（表压）。生物天然气压缩机应根据进站生物天然气的压力、脱水工艺及设计规模进行选型，型号宜选择一致，并应有备用机组。压缩机排气压力不应大于 25 MPa（表压）；多台并联运行压缩机的单台排气量，应按公称容积流量的 80%~85% 进行计算。压缩机动力宜选用电动机，也可选用燃气发动机。

压缩机应根据环境和气候条件露天设置或设置于单层建筑物内，也可采用橇装设备。压缩机宜单排布置，压缩机室主要通道宽度不宜小于 1.5 m。压缩机前总管中气体流速不宜大于 15 m/s。压缩机进口管道上应设置手动和电动（或气动）控制阀门。压缩机出口管道上应设置安全阀、止回阀和手动切断阀。出口安全阀的泄放能力不应小于压缩机的安全泄放量；安全阀放散管管口应高出建筑物 2 m 以上。且距地面不应小于 5 m。

压缩生物天然气管道应采用高压无缝钢管。压缩生物天然气系统的管道、管件、设备与阀门的设计压力或压力级别不应小于系统的设计压力，其材质应与生物天然气相适应。加气柱和卸气柱的加气、卸气软管应采用耐腐蚀的气体承压软管；软管的长度不应大于 6 m，有效作用半径不应小于 2.5 m。室外压缩生物天然气管道宜采用埋地敷设，其管顶距地面的埋深不应小于 0.6 m，冰冻地区应敷设在冰冻线以下。室内压缩生物天然气管道宜采用管沟敷设。管底与管沟底的净距不应小于 0.2 m。管沟应用干砂填充，并应设活动门与通风口。

第九章　沼渣沼液利用

畜禽粪污、作物秸秆等农业有机废弃物经厌氧消化处理后的发酵残余物称为沼渣沼液，沼渣沼液主要由三部分组成：未消化的原料、微生物生物体和微生物代谢产物。沼渣沼液经过机械固液分离或自然沉淀后的固体部分称为沼渣，液体部分称为沼液。沼渣和沼液富含植物生长所需的营养物质和生物活性物质，具有肥料属性。肥料化利用是沼渣沼液较为理想，也应该是主要的利用方式。由于沼渣和沼液在组成和利用方式上有一定的差异，本章将其分开叙述，沼渣为固液分离后的固体部分，沼液包含固液分离后的液体部分和难以进行固液分离的沼渣沼液。

第一节　沼渣、沼液的成分

沼渣、沼液虽然都是沼气发酵残余物，但是其固体和液体的属性不同，在成分上存在一定的差异。经过固液分离后，约三分之一的干物质、13%左右的氮、28%左右的磷、10%的钾被分离到沼渣中（表9-1），其他仍然留在沼液中。一般而言，沼渣富含有机质、腐殖酸等成分，适合于用作基肥；而沼液富含可溶性营养盐，适合作追肥。

表9-1　固液分离后有机物及营养物质在沼渣、沼液中的分布
（Tambone等，2017；邓良伟等，2015）

类　型	沼　渣	沼　液
干物质（%）	32.46	67.54
TKN（%）	13.13	86.87
P_2O_5（%）	28.36	71.64
K_2O（%）	10	90

一、沼渣的理化性质

沼渣是厌氧消化后残留在发酵罐底部的半固体物质以及沼渣沼液固液分离或脱水后形成的褐色或黑色的固体、半固体物质。表9-2为沼渣的一些基本理化性质。沼渣一般呈中性至弱碱性，pH值在 6.6~8.7。因固液分离效果和干燥程度不同，沼渣含水量有一定的差异，干物质含量一般在 10% 以上，高的可达 86%。不同原料沼气发酵后产生的沼渣，其养分含量有所不同，一般来说，沼渣中含有机质 10%~54%、腐殖酸 10%~29.4%、半纤维素 25%~34%，纤维素 13%~17%，木质素 11%~15%，全氮 1.6%~8.3%、全磷 0.4%~1.2%、全钾 0.3%~1.8%，总养分含量在 2.4%~24.6%。其他还有粗蛋白、粗纤维与多种矿物元素、氨基酸（表9-3）等成分。

表9-2 沼渣的基本理化性质

项 目	单 位	范 围	参考文献
pH 值		6.6~8.7	葛振等，2014
干物质	%	13~86	陈为等，2014；张浩等，2008；葛振等，2014
有机质	%	10~54	陈为等，2014；聂新军等，2017
腐殖酸	%	10~29.4	葛振等，2014
半纤维素	%	25~34	陶红歌等，2003
纤维素	%	13~17	陶红歌等，2003
木质素	%	11~15	陶红歌等，2003
全氮（N）	%	0.8~8.3	陶红歌等，2003；聂新军等，2017
全磷（P_2O_5）	%	0.4~1.2	陶红歌等，2003
全钾（K_2O）	%	0.3~2.0	陶红歌等，2003；聂新军等，2017
总养分（全氮+全磷+全钾）	%	2.4~24.6	郑时选等，2014

表9-3 沼渣中氨基酸的含量（武丽娟等，2007）

氨基酸名称	含量（mg/g）	氨基酸名称	含量（mg/g）
天门冬氨酸	4.09	异亮氨酸	2.57
苏氨酸	2.46	亮氨酸	3.59
丝氨酸	2.33	酪氨酸	1.67
谷氨酸	5.51	苯丙氨酸	2.32
甘氨酸	3.23	赖氨酸	2.75
丙氨酸	3.18	组氨酸	0.77
缬氨酸	2.72	精氨酸	2.34
蛋氨酸	0.2	脯氨酸	1.987

畜禽粪便、有机废弃物等原料经过沼气发酵以后，原料中的重金属会在沼渣和沼液中有不同分布，一般来说沼渣会富集相对较多的重金属，研究发现沼渣中的重金属以 Cu 和 Zn 居多（表 9-4），As、Hg、Cd、Pb 等元素也有检出。大部分沼渣中重金属含量在《沼肥》（NY/T 2596—2014）的限定标准之内，可以作为肥料进行利用。但是也有部分沼渣的重金属含量超标，重金属超标的沼渣应进一步进行无害化处理，不能直接进行肥料化利用。

表 9-4　我国部分沼气工程产生的沼渣中重金属含量

项目	猪粪沼渣 （mg/kg DM）	牛粪沼渣 （mg/kg DM）	鸡粪沼渣 （mg/kg DM）	参考文献	沼肥标准（mg/kg）
锌（Zn）	40~525	86.5~129	15.13		—
铜（Cu）	45.8~605	2.29~46.4	1.96		—
砷（As）	0.13~36.4	0.11~4.33	1.09	陈苗等，2012； 张颖等，2016； 张浩等，2008； 孙红霞等，2017； 王琳，2010	≤15
铬（Cr）	10.3~27.6	0.447~1.89	11.35		≤50
镉（Cd）	0.09~8.6	0.009~0.020	—		≤3
铅（Pb）	3.22~17.8	0.033~5.143	—		≤50
汞（Hg）	0.002~0.01	0.004 8~0.264	—		≤2

二、沼液的理化特性

沼液一般为黑色或黑褐色，如表 9-5 所示，色度可达 2 500 以上，浊度可达 4 000 NTU 以上，尤其是以鸡粪为原料的沼液浊度更高。沼液的密度略大于水，通常呈弱酸性、中性至弱碱性。沼液中干物质含量一般小于 10%，干物质以有机质为主，可以达到 3% 以上，COD 含量因原料不同而有所差异，一般在 20 000 mg/L 以内，BOD_5 相对较低，一般在 500 mg/L 以内。总养分一般在 0.1%~0.5%。沼液中的盐含量较高，全盐量一般在 1 000 mg/L 以上，高的可达 4 670 mg/L。

表 9-5　沼液的基本理化性质

项目	单位	范围	参考文献
色度	度	417~2 838	李同等，2014；王超等，2017；
浊度	NTU	111~4 189	李同等，2014；宋成芳等，2011；韩敏等，2014；段鲁娟等，2015；董志新，2015；吴娱，2015；王梦梓，2016
pH 值		6.15~8.6	靳红梅等，2011；万金保等，2010；李文英等，2014；王超等，2017；王小非，2017；秦方锦等，2015；吴娱，2015；乔玮等，2015
干物质	%	0.42~7.3	汪崇，2012；陈为等，2014；顾洪娟等，2016；邓良伟等，2015
有机质	%	0.1~3.45	卫丹等，2014；陈为等，2014；李裕荣等，2013；汪崇，2012；曲明山等，2013；徐延熙，2012；刘银秀等，2017

（续表）

项目	单位	范围	参考文献
总养分	%	0.117~0.549	董越勇等，2017；邓良伟等，2015
全盐量	mg/L	1 420~4 670	林标声等，2015；李文英等，2014；李红娜等；2014

沼液的主要成分因发酵原料、原料浓度和发酵条件的不同而有一定的差异，可以大体分为以下几类：营养盐类、氨基酸、有机酸、植物激素、抗生素、其他小分子化合物。

1. 营养盐类

碳（C）、氢（H）、氧（O）、氮（N）、磷（P）、硫（S）、钾（K）、钙（Ca）、镁（Mg）、铁（Fe）、锰（Mn）、锌（Zn）、铜（Cu）、钼（Mo）、硼（B）和氯（Cl）是植物生长所必需的16种元素，除C、H、O外，其余均来自于其周围水中溶解的盐类。沼气发酵过程中除C素营养损失较大外，其余大部分植物所需营养物质都在沼液中得到了保留，并且N、P的营养结构得到了优化。

N、P、K是植物需求量较多的营养元素，一般来说沼液养分含量表现为N>K>P，且主要以水溶性形式存在。不同发酵原料产生的沼液营养成分有一定的差异，猪粪水、牛粪水、鸡粪水沼气发酵后产生沼液，全量养分和速效养分含量均以鸡粪最高（表9-6）。

表9-6 不同原料沼气发酵产生的沼液中大量元素、全量养分和速效养分含量（秦方锦等，2015）

来源	总氮（%）	总磷（%）	总钾（%）	速效氮（g/kg）	速效磷（mg/kg）	速效钾（mg/kg）
猪场	0.09~0.13	0.02~0.03	0.03~0.04	0.42~0.49	87~160	252~386
奶牛场	0.09~0.14	0.02~0.08	0.06~0.09	0.56~0.58	102~151	639~700
鸡场	0.13~0.20	0.01~0.03	0.09~0.14	1.06~1.09	289~293	1 124~1 226

表9-7为沼液中植物所需的中量元素和微量元素的含量。Ca、Mg、S是植物生长所需的中量元素，沼液中Ca含量一般较高，在100 mg/L以上，高的可达1 000 mg/L以上。沼液中Mg的含量较Ca低，一般在100 mg/L以内。S元素在沼液中一般以硫酸根的形式存在，国内对这一元素含量的报道相对较少，沈其林等测得的猪场粪污沼液中S含量仅为13 ppb，国外报道的沼液中S含量在100 mg/L左右（Singh等，2011）。

Fe、Mn、Zn、Cu、Mo、B和Cl是植物生长必需的微量元素，沼液中Cl元素的含量较高，一般在150 mg/L以上。Cu和Zn含量变化较大，一般在猪场粪污沼液中

243

含量较大。Fe 和 Mn 也是沼液中含量较高的微量元素。B 和 Mo 一般含量较低,但也可以满足植物的需求。

表 9-7　沼液中中量元素和微量元素的含量

元　素	单　位	范　围	参　考　文　献
S	mg/L	68~115	Singh 等,2011;周彦峰等,2013
Ca	mg/L	78.6~1163	吴娱,2015;邓良伟等,2017
Mg	mg/L	5.31~89.46	吴娱,2015;邓良伟等,2017
Fe	mg/L	1.58~57.4	赵国华等,2014;吴娱,2015
Zn	mg/L	0.9~33.0	赵国华等,2014;Xia 等,2016
Cu	mg/L	0.09~27.4	赵国华等,2014;Xia 等,2016
Mn	mg/L	0.1~17	赵国华等,2014;Xia 等,2016
Mo	mg/L	0.031~0.034	段鲁娟等,2015;邓良伟等,2017
B	mg/L	0.51~4	沈其林等,2014;Xia 等,2016
Cl	mg/L	160~438	Xia 等,2016

2. 氨基酸

沼气发酵过程会将蛋白质分解为游离氨基酸,然后进一步转化为氨态氮。沼液中氨氮含量较高,并含有一定浓度的氨基酸。发酵时间与温度对沼液氨基酸含量的影响较大,温度在 24 ℃ 以上,发酵时间在 14 天以上有利于游离氨基酸的积累(商常发等,2009)。沼液中氨基酸含量因发酵原料不同而有一定变化,一般以鸡粪为原料的沼液中氨基酸含量较高(孟庆国等,2000)。在表 9-8 所列的以猪场和鸡场粪污为原料的沼液中,天门冬氨酸含量高达 81.9 mg/L,丙氨酸的含量也超过 50 mg/L。猪场粪污沼液中氨基酸的总含量可达 651 mg/L,占沼液中有机物总量的 9.5%(汪崇,2012)。

沼液中氨基酸的存在有利于沼液肥料化和饲料化利用。就肥料化利用而言,氨基酸是有机氮的补充来源,可以提高肥效,并且氨基酸具有络合(螯合)金属离子的作用,容易将植物所需的中量元素和微量元素携带到植物体内,提高植物对各种养分的利用率。氨基酸是植物体内合成各种酶的促进剂和催化剂,对植物新陈代谢起着重要作用,肥料中含有的氨基酸能够壮苗、健株,增强叶片的光合功能及作物的抗逆性能,对植物新陈代谢起着重要作用。

表 9-8　沼液中氨基酸的组成(汪崇,2012;吴娱,2015)

氨基酸种类	含量(mg/L)	氨基酸种类	含量(mg/L)	氨基酸种类	含量(mg/L)	氨基酸种类	含量(mg/L)
赖氨酸	37.8	丙氨酸	27.7~53.2	缬氨酸	37.4	胱氨酸	4.8

（续表）

氨基酸种类	含量（mg/L）	氨基酸种类	含量（mg/L）	氨基酸种类	含量（mg/L）	氨基酸种类	含量（mg/L）
蛋氨酸	30.8	异亮氨酸	32.9	天门冬氨酸	81.6	精氨酸	14.1~26.7
亮氨酸	14.5~48	谷氨酸	35.2	苯丙氨酸	36	脯氨酸	26
组氨酸	14.1	酪氨酸	10.9~42.6	丝氨酸	11.6~36.2		
苏氨酸	11.2~41.4	色氨酸	22.5	甘氨酸	24.9~42.7		

3. 植物激素

沼液中存在四大类植物激素：生长素（主要为吲哚乙酸，IAA）、赤霉素类（GAs）、细胞分裂素和脱落酸（ABA）。霍翠英等（2011）从运行 1 年以上的猪场粪污处理沼气工程沼液中检测到 IAA、赤霉素（GA4、GA19、GA53）、细胞分裂素 iPR（异戊烯基腺苷）的含量分别为 332 μg/L，0.857 μg/L，1.47 μg/L，0.271 μg/L，0.001 94 μg/L。而李欣（2016）测得的沼气工程沼液中 IAA 含量高达 17.38 ~ 36.84 mg/L，同时含有较高浓度的 GA$_s$（16.37 ~ 44.83 mg/L）和 ABA（13.23 ~ 35.39 mg/L）。

根据李欣（2016）的研究，沼液中 IAA 主要由厌氧微生物代谢色氨酸产生，沼气发酵过程中 IAA 的含量一般呈上升趋势，在沼液中形成积累；ABA 含量在整个沼气发酵过程中持续增加，并且在产甲烷阶段的增加速率显著高于产酸阶段；畜禽粪便在沼气发酵水解阶段会产生 GA$_s$，但在沼气发酵后期 GA$_s$ 因降解而使含量有所下降。

这些植物激素在植物的生长发育过程中起着重要的作用，如 IAA 对植物抽枝或芽、苗等的顶部芽端形成有促进作用；脱落酸（ABA）能控制植物胚胎发育、种子休眠等，并且可以增强植物的抗逆能力；赤霉素能够促进植物的生长、发芽、开花结果，并刺激果实生长，提高结实率，对粮食作物、棉花、蔬菜、瓜果等有显著的增产效果。

4. 有机酸

沼液中含有挥发性有机酸，包括乙酸、丙酸、丁酸、戊酸等。沼气发酵过程中，发酵性细菌分解可溶性糖类、肽、氨基酸和脂肪酸等产生乙酸、丙酸、丁酸，产乙酸细菌进一步将丙酸、丁酸转化成乙酸，产甲烷菌最后将乙酸转化为甲烷，有机酸是沼气发酵过程的中间产物。沼液中含有一些未转化消耗的乙酸、丙酸等，一般以乙酸和丙酸含量较多，丁酸和戊酸含量较少（表9-9）。有研究表明乙酸、丙酸、丁酸等酸性次级代谢物具有抑菌作用，有机酸的浓度越高，抑制效果越显著。

表 9-9　沼液中的有机酸含量（施建伟等，2013；野池达也，2014）

发酵原料	沼液中有机酸含量			
	乙酸	丙酸	丁酸	戊酸
麦秸	5.51~15.16 mg/L	0.61~2.67 mg/L	—	—
玉米秸	6.5 mg/L	1.95~2.17 mg/L	—	—
牛粪	5.67 mg/L	—	—	—
鸡粪	0.35~26.25 mg/L	9.22 mg/L	0.18~0.88 mg/L	0.03 mg/L
猪粪	402 mg/kg	23 mg/kg	痕量	—

5. B 族维生素

沼液中含有 B_1、B_2、B_5、B_6、B_{11}、B_{12} 等 B 族维生素。不同发酵原料经过沼气发酵后，维生素 B_2、B_5、B_{12} 都比原料中的含量有所增加。研究表明自然界中维生素 B_{12} 都是微生物合成的，一些产甲烷菌如欧氏产甲烷杆菌（*Methano bacterium omelianski*）代谢也产生维生素 B_{12}。以猪粪为原料的沼液中维生素 B_{12} 含量可达 150 μg/L（闵三弟，1990）。沼气发酵残余物中 B 族维生素能促进植物和动物的生长发育，提高动植物抵御病虫害的抗逆性。

6. 抗生素

沼液中的抗生素主要来源于兽药和饲料，沼气发酵过程虽然有助于一些抗生素的降解，但是由于抗生素使用量大等因素，一些以畜禽粪便为主要原料的沼液中仍含有较高浓度的抗生素。沼液中含有的抗生素主要是四环素类、磺胺类、大环内酯类、喹诺酮类等抗生素。不同发酵原料的沼液中所含抗生素有所不同，贺南南等（2017）利用固相萃取-高效液相色谱法同时检测 3 种四环素类和 6 种磺胺类抗生素时发现，在以猪粪为发酵原料的沼液存在磺胺嘧啶、磺胺甲噁唑、磺胺甲基嘧啶 3 种抗生素，含量范围为 34.9~118.5 μg/L。以牛粪为发酵原料的沼液中存在盐酸土霉素、盐酸金霉素、磺胺吡啶、磺胺异噁唑 4 种抗生素，含量范围为 21.7~51.9 μg/L。以鸡粪为发酵原料的沼液中存在盐酸土霉素、盐酸四环素、磺胺嘧啶、磺胺甲噁唑、磺胺甲基嘧啶、磺胺异噁唑 6 种抗生素，含量范围为 28.5~125.5 μg/L。利用高效液相色谱-荧光检测法对喹诺酮类抗生素分析表明，以猪粪为原料的沼液中含量最高，其中诺氟沙星高达 204 μg/L（表 9-10）。

表 9-10　沼液样品中 4 种喹诺酮类含量（μg/L）（贺南南等，2016）

发酵原料	氧氟沙星	环丙沙星	恩诺沙星	诺氟沙星
猪粪	103.0	17.0	151.0	204.0
牛粪	16.8	16.0	89.0	67.0

（续表）

发酵原料	氧氟沙星	环丙沙星	恩诺沙星	诺氟沙星
鸡粪	76.0	5.0	67.0	56.0

卫丹等（2014）对嘉兴市 10 个养猪场 10 种抗生素含量检测表明（表 9-11），在不同季节，每个猪场的沼液中 10 种抗生素均有检出。然而各猪场之间沼液抗生素含量差别很大，抗生素总浓度最高者分别约为最低者的 24 倍（春季组）、35 倍（秋季组）和 25 倍（冬季组）。

表 9-11　沼液中抗生素含量季节变化（卫丹等，2014；单位：mg/L）

抗生素	春季		秋季		冬季	
	范围	平均值	范围	平均值	范围	平均值
四环素	0.75~43	11.2	0.4~8.98	1.84	0.3~14.2	3.07
土霉素	1.6~994	269	4.58~332	77.3	21.2~672	161
金霉素	2.9~228	60.3	0.53~53.8	15.4	1.04~93.7	19.5
磺胺二甲嘧啶	0~30.2	7.37	0.008~3.47	0.636	0.008~1.66	0.277
磺胺甲唑	0~56.9	5.94	0~1.61	0.292	0.001~0.6	0.065
恩诺沙星	0.1~2.85	1.3	0~1.98	0.587	0.03~5.88	1
环丙沙星	0.65~4.6	1.87	0.2~5.92	1.39	0.44~5.91	1.55
诺氟沙星	0.65~4.4	1.28	0.08~1.97	0.59	0.04~0.4	0.191
泰乐菌素	0.4~22	8.62	0.01~1.22	0.274	0.012~0.38	0.199
罗红霉素	0~3.4	0.34	0~0.26	0.099	0.007~6.86	0.728

7. 重金属

沼液中重金属元素来源于发酵原料，而畜禽粪污类发酵原料的重金属来源于饲料和兽药。如生猪饲料中普遍添加了含有重金属（如 Zn、Cu 和 As 等）的添加剂，这些金属元素在畜禽体内消化吸收利用率极低，绝大部分 Cu 和 Zn 通过粪便排出，少量从尿中排出，粪尿 Cu 和 Zn 总排泄率分别为 88%~96% 和 87%~98%（朱泉雯，2014）。

沼液中可能含有的重金属包括 As、Cd、Cr、Hg、Pb、Cu、Zn、Ni 等。其中 Cu 和 Zn 含量一般较高，但是虽然 Cu、Zn 归为重金属，它们也是牲畜、植物以及沼气发酵微生物必需的微量元素，这些微量元素常被添加到饲料中，因此国内外肥料标准对 Cu 和 Zn 没有限制。沼气发酵对畜禽粪污中有机物有很好的净化处理效果，但是重金属浓度会出现"相对浓缩效应"，沼渣中重金属含量远大于沼液含量。表 9-12 中为猪场、牛场和鸡场粪污沼气发酵产生的沼液中重金属含量，虽然含量有一定的差异，但是均未超过沼肥标准。

表 9-12　沼液中重金属含量（刘思辰等，2014；吴娱，2015；张云，2014）

项目	猪场沼液（mg/L）	牛场沼液（mg/L）	鸡场沼液（mg/L）	沼肥标准（mg/L）
砷（As）	0.001 8~3.82	0.002 8	5.21	≤10
铬（Cr）	0.002 5~15.32	0.124 1	10.18	≤50
镉（Cd）	0.000 095~7.51	0.000 6	<0.025~4.30	≤10
铅（Pb）	0.005 3~9.54	0.023 5	<0.05~2.43	≤50
汞（Hg）	0.000 15~0.32	0.012 8	<0.005~0.022	≤5

8. 其他代谢产物

除了以上几大类成分外，沼液中还含一些烷类、酯类代谢产物。宋成芳等（2011）采用石油醚对沼液浓缩液中部分挥发性成分进行萃取，并通过气相色谱-质谱联用仪（GC-MS）测定表明，挥发性成分主要是烷类化合物，还有少量酯类化合物。包括1，2，3-二羧基丙脂、十七烷、2，6，10-三甲基十四烷、2，6，10，14-四甲基十六烷、1，2苯二羧基酸-2-甲基丙烷基脂、1，1′-[1，3-亚丙（双氧）]-十八烷。霍翠英等（2011）从猪场沼液中发现了一些喹啉酮类化合物，如8-羟基-34，-二氢喹啉-2-酮和34，-二氢喹啉-2-酮在沼液中的含量为737.5μg/L 和177.5μg/L，这些物质可能具有一定的杀菌作用。上海海洋大学许剑锋课题组从鸡场粪污沼液中分离到一些萜类物质，发现其中一些化合物具有一定的抗癌和抗菌活性（刘丁才，2015；吴慧斌，2015）。

三、沼渣、沼液的经济价值

沼渣和沼液富含营养成分，具有一定的经济价值，但是目前大多数沼气工程产生的沼渣和沼液难以完全商品化出售。相对而言，沼渣的出售率较沼液高，沼渣的价格与固液分离后的粪渣的价格相当，在 300~500 元/t。少数地方沼液售价 5~40 元/t，但大多数地方沼液主要以免费使用为主，有些大型养殖场为了处理沼液甚至要向沼液使用者补贴一定的费用。

目前对沼渣沼液价值进行评价的方法主要有两种，一是沼渣沼液养分含量定价法，即通过检测沼渣沼液中主要营养元素含量，并根据当地市场销售肥料中相同元素的价格来确定沼渣沼液的价格；二是应用效果定价法，即以不同量的化学肥料、沼渣沼液进行施肥，作物收获后根据不同处理的实际产量作对比，从而拟合出与沼渣沼液"等价值"的施肥量，再根据施用肥料的价格来确定沼渣沼液的价格。张昌爱等

（2011）采用养分含量定价法得到的牛场废水沼液价格为 78.12 元/m³，采用沼液应用效果定价法得到的沼液的价格为 111.4 元/m³。后来又对养分含量定价法进行了修订，考虑了沼液与其他肥料相比增加的运输成本、施用成本，以及沼液受欢迎程度得出牛场沼液的价值为 38.50 元/10³kg（张昌爱等，2012）。

沼渣沼液价格的具体计算公式为：

$$P = \left[(\rho_{OM} \times \eta_{OM} + \rho_N \times \eta_N + \rho_P \times \eta_P + \rho_K \times \eta_K) - PM - PU \right] \times \delta \qquad (8-1)$$

式中 P——沼渣沼液的价格，元/m³；

ρ_{OM}——有机质的价格；

η_{OM}——有机质含量；

ρ_N——氮的价格；

η_N——氮含量；

ρ_P——磷的价格；

η_P——磷含量；

ρ_K——钾的价格；

η_K——钾含量；

PM——沼渣沼液与其他肥料相比增加的运输成本，元/m³；

PU——沼渣沼液与其他肥料相比增加的施用成本，元/m³；

δ——沼渣沼液与其他肥料相比实际的受欢迎程度，用百分比来表示。

沼渣沼液因具有废弃物和肥料的双重属性，因此，在考虑其价值时应该同时考虑其资源化利用的实际价值和污染减排的环境价值。

第二节　沼渣、沼液在农业生产上的作用

沼渣、沼液富含营养物质和活性成分，是良好的肥料，并且沼渣、沼液在以下几方面的优势也有利于其在农业生产上的利用：①沼气发酵过程降解挥发性有机化合物，减少了臭味排放。②短链有机酸被广泛降解，降低了烧苗风险。③氮素以氨氮为主，提高了氮的利用效率。④杂草种子和一些病原体在沼气发酵过程中被杀灭。

一、改良土壤

沼渣和沼液中含有营养盐、有机物和腐殖酸等物质，利于土壤的改良，施用沼渣和沼液都对土壤有明显的改良效果。沼渣和沼液中的腐殖酸对形成土壤团粒结构起到重要作用，粗纤维类有机成分利于疏松土壤和增加土壤有机质，营养盐类则可以增加

土壤总氮以及速效 N、P、K 的含量。长期施用沼渣沼液不仅能够提高土壤肥力、改善土壤结构，还能提高土壤保水保肥能力、增强土壤微生物活性及降低土壤重金属毒性等。

沼渣可以改良土壤结构，长期的试验结果（5 年和 10 年）表明沼渣可以改善土壤胶体的性质、增加复合胶体和微结构体的数量，使土壤容重降低、总孔隙增加、固相减少、气相增加（金一坤，1987；李全等，1992）。沼渣也可以提高根际微生物的数量，提高土壤酶的活性，提高土壤中氮、磷、钾的转化及吸收率，降低过量养分在土壤中累积，同时提高土壤中微量元素的含量（徐秋桐等，2016；尹淑丽等，2017）。与施用化肥和不施肥的对照土壤相比，施用沼渣后的土壤食物网呈结构化，土壤养分得到了富集（李钰飞等，2017）。

沼液可以改变土壤的理化性质，使土壤疏松，色泽加深，土壤颗粒变小，保墒保肥能力提高，易于耕作。施用沼液可以使土壤具有高效的保肥力和缓冲性，促进土壤微生物的均衡生长，使土壤中 TN，速效 N，速效 P，速效 K 提高。Cordovil 等（2011）的研究结果表明，在施用沼液后土壤中的铵态氮和硝态氮的含量增加，沼液对土壤的改良与修复方面具有良好的作用。潘越博（2009）的研究表明，使用沼液两年多后，种植紫花苜蓿的土壤有机质、全氮、碱解氮、全磷和速效磷较未施沼液组分别提高了 181.6%、59.6%、93.4%、153.3% 和 100.0%。针对不同地域、不同土壤类型的研究表明（表 9-13），施用沼液促进土壤有机质提升，有机质能吸附较多的阳离子，使土壤具有保肥力和缓冲性，增加土壤的通透性，改善土壤团粒结构，长期施用沼液对培肥地力有积极影响。

沼渣沼液的 pH 值一般为中性至碱性，可以提高酸性土壤的 pH 值，改良酸化的土壤，增加土壤交换性盐基数量，提高土壤盐基饱和度、土壤阳离子交换量、土壤有机质含量等。沼渣沼液也可以用来改良盐碱土，提高碱土养分含量，改善土壤物理性状和提高农作物产量（表 9-13）。

表 9-13　沼渣、沼液对不同地域土壤的改良效果

土壤类型	实验地点	改良结果	参考文献
褐土	北京市大兴区	表层土壤全氮含量提高 65%，土壤 pH 值下降 0.4	陈永杏等，2011
	浙江省海宁市	对 pH 值和速效成分影响不大，有机质和总 N 含量较对照分别可增加 23%、32%	王卫平等，2011
红壤土	浙江省慈溪市	较化肥提高了土壤 pH 值，最高 0.5，pH 值接近中性，对速效 N、P、K 的培肥效果不如化肥	倪亮等，2008
	福建省福清市	0~30 cm 土壤全 N 出现积累，对碱解 N、全 P 和速效 P 没有影响	吴飞龙等，2011
沙壤土	广西南宁市	沼液与化肥配施有机质质量分数比对照提高近 50%，速效 N、P、K 显著积累，但 pH 值有下降趋势	甘福丁等，2011

（续表）

土壤类型	实验地点	改良结果	参考文献
沙壤质碱土	—	沼渣沼液提高碱土养分含量，改善土壤物理性状和提高农作物产量	蔡阿兴等，1999
酸性土壤	—	提高土壤 pH 值，增加土壤交换性盐基数量，提高土壤盐基饱和度、土壤阳离子交换量、土壤有机质含量，提高作物产量	石红静等，2017；谢少华等，2013

二、防治病虫害

沼渣沼液具有防病、抑菌和抑制虫害的作用，防治病虫害主要有四种应用方式：① 沼渣、沼液的根施直接对土传病害进行抑制或提高作物的抗病虫害能力。② 沼液浸种提高幼苗甚至成苗的抗逆能力。③ 沼液的喷施对作物病虫害进行防治。④ 沼液配合农药使用。四种方式可以单独使用，也可以组合使用，沼液喷施是较为常用的方式。

大田实验表明沼渣作为基肥能够提高玉米的抗病能力（张建锋，2013）。施用沼渣的盆栽实验表明植食性线虫在沼渣处理中受到了明显的抑制（李钰飞等，2017）。来自不同沼气工程的沼液根施对草莓枯萎病菌的菌丝生长都有不同程度的抑制作用，沼液中的拮抗微生物是沼液抑菌防病的主要因子（马艳等，2011）。沼液浸种、喷施和沼渣沼液根施三种方式综合应用能够防治或减轻玉米大斑病、小斑病、褐斑病、叶鞘紫斑病及茎腐病等，能够提高玉米的抗病水平、降低玉米的发病级别（张冠鸣，2014）。

沼液喷施对某些植物病原菌具有明显的抑制效果，如穗颈瘟、纹枯病、白叶枯病、叶斑病、叶锈病、白粉病、霜霉病、灰霉病等，在某种程度上可以替代农药。沼液对水稻的白叶枯病、纹枯病抑制作用和井冈霉素效果几乎一致，相对降低发病率约65%。在棉花花蕾期和初花期喷施沼液，可以明显防治枯萎病的发生，在棉花盛花期之前喷施沼液对黄萎病有明显的防治作用。小麦田施用沼液与施用多菌灵相比，沼液防治赤霉病的效果与多菌灵相当（张晓辉，1994）。喷施沼液还可以抑制蚜虫、菜青虫、红蜘蛛、白粉虱等 10 多种虫害。研究表明将市售农药与 5 倍 2% 的沼液混合使用，与农药单独使用相比，可以提高 30% 以上的杀虫效果。红富士苹果树喷施沼液，与不喷施的果树相比较，蚜虫和红蜘蛛的数量明显减少，杀虫效果达到 80% 以上（张无敌等，2001）。

沼渣沼液防治病虫害的机制主要有：① 沼气发酵过程杀灭病原菌（如沙门氏杆菌、巴氏杆菌等）、虫卵和一些植物病毒。② 沼渣沼液中还原性物质多、氧化还原电位低，与害虫接触发生生理夺氧和运动去脂反应。③ 沼液中 NH_4^+ 浓度较高具有一定的杀菌作用，并且沼液中含有的赤霉素、吲哚乙酸、维生素 B 等对有害微生物有抑制作用。④ 沼渣沼液中菌体分泌某些的特殊物质能够抑制有害病菌生长、驱除害虫，部分微生物菌种可通过竞争、拮抗和重寄生等作用抑制其他菌种生长。⑤ 沼渣沼液中营养元素和生物活性物质也可提高作物抗病虫害的能力（曹汝坤等，2015）。

三、增加作物产量

因为沼渣沼液能提供养分、改善土壤结构、并能防治病虫害，所以沼渣、沼液对粮食作物、蔬菜和水果都具有明显的增产作用（表9-14）。不管是沼渣、沼液单独施用、沼渣沼液混合施用，还是沼液与化肥配合施用、沼液灌溉和叶面喷施对作物都有一定程度的增产效果。粮食作物和水果增产一般小于20%，而蔬菜作物的增产效果更明显，最高可达98%。

表 9-14　沼渣沼液对作物的增产效果

作物	地点	施用方法、效果	参考文献
水稻	浙江省嘉兴市	水稻产量随沼液施用量提高而显著增加，最高可提高产量14%	李艾芬等，2011
	辽宁省灯塔市	2 000 kg/亩的沼渣沼液施用量时产量最高，高于单施化肥，但混合施肥（沼肥+复合肥）的产量高于单施沼肥的产量	陈为，2016
玉米	四川省资阳市	每公顷沼液用量在 75 000~105 000 kg 时，可获得与化肥处理相近的产量	伍钧等，2014
	—	用沼渣 30 000~45 000 kg/hm^2 配合施用 450~600 kg/hm^2 复合肥增产效果明显，比对照增产6.67%~16.03%	祝延立等，2011
小麦	安徽省肥东县	基肥60 000 kg/hm^2 沼渣+150 kg/hm^2 尿素处理小麦产量最高，达 6 525 kg/hm^2，比对照（150 kg/hm^2）产量高 6.5%	李友强等，2014
大豆	—	100%沼渣、30%沼渣+化肥、20%沼渣+化肥处理的大豆产量分别增加 1.02%，10.48%，0.16%	张玉凤等，2011
小白菜	上海市	施加沼液组的产量均有不同程度提高，最高达98%	王远远等，2008
苹果	河北省保定市	以沼液灌溉结合叶面喷施的方式，单棵产量平均最高为 400 kg，比对照提高13%~20%	钱靖华等，2005
柑橘	浙江省宁海县	300 000 kg/hm^2 沼液浇灌替代化肥，产量提高8.59%	王卫平等，2011
牧草	福建省南平市	沼液灌溉（52 500 kg/hm^2）比化肥增产37.95%~58.74%	谢善松等，2010

沼渣和沼液单独或混合施用虽然能够提高作物产量，在一定程度上替代化肥，但是大量研究表明，沼渣沼液与化肥搭配使用增产效果更好，原因可能是搭配使用后，营养元素更加均衡，尤其是氮素供应充足后产量明显增加。

四、提高农产品品质

施用沼渣、沼液不仅能增加作物产量，更重要的是能提高农产品品质。评价农作物品质的指标主要有维生素、糖分、蛋白质、硝酸盐和矿物质等。对于粮食作物，施用沼渣沼液可以提高籽粒中蛋白质和矿物质的含量，如水稻和玉米中的 Fe、Mn、Ca、Mg 等（表 9-15）。对于水果类作物，沼渣沼液的主要作用在于提高可溶性固形物和糖含量，提高果实糖酸比，改善风味，并提高果实内维生素 C 的含量。对于蔬菜类作物，沼液除了可以使其维生素 C 和可溶性糖含量提高外，还可以降低蔬菜中硝酸盐的含量。另外，施用沼液也能够改善茶叶化学品质、感观品质和加工品质，如香气、汤色、滋味（表 9-15）。

表 9-15　沼渣、沼液施用对作物品质的改善作用

作物	施用方法与用量	施用效果	参考文献
水稻	基肥与追肥，11 250～18 750 kg/hm²	提高稻米中蛋白质的含量，强化稻米中 Fe、Mn、Ca、Mg 等矿质含量	唐微等，2010
	常规施肥＋沼渣 30 000 kg/hm²	提高精米率、整精米率、胶稠度	王家军等，2012
玉米	基肥与追肥，75 000～105 000 kg/hm²	玉米籽粒中 Fe、Mn、Zn、Cu、Ca、Mg 含量均较高	伍钧等，2014
甜玉米	沼液、沼渣与化肥配施	增加籽粒还原糖含量	刘芳等，209
柑橘	浇灌，300 000 kg/hm²	增加柑橘果实可溶性固形物含量，提高果实糖酸比，改善柑橘的部分品质指标	王卫平等，2011
苹果	灌施＋叶面喷施	维生素 C 比对照平均高 12 mg/kg，施用沼液的果实个大，着色好，脆硬多汁	钱靖华等，2005
葡萄	沼渣、沼液追喂、喷洒	提高浆果中可溶性固型物含量，甜度增加 1.75°，硬度提高 2（10⁵ Pa）	颜炳佐等，2012
小白菜	追肥，70%沼液	提高维生素 C 和可溶性还原糖含量，降低硝酸盐含量	王远远等，2008
	沼渣有机无机复混肥	硝酸盐含量降低了 7.8%～56.7%，水溶性糖含量提高了 13.1%～23.6%，还原型维生素 C 含量提高了 18%～38.2%	董志新等，2014
茶	沼液与清水容量比为 1.5，喷施	改善茶叶化学品质和感观品质	向永生等，2006
	5 000 kg/hm² 沼渣或 110 000 kg/hm² 沼液	提高成品茶加工品质，如香气、汤色、滋味等	林斌等，2010

第三节 沼渣的利用

沼渣可以直接用作肥料，也可以进一步加工成商品肥和其他产品。用作沼肥的沼渣应该来自于发酵完全的沼气发酵池（罐），满足《沼肥》（NY/T 2596—2014）标准，水分含量 60%～80%，pH 值为 6.8～8.0，沼渣干基样的总养分含量应 ≥3.0%，有机质含量 ≥30%。

一、沼渣肥料化利用

（一）沼渣作基肥

沼渣的养分含量高，还含有丰富的有机质和较多的腐殖酸，肥效缓速兼备，是一种具有较高利用价值的有机物肥料，可以替代化肥、增强土壤肥力。沼渣直接用作基肥是目前最为常见的利用方式，沼渣作基肥时，可采用穴施、条施、撒施等方法。撒施后应立即耕翻，使沼渣充分和土壤混合，并立即覆土，陈化一周后便可播种、栽插。施用量根据作物不同需求确定，具体年施用量见表 9-16。

表 9-16 几种主要作物沼渣年施用参考量

作物	沼渣施用量（kg/hm²）
水稻	22 500～37 500
小麦	27 000
玉米	27 000
棉花	15 000～45 000
油菜	30 000～45 000
苹果	30 000～45 000
番茄	48 000
黄瓜	33 000

沼渣作为基肥时，可以在拔节期、孕穗期施用化肥作追肥。对于缺磷和缺钾的旱地，还可以适当补充磷肥和钾肥（表 9-17）。

表 9-17 几种主要作物沼渣与化肥配合年施用参考用量（N 素化肥选用其中一种）

作物种类	沼渣用量（kg/hm²）	尿素用量（kg/hm²）	碳铵用量（kg/hm²）
水稻	11 250~18 750	120~210	345~585
小麦	13 500	150	420
玉米	13 500	150	420
棉花	7 500~22 500	75~240	240~705
油菜	15 000~22 500	165~240	465~705
苹果	15 000~30 000	165~330	465~945
番茄	24 000	255	750
黄瓜	16 500	180	510

（二）沼渣作追肥

沼渣也可以作为追肥，在果树上应用较多，主要以穴施和沟施为主。苹果每棵可以施用沼渣 20~25 kg 作为追肥（吴亚泽等，2009），柑橘类每棵可以施用沼渣 50~100 kg 作为追肥（吴带旺，2010）。沼渣也可以作为农作物和蔬菜的追肥，每亩用量在 1 000~1 500 kg，可以直接开沟挖穴将沼渣施在根周围，并覆土以提高肥效。

（三）沼渣深加工肥料化利用

沼渣也可以经过好氧堆肥后再利用，高温好氧堆肥发酵不仅能够稳定沼渣的性质，提高其性能，还能提高其所含有机物复合化、资源化效率。沼渣堆肥过程需要供应充足的氧气，如果分离出来的沼渣太湿、太稠，堆肥需要添加有机纤维物质（如木屑、秸秆）改善发酵环境和调节 C/N。由于沼气发酵过程中，大部分有机物已经被降解，因此，沼肥堆肥能达到的温度只有 55 ℃ 左右，没有畜禽粪便堆肥达到的温度高。堆肥可以降解木质素、纤维素等有机大分子，去除有害物质；同时蒸发大量水分，增加固体部分的养分浓度，但也会造成氮损失。

经过堆肥处理后，沼渣可以通过转鼓干燥机、带式干燥机以及喂料转向干燥机等设备进行干燥。但是在干燥过程中，沼渣含有的氨氮以氨气形式转移到干燥机废气中，因此需要处理废气，防止氨的排放。通过干燥，可以形成干物质含量达 70% 甚至 80% 的沼渣，便于储存和运输。沼渣经过好氧堆肥后可以直接利用，也可以经过造粒等工序制成有机肥出售，沼渣制肥工艺流程见图 9-1。

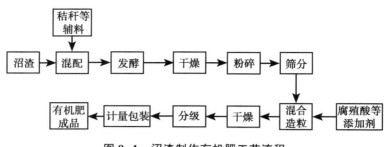

图 9-1　沼渣制作有机肥工艺流程

二、沼渣基质化利用

由于沼气发酵残余物中大部分水溶性速效营养成分被分离到沼液中，沼渣中的营养成分主要以缓释性营养成分为主，除了作为肥料外，沼渣基质化利用也是较好的选择。pH 值和电导率 EC 值是评价基质的重要指标之一，对作物的生长发育及品质有很大影响，与常用有机质草炭相比，沼渣 pH 值略高，但也在理想值范围之内，沼渣的 EC 值也符合理想基质要求，有利于有机蔬菜的生长发育（表 9-18）。但是由于沼渣中营养成分含量较高，单独的沼渣不宜直接作为栽培基质使用，一般要与蛭石、珍珠岩、草炭等材料复配后用于育苗、无土栽培和食用菌栽培等。

表 9-18　沼渣与其他有机质 pH 值和电导率的比较（赵丽等，2005）

样品	pH 值	电导率 EC 值（mS/cm）
进口草炭	5.74	0.11
华美草炭	5.1	0.24
沼渣	7.22	1.48
理想基质	6~7.5	<2.5

育苗基质的主要作用是固定并支持秧苗、保持水分和营养、提供根系正常生长发育环境。沼渣与其他材料复配后可以直接放入成型的育苗盘进行育苗，也可以通过机械在一定的压力下压制成圆饼状的育苗营养块。在基质中添加一定比例的沼渣，有利于促进幼苗的生长，提高幼苗的质量。但是沼渣的比例不宜过高，具体比例因沼渣的营养成分含量和所种的作物而定，一般沼渣添加比例不超过50%，以鸡粪为原料的沼渣添加比例一般较低，以秸秆为原料的沼渣添加比例相对高一些。

如表 9-19 所示，沼渣常被用于蔬菜育苗和无土栽培中，主要与蛭石、珍珠岩、草木灰等进行复配。用作林木育苗、草皮培育、水稻育苗的基质，可以与椰糠、土壤等进行复配。而用于食用菌类的栽培则需要与更多的材料进行复配，如麦秆或稻草、棉籽皮、石膏、石灰等。培养蘑菇时，需要按沼渣∶麦秆或稻草∶棉籽皮∶石膏∶石灰＝1 000∶300∶3∶12∶5的比例混合作为栽培料。培养平菇时可以按沼渣∶棉壳＝6∶4或7∶3进行配料。培养灵芝时则需要在沼渣中加入50%的棉籽壳、少量玉米粉和糖。

表 9-19　沼渣基质化利用的配比

作物	类型	复配方案	参考文献
青椒	育苗	沼渣∶秸秆∶草木灰配比3∶1∶2和3∶0.5∶2	祝延立等，2016
番茄	育苗	与草炭、蛭石、珍珠岩复配，沼渣的施用量不应大于30%，10%沼渣的配比最优	常鹏等，2010
茄子	育苗	基质与沼渣配比为1∶5的效果最好，促进茄子幼苗的生长，提高幼苗的质量	李烨等，2012
番茄、辣椒	无土栽培	沼渣∶蛭石∶珍珠岩体积比为2∶3∶1的配比最能促进作物的株高和叶片的生长	王秀娟，2006
油茶	育苗	与椰糠、黄心土复配，沼渣添加量为15%的配方，油茶扦插苗的新梢长度高于其他配方	李烨等，2012
白桦	育苗	沼渣∶椰糠∶蛭石配比4∶4∶2	苏廷，2017
高羊茅	草皮无土栽培	沼渣∶土壤体积比为6∶4	宋成军等，2015
水稻	育苗	沼渣与床土比例为1∶4，水稻各项生理指标较好	崔彦如等，2015
金针菇	栽培基质	40%沼渣、30%麸皮、29%玉米芯、1%石膏，含水量63%~65%	于海龙等，2012

三、沼渣的其他利用

沼渣富含营养盐、氨基酸等，可以用作动物饲料，用于养鱼、喂猪、养蚯蚓等。对于一些因重金属超标或者因其他原因无法进行肥料化、饲料化利用的沼渣，则可以材料化和能源化利用。

（一）饲料化利用

沼渣中含有一定量的粗蛋白、粗纤维和氨基酸，可以用于动物饲料。沼渣可以用于养黄鳝，沼渣中的养分，可供鳝鱼直接食用，同时也能促进水中浮游生物的繁殖生长，为鳝鱼提供饵料，减少商品饵料的投放，节约养殖成本。沼渣也可以用于蚯蚓养殖，一般沥干的沼渣要与20%左右的碎稻草、麦秆、树叶混合使用。

（二）垫料化利用

沼渣中含有一定量的粗纤维，干燥的沼渣质地疏松，能替代砂、秸秆作为畜禽垫料。如在奶牛饲养中，牛卧床的砂常常进入牛粪污水中，影响粪污处理与沼气发酵，目前的技术措施很难去除牛粪中的砂，采用沼渣替代砂作为牛卧床垫料可取得较好的

效果。

（三）原料化利用

一些研究显示，沼渣可以作为低级的建筑产品和复合材料生产中密度纤维板或木–塑复合板（Winandy 等，2008）。武汉理工大学利用沼渣作为造孔剂加入到原料体系中可获得较好的塑性成型能力，将沼渣掺量控制在 10%、烧结温度制度控制在 1 000 ℃并保温 3 h 时，能够制备出满足 MU10（GB 5101—2003）各项性能指标并符合环境保护要求的烧结墙体材料（蹇守卫等，2015）。

沼渣营养物质丰富，适合苏云金芽孢杆菌的生长与增殖。50%的沼渣添加 35%啤酒糟，10%玉米粉，5%豆饼粉可以用作固态发酵培养基生产 Bt 生物农药。与传统培养基比较，降低了 36.3%的生产成本，且发酵性能优良（张玮玮等，2013）。

（四）能源化利用

能源化也是一些无法肥料化利用沼渣的一种出路。Kratzeisen 等（2010）对两种不同原料的脱水沼渣进行燃烧试验，发现其热值与木材相当，且产生的烟气能够达标排放，证明了沼渣作为燃料原料的可行性。沼渣能源化利用涉及另外的处理，如纤维分离、干燥、造粒。含有高灰分、硫和氮的沼渣还必须进行排放控制。

第四节　沼液的利用

沼液具有产量大、价值密度低的特点，运输成本和处理成本较高，就近还田仍是目前主要的利用方式。

一、沼液直接还田利用

沼液直接还田利用是指从沼气发酵罐流出的沼液经过简单的储存后直接施用于农作物。沼液还田利用环节包括沼液储存、输送以及施用方式与机具等，需要考虑当地土地承载力和存储、输送和施用过程的经济性。

（一）土地承载力

沼液适度还田利用有利于培肥地力、改善土壤结构，但是，农田过度施用会导致土壤及水体污染，因此还田利用前需要评估沼气站附近农田土地的承载负荷。为了保护地下和地表水不受硝酸盐污染，欧盟《硝酸盐法案》[the Nitrate Directive（91/676/EEC）] 限制了农田氮的输入，最大量为 170kg/（ha·年），并且禁止在冬季施用。

一些欧洲国家对农田营养负荷的规定见表9-20。

表 9-20 一些国家对农田营养负荷的规定

国家	最大营养负荷	要求的储存时间	强制施用季节
奥地利	170 kg/（hm²·年）	6个月	2月28日—10月25日
丹麦	140 kg/（hm²·年）	9个月	2月1日至收割
意大利	170~500 kg/（hm²·年）	90~180 d	2月1日—12月1日
瑞典	基于养殖数量	6~10个月	2月1日—12月1日

　　我国《畜禽粪便还田技术规范》（GB/T 25246—2010）、《畜禽粪便安全使用准则》（NY/T 1334—2007）规定，畜禽粪便还田限量以生产需要为基础，以地定产，以产定肥。根据土壤肥力，确定作物预期产量，计算作物单位产量的养分吸收量，结合畜禽粪便中营养元素含量、作物当年或当季的利用率，计算基施或追施应投加的畜禽粪便量。在不施用化肥情况下，小麦、水稻、玉米和蔬菜地的猪粪肥料使用限量（以干物质计）见表9-21、表9-22、表9-23。沼液的施用量应折合成干粪的营养物质含量进行计算。《畜禽粪便安全使用准则》（NY/T 1334—2007）给出的猪粪氮含量参考值为 1.0%（以干物质计），按此推算，小麦、水稻氮施用限量为 140~220 kg/（hm²·茬），果园氮施用限量为 200~290 kg/（hm²·年），菜地氮施用限量为 160~350 kg/（hm²·茬）。推算出的氮营养限量与欧洲国家的农田营养负荷接近。根据猪的氮排放量估算，每亩农作物（小麦、水稻、玉米）每茬可以承载 2~3 头猪的粪污或其沼液，每亩果园、菜地分别可承载 2~5 头猪的粪污或其沼液。

表 9-21 小麦、水稻每茬猪粪使用限量（以干物质计） 单位：10³kg/hm²

农田本地肥力水平	Ⅰ	Ⅱ	Ⅲ
小麦和玉米田施用限量	19	16	14
稻田施用限量	22	18	16

表 9-22 果园每年猪粪使用限量（以干物质计） 单位：10³kg/hm²

果树种类	苹果	梨	柑橘
施用限量	20	23	29

表 9-23 菜地每茬猪粪使用限量（以干物质计） 单位：10³kg/hm²

果树种类	黄瓜	番茄	茄子	青椒	大白菜
施用限量	23	35	30	30	16

盛婧等（2015）以存栏万头猪场为例，根据猪群结构比例、废弃物产生量及氮磷含量、废弃物处理利用过程中养分损失率以及作物氮磷钾需求量等资料，分析计算出粪污全部沼气发酵情况下，发酵残余物（沼渣沼液）安全消纳需要配置的最少农田面积分别为：粮油作物 272.5~285.4 hm²，或茄果类蔬菜 149.4~188.2 hm²，或果树苗木地 599.4~1 248.8 hm²。也就是该模式下粮油作物地、茄果类蔬菜地、果树苗木地每公顷分别可承载 35~37 头、53~67 头、8~17 头存栏猪的粪污沼气发酵残余物（沼渣和沼液）。以此折算成奶牛为 5~6 头、8~10 头、1~3 头，肉牛 10~12 头、16~20 头、2~5 头，家禽200~1 700 羽。

（二）沼液储存

沼液连续产生，但是作物耕作和施肥间断进行，合理储存不仅能够解决这一矛盾，也可保持沼液作为肥料的质量，并且能防止氨挥发、甲烷排放、养分流失以及臭味和气溶胶的散发，减少沼液对环境的影响。

1. 沼液储存方式

为了防止开放储存池的氨损失和甲烷排放，德国要求沼液储存必须加盖，以减少养分损失和氨挥发、残余物产生甲烷的污染以及臭味释放，还可减少雨水对沼液的稀释。沼液储存池广泛采用密封气袋（膜顶盖）覆盖，气袋由高分子膜材料制成，四周固定在储存池边上，中间由柱支撑。如果不能采用膜顶盖覆盖，储存池至少应该有一层碎秸秆、黏土或塑料片形成的浮渣层或结壳层。结壳层必须人工产生，因为沼液不像生鲜粪污那样能形成表面结壳层。沼液准备外运利用或搅拌前，结壳层必须保持原貌。

沼液可以在沼气站内储存，或者临近利用的地方储存。欧洲的沼液储存设施通常建在地上，氧化塘、储存袋也用作沼液储存设施。国内的沼液储存设施通常建在地下，目前没有强制要求加盖。

2. 沼液储存时间

沼液的产生是一个连续的过程，畜禽粪污处理沼气工程几乎每天都产生沼液，而施肥具有季节性，因此，需要将沼液储存到作物施肥季节才能施用。需要的储存容量和时间取决于地理位置、土壤类型、冬季降水量和作物轮作制度。一些欧洲国家对沼液施用季节进行了限制，意味着沼液必须储存 4~9 个月（表9-20）。在气候温暖地区，作物常年生长，储存时间可以缩短。我国《畜禽养殖业污染治理工程技术规范》（HJ 497—2009）要求，种养结合的养殖场，粪污或沼液储存池的储存期不得低于当地农作物生产用肥的最大间隔时间和冬季封冻期或雨季最长降雨期，一般不得小于30 d 的排放总量。

3. 沼液储存过程中的物质变化与环境风险

沼液中仍含有一定量的有机物和大量可溶性营养盐，在储存过程中会继续产生甲烷和二氧化碳，二氧化碳逸出会使沼液 pH 值上升，从而增加 NH_3 挥发。在沼液的储存过程中也会伴有一定量的 N_2O 产生。CH_4、CO_2 和 N_2O 都是温室气体。挥发的 NH_3 会在大气中形成硫酸铵，成为 PM 2.5 颗粒的核，增大雾霾产生机率。另外，氨挥发也会增强氮沉降或酸雨形成，对地表的生态系统造成影响。

黄丹丹等（2012）的研究表明，CH_4 和 NH_3 排放主要集中在储存前期，其中 CH_4 浓度在储存前 12 天不断增加并达到高峰值，随后呈下降趋势。而 NH_3 浓度在储存前期急剧增加，在后期排放量减少并趋于稳定。表 9-24 显示了沼液储存 46 天后与储存前相比的基本理化性质变化，氮磷的含量都有所降低，尤其是氨氮减少较大，氨挥发是主要原因。将沼液酸化可以有效降低 NH_3 的排放量。同时酸化处理有利于保留沼液的氮养分，有效保证了作为有机肥的氮含量，但是增加了 CH_4、N_2O 的排放。

表 9-24　猪场粪污沼液储存前后基本理化性质的变化（黄丹丹等，2012）

时间	储存体积（L）	TN（mg/L）	NH_4^+-N（mg/L）	TP（mg/L）	COD（mg/L）	TS（%）	VS（%）	灰分（%）
第 1 天	75	697	564	63.9	945	—	—	0.095 5
第 46 天	74.5	477	398	22.8	465	0.164	0.069	0.095 2

（三）沼液的运输

1. 运输方式

沼液运输方式的选择与沼液的产生量密切相关。户用沼气池的沼液产生量较少，一般通过人力挑抬就近运输。对于一些养殖场沼气工程而言，大量沼液需要周边大量土地进行消纳，一般采用沟渠、管道和罐车进行输送，管道主要用于近距离输送，罐车主要用于较远距离运输。

2. 运输距离与成本

运输距离影响沼液施用成本，关系沼液利用的经济性，是影响沼液还田的重要因素。曾悦等（2004）以福建为例研究了粪肥的经济运输距离，认为猪粪的经济运输距离为 13.3 km。欧洲沼气工程（进料 TS 浓度 8% 以上）推荐沼渣沼液运输半径 15 km。规模化猪场冲洗水一般是猪粪的 10 倍以上，TS 只有 1% 左右。因此，规模化猪场废水沼液的经济运输距离最好不要超过 5 km。

（四）沼液施用方式

根据沼液的特性，在实际生产中，可以用于粮食作物、蔬菜、水果、牧草的基肥、追肥、叶面肥以及浸种，近几年沼液的水肥一体化技术也有了一定发展。

1. 基肥和追肥

沼液作为基肥和追肥是目前沼液资源化利用的主要方式。

沼液作为基肥，在粮食作物、蔬菜耕作前采用浇灌的方式进行施肥。沼液作为追肥可以单独使用也可以配合其他肥料使用。

沼液可采用漫灌、穴施、条施和洒施等方式进行施用。在我国，沼液作为叶面肥时，常常喷洒式施用。但是该方式已经在很多国家被禁止，因为会引起空气污染和养分损失（图9-2a）。欧洲国家要求沼液的施用应减少表面空气暴露，尽快渗入土壤中。由于这些原因，通常采用拖尾管、从蹄或者注射施肥机进行沼液的施用。图9-2b-d是几种损失低、施用准确的施肥机。沼液施肥后应充分和土壤混合，并立即覆土，陈化一周后便可播种、栽插。沼渣与沼液配合施用时，沼渣做基肥一次施用，沼液在粮油作物孕穗和抽穗之间采用开沟施用，覆盖10 cm左右厚的土层。有条件的地方，可采用沼液与泥土混匀密封在土坑里并保持7~10 d后施用。

图9-2　沼液施肥机（Nkoa，2014）

2. 叶面喷施

沼液中的营养成分以水溶性为主，是一种速效性水肥，可作为叶面肥使用。用沼液进行叶面施肥有以下好处：一是随需随取，使用方便；二是收效快，利用率高，24小时叶片可吸收喷施量的80%。另外，喷施沼液不仅能促进植株根系发育、果实籽粒生长，提高果实数量，还可以降低发病率，减少害虫的啃食作用（夏春龙等，

2014）。

　　沼液叶面施肥通常采用喷施的方式，喷施工具以喷雾器为主，所以喷施前应对沼液进行澄清、过滤。所使用的沼液应取自在常温条件下发酵时间超过一个月的沼气发酵装置。澄清过滤后的沼液可以直接进行喷施，也可以进行适当的稀释，或添加适当量的化肥后使用。

　　沼液叶面肥的喷洒量要根据农作物和果树品种（表9-25）的生长时期、长势及环境条件确定。喷施一般在晴天的早晨或傍晚进行，不要在中午高温时进行，下雨前不要喷施。气温高以及作物处于幼苗、嫩叶期时稀释施用。气温低以及在作物处于生长中、后期可用沼液直接喷施。作为果树叶面肥，每7~10 d喷施一次为宜，采果前1个月应停止施用。喷施时，尽可能将沼液喷洒在叶子背面，利于作物吸收。

表9-25　沼液作为叶面肥的施用量

作物	沼液施用量	参考文献
春茶	沼液与清水容量比为1.5时总体效果最好	向永生等，2006
生菜	10%沼液	袁怡，2010
柑橘	在沼液中添加大量元素使其N∶P∶K的比例为2.5∶1∶2，但不添加微量元素	袁怡，2010
鸭梨	沼液稀释50倍后叶面喷施	尹淑丽等，2012

3. 沼液浸种

　　沼液浸种是将农作物种子放在沼液中浸泡后再播种的一项种子处理技术，具有简便、安全、效果好、不增加投资等优点，在我国农村地区有广泛的推广与应用。沼液浸种能提高发芽势和发芽率，促进秧苗生长和提高秧苗的抗逆性。主要原因是沼液中富含N、P、K等营养性物质及一些抗性和生理活性物质，在浸种过程中可以渗透到种子的细胞内，促进种内细胞分裂和生长，并为种子提供发芽和幼苗生长所需营养，同时还能消除种子携带的病原体、细菌等。因此沼液浸种后种子的发芽率高，芽齐、苗壮，根系发达，长势旺，抗逆性及抗病虫性强。

　　用于浸种的沼液应取自正常发酵产气2个月以上的沼气发酵装置，沼液温度应在10 ℃以上、35 ℃以下，pH值在7.2~7.6之间。浸种前应对种子进行筛选，清除杂物、秕粒，并对种子进行晾晒，晾晒时间不得低于24 h。浸种时将种子装在能滤水的袋子里，并将袋子悬挂在沼液中，然后根据沼液的浓度和作物种子的情况确定浸种时间，浸种完毕后应用清水对种子进行清洗。

　　《沼渣、沼液施用技术规范》（NY/T 2065—2011）推荐方法如下：常规稻品种采用一次性浸种，在沼液中浸种时间为：早稻48 h，中稻36 h，晚稻36 h，粳、糯稻可延长6 h。抗逆性较差的常规稻品种应将沼液用清水稀释一倍后进行浸种，浸种时间为 36~48 h。杂交稻品种应采用间歇法浸种，三浸三晾，在沼液中浸种时间为：杂交早稻为 42 h，每次浸 14 h，晾 6 h；杂交中稻为 36 h，每次浸 12 h，晾 6 h；杂交晚稻为 24 h，每次浸 8 h，晾 6 h。小麦种浸泡 12 h、玉米种浸泡时间为 4~6 h。棉花种子浸泡 36~48 h。浸泡完成后清水洗净，破胸催芽。

除了粮食作物外，沼液浸种也被推广到其他作物，如瓜果蔬菜、牧草、中草药等。由于沼液来源不同和作物种子的生物学特性的差异，对某种作物进行浸种时需要先确定好适宜的浸种浓度和浸种时间。

4. 水肥一体化

水肥一体化技术是一项将微灌与施肥相结合的技术，主要借助压力系统或者地形的自然落差，将水作为载体，在灌溉的同时完成施肥，进行水肥一体化管理利用。可以根据不同的土壤环境、不同作物对肥料需求量的不同，以及不同时期作物对水需求的差异进行设计，优化组合水和肥料之间的配比，以实现水肥的高效利用及精准管理的目的。

沼液中富含水溶性营养成分，可以作为水肥一体化的肥料来源，并且价格低廉、易于获得。但是目前水肥一体化末端利用一般以滴灌或喷灌为主，沼液中的高悬浮固体含量容易导致管路堵塞，因此过滤系统的选择与维护极为重要。另外，沼液中富含镁离子、铵根离子和磷酸根离子，在 pH 值升高的情况下会形成鸟粪石（磷酸镁铵）沉淀，堵塞喷头，因此以沼液为原料的水肥一体化利用也需要对末端利用组件进行改造。

（五）沼液还田的安全风险

沼液还田的安全风险主要源于畜禽粪污类发酵原料中含有的重金属和抗生素，这些物质会残留在沼液中，对土壤和水体造成威胁，进一步对作物造成影响。

段然等（2008）对连续施用沼肥 6 年的土壤进行取样分析，结果表明施用沼肥的土壤重金属类残留现象总体不明显，但 Cu、Zn 含量明显增高，沼肥与对应土壤中重金属、兽药残留量具有相关性，施用沼肥后土壤中抗生素类兽药残留检出率及环丙沙星类残留量均高于对照土壤。也有研究表明过量的沼液施用会造成土壤中的重金属积累（陈志贵，2010）。对于作物而言，沼液处理后的水稻重金属含量与空白对照组相差不大（赵麒淋等，2012；姜丽娜等，2011），在沼液用量高时，小白菜中的重金属含量相对于沼液用量低时有显著提高，但并未超标（黄界颖等，2013）。与化肥相比，虽然沼液中的重金属含量较低，但沼液的施灌量往往要大于化肥用量，从而带入土壤–农作物系统中的重金属含量略高。适量的沼液灌溉对作物安全没有太大影响，但高强度的施灌水平仍存在重金属在作物中累积的风险。

沼液作为叶面肥的风险在于重金属残留，夏春龙等（2014）对喷施沼液的芸豆果实样品进行了检测，Zn、Cu、Cr、Cd 4 种重金属含量范围分别为 31.93~38.88 mg/kg、5.56~8.29 mg/kg、0.64~1.29 mg/kg 和 0.09~0.15 mg/kg，未检测到 Pb，并未超过《食品中污染物限量》（GB 2762—2005）的规定。

施用沼液的另一个重要的潜在威胁在于沼液中的氮、磷等物质，因为氮、磷可能对水环境造成影响。沼液还田后氨氮和磷酸盐通过土壤中水分的转移，对周边的地表水和地下水都有潜在的污染风险。施用沼液后，未被作物吸收的氮磷等物质可能会通过地表径流进入地表水体，造成富营养化。沼液中的氨氮在土壤中硝化细菌作用下会形成硝态氮，硝态氮会随土壤渗滤液流入下部水层，对地下水造成污染。研究表明，连续三年施用沼液（用量小于 540 kg/hm²）的稻田田面水中的氨氮含量升高，但土壤渗滤液中氮含量变化很小（姜丽娜等，2011）。李彦超等（2007）采用杂交狼尾草盆栽实验发现，沼液灌溉质量分数不超过 50%时，渗滤液中的总氮、氨氮和硝态氮的含量均在安全范围。

综上，沼液的施用会对土壤、水环境和食品安全造成一定的潜在威胁，但是在合理的灌溉和喷施强度下，其威胁程度有限，可以通过合理的利用和严格的监管将风险控制在相关标准之内。

二、沼液肥料化高值利用

沼液高值利用是运用过滤、复配、络合、膜分离等技术，对沼液中养分进行浓缩，降低沼液体积，提高液肥中腐殖质和无机养分含量，根据不同作物的需求，配制生产具有作物针对性的商品肥料，提高经济价值。

（一）沼液作无土栽培营养液

无土栽培是用人工创造的根系环境取代土壤环境，并能对这种根系进行调控以满足植物生长需要的作物栽培方式，具有产量高、质量好、无污染，省水、省肥、省地及不受地域限制等优点。目前无土栽培主要采用化学合成液作为营养液，配制程序比较复杂，主要用于设施农业。沼液中含有植物生长所需的所有元素，而且经过稀释后基本上可以用作专用营养液（表 9-26）。

沼液无土栽培突破了无土栽培必须使用化学营养液的传统观念，克服了传统化学营养液无土栽培的缺点，保持了无土栽培不受地域限制、有效克服连作障碍、有效防治地下病虫害、节肥、节水、高产的优点。一些研究表明，利用沼液种植植物并没有引起植物地上部重金属的过量积累，进行无公害生产是可行的。利用沼液进行无土栽培生产番茄、黄瓜、芹菜、生菜、茄子，较之无机标准营养液栽培，品质显著提高，尤其体现在维生素 C 含量、可溶性固形物、可溶性糖含量的增加和硝酸盐含量的降低，产量也有一定的提高（王卫等，2009；陈永杏等，2011）。这充分体现了利用沼液配制植物水培液的优势，并且沼液无土栽培设施简便，易于就地取材，可作为沼气工程的后续产业，大面积推广应用。

表 9-26　沼液与无土栽培专用营养液成分比较（单位：mg/L）（周彦峰等，2013）

项目	硝氮	氨氮	磷	钾	钙	镁	硫	锰	锌	硼	钼	铜	铁
专用营养液	189	7	45	360	186	43	120	0.55	0.33	0.27	0.048	0.05	0.88
原沼液	0	984	247	500	590	161	68	11	1.20	0.91	0.20	0.19	4.50
稀释 5 倍沼液	0	197	49	100	118	35	13	2.20	0.24	0.18	0.04	0.04	0.90

沼液中的氨氮、盐度等一般较高，不利于植物的生长，用于无土栽培时一般要稀释，并且需要在储存池进行 30 天的熟化和稳定。经沉淀过滤后的沼液，可以根据各类作物的营养需求，按（1:4）~（1:8）比例稀释后用作无土栽培营养液。并且电导率值应控制在 2.0~4.0 ms/cm 之间，可用硝酸或磷酸将沼液的 pH 值调整到 5.8~6.5 之间。根据不同作物品种对微量元素的需要，可适当添加微量元素。在栽培过程中，要定期添加或更换沼液。加入螯合态铁以保持沼液中一定的铁浓度是解决沼液缺铁的有效方法（周彦峰等，2013）。

（二）沼液浓缩制肥

沼液相对于废水排放标准而言，其氮磷等物质浓度太高，但是相对于肥料而言，其营养物质浓度仍较低，因此单位养分的运输成本太高。目前畜禽粪污沼液肥料化主要以近距离还田利用为主。随着畜禽养殖业集约化、规模化的发展，养殖场周边土地消纳能力与沼液产量之间的矛盾越来越突出，将沼液进行浓缩以降低其运输成本是解决途径之一。常用的方法主要有负压蒸发浓缩、膜浓缩等。

负压蒸发浓缩是一种成熟而有效的液体浓缩技术，具有操作简单、对环境条件要求低、能够忍耐较高悬浮物等特点。负压浓缩技术在沼液的浓缩中，既能有效防止沼液内有效成分的流失，又能起到浓缩效果。浓缩温度一般在 50~80 ℃，实现沼液 4 倍左右的浓缩，浓缩液含有一定的营养物质且植物毒性较低，可以用于肥料，冷凝水可以回用或达标排放（表 9-27），但是蒸发浓缩能耗高。

膜浓缩具有工艺简单、操作方便和不改变成分等特点，是目前沼液浓缩试验最多的方法。膜浓缩有纳滤膜、正渗透膜、反渗透膜分离等技术。纳滤和反渗透需要较高的压力，而正渗透技术则需要氯化钠、氯化镁等作为汲取液。由于沼液中含有较高浓度的悬浮物，可能会对膜造成堵塞，纳滤和反渗透膜浓缩前需要进行预处理，预处理方式有砂滤、微滤、超滤、絮凝等。膜浓缩对沼液的浓缩倍数为 3~5 倍（表 9-27）。

表 9-27　几种沼液浓缩制肥技术

浓缩方式	浓缩比	浓缩效果	参考文献
负压蒸发浓缩，50 ℃ 和 2 kPa	4 倍	氨氮去除率为 86.41%，浓缩液对植物生理毒性较低。	贺清尧等，2016
正渗透，2 mol/L MgCl$_2$ 为汲取液	5 倍	溶解性有机物、总磷、总氮、氨氮和总钾浓度显著提高，截留率均达到 80% 以上	许美兰等，2016
正渗透，2 mol/L NaCl 为汲取液	5 倍	浓缩液对 COD、腐殖酸和氨基酸回收率高于 99.5%。	鹿晓菲等，2016
反渗透	3~4 倍	所产透过液中氨氮、COD 和电导率的去除率高达 90% 以上。	梁康强等，2011
管式微滤-碟管式反渗透膜	3~5 倍	所产透过液中 COD、氨氮、电导的去除率在 93% 以上。	王立江，2015
精密过滤-碟管式反渗透膜	4.3 倍	COD、NH$_3$-N 和 TP 的去除率全部超过 90%，脱盐率为 91.2%。	周宇远等，2016

在膜浓缩工艺中，采用最多的是反渗透膜分离工艺，主要有碟管式、中空纤维式、卷式和板框式等膜组件。其中碟管式反渗透（DTRO）工艺耐污性最强，国内外将其作为深度处理工艺用于填埋场垃圾渗滤液处理，适合沼液浓缩。鸡粪沼气发酵沼液浓缩试验工艺如图 9-3 所示，浓缩效果见表 9-28。COD、SS、总氮、总磷、氨氮都达到了较好的浓缩。出水 COD、总磷浓度较低，但是，出水总氮和氨氮浓度较高。

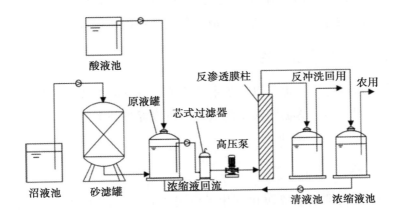

图 9-3　膜浓缩系统流程（梁康强等，2011）

目前膜分离技术在营养物浓度相对较高的鸡粪沼液浓缩制肥中已有生产应用，相应产品也已进入市场。而对于营养物浓度相对较低的猪场、牛场废水沼液，要达到理想的养分浓度，需要更高的浓缩倍数和生产成本。

表 9-28　鸡粪沼气发酵沼液浓缩试验效果（梁康强等，2011）

质指标	电导率（mS/cm）	COD（mg/L）	SS（mg/L）	总氮（mg/L）	氨氮（mg/L）	总磷（mg/L）
	22.1	7 467	7 240	3 600	3 347	120
透过液	0.778	59.1	5.0	228	197	5.2
浓缩液	66.7	26 208	24 145	12 550	10 339	420.5

大量试验证明，膜分离用于沼液浓缩，技术可行，浓缩效果较好，但是，也存在一些问题，制约了该技术在沼液浓缩中的应用：① 运行成本，膜组件本身价格相对较高，且运行过程中需要高压泵提供过膜所需的压力，高压泵耗能高，运行成本高，但是随着制膜技术的发展和膜浓缩工艺的优化，目前沼液膜浓缩的成本正被很多养殖场所接受。② 膜污染，由于沼液中含有大量的有机物及悬浮微粒，还有部分胶体粒子，这些物质均会造成膜的污染以致浓缩系统正常运行时间变短，预处理是目前常用的方法，但是也需要增加成本。③ 安全性，畜禽饲料含有重金属，重金属随着粪便一起进入沼液中。膜技术在浓缩沼液中的营养物质的同时，也将其中的重金属元素进行了浓缩，这会增加浓水在肥料化利用上的风险，但是目前的一些研究结果表明，浓水的重金属含量基本在国家相关标准允许范围之内。

另外，也可以采用磷酸铵镁（鸟粪石）沉淀技术、离子交换树脂等分别回收沼液中氮、磷、腐殖酸等物质，但是由于成本较高等原因难以大规模推广。

三、沼液在水产养殖上的应用

沼液中富含营养物质，也可以用于水产养殖，一方面沼液中的有机物可以直接作为鱼、虾等的饵料，另一方面沼液中的氮磷等可以促进藻类等的生长，为鱼、虾等提供饵料。

（一）沼液养鱼

利用沼液养鱼也是沼液资源化利用的常见途径，沼液可以用于草鱼、青鱼、鲫鱼、鲤鱼、鲍鱼、蝙鱼等鱼类的养殖。沼液可为水中的浮游动、植物提供营养，增加鱼塘中浮游动、植物的产量，丰富滤食性鱼类饵料，从而减少尿素等化学肥料的施用，也能避免施用新鲜畜禽粪便带来的寄生虫卵及病菌而引发的鱼病及损失，保障并大幅度提高效益。使用沼液养鱼，鱼苗成活率较传统养鱼可提高10%以上，鱼增产可达27%以上。

沼液既可作鱼塘基肥，又可作追肥。沼液作为鱼池基肥应在鱼池消毒后、投放鱼种前进行，每公顷水面施入沼液3 000~4 500 kg，一般不宜超过4 500 kg，作为追肥的施用量一般在 1 000~3 000 kg/ hm² （荆丹丹等，2016）。除了养鱼外，沼液也可以用于其他水产产品的养殖，如虾、河蚌等。

（二）沼液养藻

藻类是在水中营自养生活的低等植物，沼液中的氮磷等物质也可以供藻类利用。藻类能够大幅降低沼液中氮、磷含量，并且可以净化沼气中的 CO_2。利用沼液养殖微藻不仅能净化沼液，还能获得高密度高质量藻体，藻体可生产生物柴油或用作饲料蛋白。相对于沼液还田利用，沼液养殖微藻需要的土地面积大为减少（Xia 等，2016）。

沼液尽管营养丰富，但也有不利于藻类生长的因素，如沼液一般呈褐色，颜色较深，含有大量悬浮物，浊度较高，不利于透光。沼液的氨氮含量较高，对藻类的生长会造成毒害。在开放环境中，沼液很容易滋生杂菌、杂藻以及其捕食者如轮虫、噬藻体等，在微藻处理沼液的过程中，微藻细胞很容易受到虫害的影响。因此，沼液预处理对于整个微藻养殖过程至关重要。沼液预处理主要是降低浊度、调整营养结构以及预防虫害等。

利用沼液养殖微藻在达到净化沼液的同时也可以收获藻体用于其他用途，实现沼液的资源化再利用。从微藻生物质中可以提取 3 种主要成分：油脂（包括三酰甘油酯和脂肪酸）、碳水化合物及蛋白质。油脂和碳水化合物是制备生物能源（如生物柴油、生物乙醇等）的原料、蛋白质可以用作动物和鱼类的饲料。

目前微藻生物质的收获、干燥和目标产物的分离均为高耗能过程，仍是藻类资源化利用系统中亟须解决的问题。沼液中氮含量较高，微藻在高氮的条件下会积累大量蛋白质，可用作饲料。饲料化应用无须提取步骤，是现阶段较为理想的利用方式。

另外养殖一些能够生产高附加值产品的微藻也是较为理想的途径，如养殖雨生红球藻，可生产虾青素。养殖螺旋藻，可用于生产保健品等。

参考文献

毕于运.2010.秸秆资源评价与利用研究［D］.北京：中国农业科学院.

Birgitte K. Ahring. 2003.生物甲烷（下册）［M］.郭金玲，胡为民，龚大春，等译.北京：中国水利水电出版社.

蔡阿兴，蒋其鳌，常运诚.1999.沼气肥改良碱土及其增产效果研究［J］.土壤通报（1）：4-6.

蔡磊，王庆卫.1997.Lipp 技术及其在污水处理工程中的应用［J］.给水排水，23（6）：58-61.

蔡磊.1997.德国利浦制罐技术在大中型沼气工程中的应用［J］.中国沼气，15（2）：29-32.

蔡卓宁，蔡磊，蔡昌达.2009.产气、贮气一体化沼气装置—规模化沼气工程的新池型［J］.农业工程技术（新能源产业），1：31-33.

常鹏，张英，李彦明，等.2010.沼渣人工基质对番茄幼苗生长的影响［J］.北方园艺（15）：134-137.

曹汝坤，陈灏，赵玉柱.2015.沼液资源化利用现状与新技术展望［J］.中国沼气，33（2）：42-50.

陈超.2012.膜结构在沼气建设上的应用浅谈［J］.中国沼气，30：30-31.

陈凤琴，牛宝元.1995国内外青贮饲料制作技术［J］.养殖技术顾问（1）：50-51.

陈苗，崔岩山.2012.畜禽固废沼肥中重金属来源及其生物有效性研究进展［J］.土壤通报，43（01）：249-256.

陈为，孟红英，王永军.2014.沼渣、沼液的养分含量及安全性研究［J］.安徽农业科学（23）：7 960-7 962.

陈为.2016.沼肥对水稻产量的影响［J］.园艺与种苗（4）：57-58.

陈永杏，董红敏，陶秀萍，等.2011.猪场沼液灌溉冬小麦对土壤质量的影响［J］.中国农学通报，27（3）：154-158.

陈永杏，尚斌，陶秀萍，等.2011.猪粪发酵沼液对无土栽培番茄品质影响的试

验研究 [J]. 中国农学通报, 27 (19): 172-175.

陈玉谷, 刘作炯, 万秀林. 1988. 采用生物技术处理住宅生活污水的试验研究 [J]. 四川环境, 7 (2): 1-6.

陈文峰, 李景方. 2010. 大型玻璃钢罐在油田采出水处理站的应用及发展 [J]. 企业与科技, 5: 85-86.

陈志贵. 2010. 沼肥对蔬菜产量和安全性及土壤安全承载力的影响 [D]. 上海: 上海交通大学.

承磊, 郑珍珍, 王聪, 等. 2016. 产甲烷古菌研究进展 [J]. 微生物学通报 (05): 1 143-1 164.

程鹏. 2008. 北京地区典型奶牛场污染物排泄系数的测算 [D]. 北京: 中国农业科学院.

崔彦如, 赵叶明, 解娇, 等. 2015. 基于沼渣的育苗基质配方对水稻生理指标的影响 [J]. 山西农经 (9): 52-54.

邓良伟, 唐一, 黄品武. 1997. 净化沼气池处理公厕污水的研究 [J]. 农村能源, 3: 25-27.

邓良伟, 王蓓, 唐一. 1997. 低维持废水处理系统处理生活污水的工程示范与探讨 [J]. 环境保护, 6: 15-17.

邓良伟, 陈子爱. 2007. 欧洲沼气工程发展现状 [J]. 中国沼气, 25 (5): 23-31.

邓良伟, 等. 2015. 沼气工程 [M]. 北京: 科学出版社.

邓良伟, 王文国, 郑丹. 2017. 猪场废水处理利用理论与技术 [M]. 北京: 科学出版社.

董红敏, 朱志平, 黄宏坤, 等. 2011. 畜禽养殖业产污系数和排污系数计算方法 [J]. 农业工程学报, 27 (1): 303-308.

董仁杰, [奥] 伯恩哈特·蓝宁阁. 2000. 沼气工程与技术: 第4卷 [M]. 北京: 中国农业大学出版社.

董越勇, 聂新军, 王强, 等. 2017. 不同养殖规模猪场沼气工程沼液养分差异性分析 [J]. 浙江农业科学, 58 (12): 2 089-2 092.

董志新, 刘奋武, 续珍, 等. 2014. 沼渣有机无机复混肥对小白菜生长及品质的影响 [J]. 北方园艺 (22): 1-5.

董志新. 2015. 不同有机废弃物的肥料化利用研究 [D]. 山西: 山西农业大学.

段鲁娟, 曹井国, 熊发, 等. 2015. 鸟粪石沉淀法处理鸡粪发酵沼液的试验研究 [J]. 环境工程, 33 (07): 66-71.

段然, 王刚, 杨世琦, 等. 2008. 沼肥对农田土壤的潜在污染分析 [J]. 吉林农业大学学报，30（3）：310-315.

方国渊，常恩培，蔡昌达 .1986. 红泥塑料沼气池［J］. 太阳能（1）：6-10.

付杰，韩相奎，李广 .2014. 我国城市生活垃圾分类与有机垃圾处理方法探究［J］. 中国资源综合利用，33（2）：30-33.

甘福丁，魏世清，覃文能，等 .2011. 施用沼液对玉豆品质及土壤肥效的影响［J］. 中国沼气，29（1）：59-60.

葛振，魏源送，刘建伟，等 .2014. 沼渣特性及其资源化利用探究［J］. 中国沼气，32（3）：74-82.

顾洪娟，赵希彦，俞美子 .2016. 猪场沼液在观赏鱼塘中的应用研究［J］. 辽宁农业职业技术学院学报，18（4）：3-4.

郭德杰，吴华山，马艳，等 .2011. 集约化养殖场羊与兔粪尿产生量的监测［J］. 生态与农村环境学报，27（1）：44-48.

郭亚丽、何惠君 .2001. 生活有机垃圾用作沼气发酵原料的参数与特性研究［J］. 上海环境科学，20（12）：611-628.

国家发展改革委农村经济司，农业部发展计划司，农业部科技教育司 .2009. 农村沼气建设管理实践与研究［M］. 北京：中国农业出版社 .

国家环境保护总局自然生态保护司 .2002. 全国规模化畜禽养殖业污染情况调查及防治对策［M］. 北京：中国环境科学出版社 .

国家统计局农村社会经济调查司 .2013. 中国农村统计年鉴［M］. 北京：中国统计出版社 .

耿维，胡林，崔建宇，等 .2013. 中国区域畜禽粪便能源潜力及总量控制研究［J］. 农业工程学报，29（1）：171-179.

韩敏，冯成洪，刘克锋，等 .2014. 混凝剂在牛沼液净化处理中的应用［J］. 天津农业科学，20（09）：96-101.

韩生健，童筱莉，周小庭 .1988. 厌氧发酵法处理味精废水［J］. 浙江工业大学学报，3：89-101.

郝素英 .2006. 钢筋混凝土水池设计计算手册［M］. 北京：中国建筑工业出版社 .

何加骏，严少华，叶小梅，等 .2008. 水葫芦厌氧发酵产沼气技术研究进展［J］. 江苏农业学报，24（3）：359-362.

贺南南，管永祥，梁永红，等 .2017. 固相萃取-高效液相色谱同时测定沼液中 3 种四环素类和 6 种磺胺类抗生素［J］. 分析科学学报，33（3）：373-377.

贺南南，管永祥，梁永红，等 .2016. 高效液相色谱-荧光检测法同时分析沼液中 4 种喹诺酮类抗生素［J］. 农业环境科学学报，35（10）：2 034-2 040.

贺清尧，王文超，蔡凯，等 .2016. 减压浓缩对沼液 CO_2 吸收性能和植物生理毒性的影响［J］. 农业机械学报，47（2）：200-207.

贺延龄 .1998. 废水生物处理［M］. 北京：中国轻工业出版社 .

侯京卫，范彬，曲波，等 .2012. 农村生活污水排放特征研究述评［J］. 安徽农业科学，40（2）：964-967.

侯晓聪，苏海佳 .2015. 高盐浓度对厌氧发酵产甲烷的影响［R］. 中国化工学会年会 .

黄丹丹，罗皓杰，应洪仓，等 .2012. 沼液储存中甲烷和氨气排放规律实验［J］. 农业机械学报，43（S1）：190-193.

黄文星，葛羚，徐宏军 .2006. 外来入侵生物水花生在沼气上的应用［J］. 农业环境与发展，23（4）：60-61.

黄辉，邓媛方，程志鹏，等 .2013. 水花生与麦秸混合发酵制沼气特性研究［J］. 农业现代化研究，34（005）：636-640.

惠平 .1995. 硫酸法味精废水的厌氧处理试验［J］. 环境污染与防治，17（5）：10-13.

霍翠英，吴树彪，郭建斌，等 .2011. 猪粪发酵沼液中植物激素及喹啉酮类成分分析［J］. 中国沼气，29（5）：7-10.

蹇守卫，何桂海，马保国，等 .2015. 利用沼渣为掺料制备多孔烧结墙体材料的可行性研究［J］. 农业环境科学学报，34（11）：2 222-2 227.

姜丽娜，王强，陈丁江，等 .2011. 沼液稻田消解对水稻生产、土壤与环境安全影响研究［J］. 农业环境科学学报，30（7）：1 328-1 336.

金小林，李健，陈晓进，等 .2009. 三格式化粪池粪便无害化处理的效果［J］. 中国血吸虫病防治杂志，21（6）：515-518.

金一坤 .1987. 沼渣改良土壤结构的研究［J］. 土壤通报（3）：118-120.

靳红梅，常志州，叶小梅，等 .2011. 江苏省大型沼气工程沼液理化特性分析［J］. 农业工程学报，27（1）：291-296.

靳俊平，刘淑玲，曲伟国，等 .2013. 餐厨垃圾厌氧关键技术探讨［J］. 环境卫生工程，21（5）：5-7.

荆丹丹，陈一良，戴成，等 .2016. 沼液养鱼的研究现状及发展趋势［J］. 湖北农业科学，55（22）：5 886-5 890，5 906.

乐山市统计局 .2013. 乐山统计年鉴 2012 年［M］. 乐山市统计学会（编印）.

雷中方 .2000. 高浓度钠盐对废水生物处理系统的失稳影响综述［J］. 工业水处理，20（4）：6-10.

李艾芬，李瑾，张晓伟，等．2011．机插秧单季晚稻中沼液的施用技术研究［J］．浙江农业学报，23（2）：382-387．

李红娜，史志伟，朱昌雄．2014．利用海水汲取液的沼液正渗透浓缩技术［J］．农业工程学报，30（24）：240-245．

李亮，黄丽，刘燕．2004．城市生活污水厌氧生物处理发展现状［J］．环境污染治理技术与设备，5（12）：1-6．

李全，杨从容，张超英．1992．沼渣的改土作用及其对稻麦产量和品质影响的研究［J］．中国沼气（1）：13-18．

李同，董红敏，陶秀萍．2014．猪场沼液絮凝上清液的紫外线杀菌效果［J］．农业工程学报，30（6）：165-171．

李文英，吴雪娜，何新强，等．2014．集约化猪场沼液生态处理工艺优化试验效果评价［J］．农学学报，4（8）：85-87．

李希希．2015．重庆地区农村分散式生活污水处理现状及其技术适宜性研究［D］．重庆：西南大学．

李欣．2016．厌氧发酵液植物营养物质变化及吲哚乙酸代谢途径解析［D］．北京：中国农业大学．

李彦超，廖新俤，吴银宝．2007．施用沼液对杂交狼尾草产量和土壤养分含量的影响［J］．农业环境科学学报，26（4）：1 527-1 531．

李烨，谢立波，姚建刚，等．2012．沼渣与基质配比对茄子幼苗的影响［J］．北方园艺（3）：28-30．

李友强，盛康，彭思姣，等．2014．沼液施用量对小麦产量及土壤理化性质的影响［J］．中国农学通报，30（12）：181-186．

李钰飞，许俊香，孙钦平，等．2017．沼渣施用对土壤线虫群落结构的影响［J］．中国农业大学学报，22（8）：64-73．

李裕荣，刘永霞，孙长青，等．2013．畜禽粪便产沼发酵液对水培蔬菜生长及养分吸收的影响［J］．西南农业学报，26（6）：2 422-2 429．

梁康强，阎中，朱民，等．2011．沼气工程沼液反渗透膜浓缩应用研究［J］．中国矿业大学学报，40（3）：470-475．

梁正贤．2015．沼气膜分离净化制取车用气体燃料工艺设计［D］．南宁：广西大学．

林标声，何玉琴，黄燕翔，等．2015．猪场厌氧发酵沼液复合菌群的筛选及静态试验效果研究［J］．东北农业大学学报（1）：74-78．

林斌，罗桂华，徐庆贤，等．2010．茶园施用沼渣等有机肥对茶叶产量和品质的

影响初报 [J]. 福建农业学报, 25 (1): 90-95.

林海龙, 李巧燕, 李永峰, 等.2014. 厌氧环境微生物学 [M]. 哈尔滨: 哈尔滨工业大学出版社.

林伟华.2000. 利浦制罐技术在大中型沼气工程中的建筑设计与施工 [J]. 中国沼气, 18 (2): 24-27.

林源, 马骥, 秦富.2012. 中国畜禽粪便资源结构分布及发展展望 [J]. 中国农学通报, 28 (32): 1-5.

刘丁才.2013. 沼液中萜类化合物新型结构的发现与生物活性的研究 [D]. 上海: 上海海洋大学.

刘芳, 李泽碧, 李清荣, 等.2009. 沼气肥与化肥配施对甜玉米产量和品质的影响 [J]. 土壤通报, 40 (6): 1 333-1 336.

刘家燕, 赵爽, 姜伟立, 等.2016. 餐厨垃圾厌氧消化处理技术工程应用 [J]. 环境科技, 29 (5): 43-46.

刘圣根, 黄卫东, 许子牧, 等.2011. 水花生、水葫芦厌氧消化产沼气的中试实验研究 [J]. 环境工程学报, 5 (6): 1 310-1 314.

刘思辰, 王莉玮, 李希希, 等.2014. 沼液灌溉中的重金属潜在风险评估 [J]. 植物营养与肥料学报, 20 (6): 1 517-1 524.

刘卫国.2015. 沼气生物脱硫的关键技术及应用研究 [D]. 武汉: 武汉理工大学.

刘银秀, 聂新军, 董越勇, 等.2017. 干清粪工艺下农村规模化沼气沼液养分分析 [J]. 浙江农业科学, 58 (11): 1 997-2 000.

龙胜碧, 彭锦望.2006. 对农村强回流沼气池的几点建议 [J]. 中国沼气, 24 (4): 50, 56.

鹿晓菲, 马放, 王海东, 等.2016. 正渗透技术浓缩沼液特性及效果研究 [J]. 中国沼气, 34 (1): 62-67.

马磊, 刘肃.2012. 城市餐厨垃圾的厌氧消化处理研究 [J]. 环境卫生工程, 20 (4): 12-14.

马溪平, 徐成斌, 付保荣.2017. 厌氧微生物学与污水处理 [M]. 北京: 化学工业出版社.

马艳, 李海, 常志州, 等.2011. 沼液对植物病害的防治效果及机理研究 I: 对植物病原真菌的抑制效果及抑菌机理初探 [J]. 农业环境科学学报, 30 (2): 366-374.

孟庆国, 赵凤兰, 张聿高, 等.2000. 气相色谱法测定沼液中的游离蛋白氨基酸

［J］. 农业环境科学学报，19（2）：104-105.

闵三弟. 1990. 不同发酵材料对甲烷杆菌合成维生素 B_{12} 的影响［J］. 微生物学杂志，10（1-2）：86-87.

黎良新. 2007. 大中型沼气工程的沼气净化技术研究［D］. 南宁：广西大学.

倪亮，孙广辉，罗光恩，等. 2008. 沼液灌溉对土壤质量的影响［J］. 土壤，40（4）：608-611.

聂新军，金娟，王强，等. 2017. 浙江农村规模化沼气工程沼渣养分分析［J］. 浙江农业科学，58（12）：2 111-2 114.

聂永丰，金宜英，刘富强. 2012. 固体废弃物处理工程技术手册［M］. 北京：化学工业出版社.

农业部环保能源司，中国沼气学会，河北省科学院能源研究所. 1990. 沼气技术手册［M］. 成都：四川省科学技术出版社.

农业部人事劳动司，农业职业技能培训教材编审委员会. 2004. 沼气生产工. 下册［M］. 北京：中国农业出版社.

潘涛，李安峰，杜兵，环境工程技术手册，废水污染控制技术手册［M］. 北京：化学工业出版社.

潘越博. 2009. 甘肃规模化养猪场污染物无害化循环利用研究调查报告［J］. 中国动物保健（11）：99-101.

齐岳，郭宪章. 2010. 沼气工程系统设计与施工运行［M］. 北京：人民邮电出版社.

钱靖华，林聪，王金花，等. 2005. 沼液对苹果品质及土壤肥效的影响［J］. 可再生能源（4）：34-36.

乔玮. 2015. 农业沼气工程原料特性与发酵效率评价［A］. 中国沼气学会、中国科学院广州能源研究所、德国农业协会. 2015 年中国沼气学会学术年会暨中德沼气合作论坛论文集.

秦方锦，齐琳，王飞，等. 2015. 3 种不同发酵原料沼液的养分含量分析［J］. 浙江农业科学，56（7）：1 097-1 099.

邱凌，杨改河，王兰英，等. 2005. 砖混结构旋流布料沼气池建池工艺［J］. 中国沼气，23（1）：47-49.

曲明山，郭宁，刘自飞，等. 2013. 京郊大中型沼气工程沼液养分及重金属含量分析［J］. 中国沼气，31（4）：37-40.

商常发，王立克，陈巧妙，等. 2009. 发酵时间与温度对沼液氨基酸含量的影响［J］. 畜牧与兽医，41（11）：42-44.

沈德安. 2008. 寒区户用沼气池联合太阳能增温系统研究［D］. 哈尔滨：哈尔滨

工业大学.

沈东升, 贺永华, 冯华军, 等. 农村生活污水地埋式无动力厌氧处理技术研究 [J]. 农业工程学报, 2005, 21 (7): 111-115.

沈萍, 陈向东. 2016. 微生物学 [M]. 天津: 高等教育出版社.

沈其林, 单胜道, 周健驹, 等. 2014. 猪粪发酵沼液成分测定与分析 [J]. 中国沼气, 32 (3): 83-86.

盛婧, 孙国峰, 郑建初. 2015. 典型粪污处理模式下规模养猪场农牧结合规模配置研究Ⅰ. 固液分离-液体厌氧发酵模式 [J]. 中国生态农业学报, 23 (2): 199-206.

盛婧, 孙国峰, 郑建初. 2015. 典型粪污处理模式下规模养猪场农牧结合规模配置研究Ⅱ. 粪污直接厌氧发酵处理模式 [J]. 中国生态农业学报, 23 (7): 886-891.

施建伟, 雷国明, 李玉英, 等. 2013. 发酵底物和发酵工艺对沼液中挥发性有机酸的影响 [J]. 河南农业科学, 42 (3): 55-58.

石红静, 马闪闪, 赵科理, 等. 2017. 有机物料对酸化山核桃林地土壤的改良作用 [J]. 浙江农林大学学报, 34 (4): 670-678.

R. E. 斯皮思, 李亚新. 2001. 工业废水的厌氧生物技术 [M]. 中国: 中国建筑工业出版社.

宋成芳, 单胜道, 张妙仙, 等. 2011. 畜禽养殖废弃物沼液的浓缩及其成分 [J]. 农业工程学报, 27 (12): 256-259.

宋成军, 田宜水, 罗娟, 等. 2015. 厌氧发酵固体剩余物建植高羊茅草皮的生态特征 [J]. 农业工程学报, 31 (17): 254-260.

宋立, 邓良伟, 尹勇, 等. 2010. 羊、鸭、兔粪厌氧消化产沼气潜力与特性 [J]. 农业工程学报, 26 (10): 277-282.

宋灿辉, 肖波, 史晓燕, 等. 2007. 沼气净化技术现状 [J]. 中国沼气, 25 (4): 23-27.

宋晓琴. 2003. 国内外 CNG 加气站的发展趋势 [J]. 油气储运 (8): 1-3.

宋雪红, 蒋新元, 赵梦婕. 2012. 7 种湿地水生植物厌氧发酵产沼气试验 [J]. 广东农业科学, 3: 91-94.

苏廷. 2017. 白桦育苗基质筛选研究 [J]. 河北林业科技 (3): 6-7.

孙红霞, 张花菊, 徐亚铂, 等. 2017. 猪饲料、粪便、沼渣和沼液中重金属元素含量的测定分析 [J]. 黑龙江畜牧兽医 (9): 285-287.

孙瑞敏. 2010. 我国农村生活污水排水现状分析 [J]. 能源与环境 (5): 33-35.

唐微，伍钧，孙百晔，等 . 2010. 沼液不同施用量对水稻产量及稻米品质的影响 [J]. 农业环境科学学报，29（12）：2 268-2 273.

唐艳芬，王宇欣 . 2013. 大中型沼气工程设计与应用 [M]. 北京：化学工业出版社 .

陶红歌，李学波，赵廷林 . 2003. 沼肥与生态农业 [J]. 可再生能源（2）：37-38.

陶治平，赵明星，阮文权 . 2013. 氯化钠对餐厨垃圾厌氧发酵产沼气影响 [J]. 食品与生物技术学报，32（6）：596-600.

田洪春，谢红，唐中玖，等 . 城镇净化沼气池处理生活污水效果评价 [J]. 中国沼气，2002，20（4）：33-36.

田兰等 . 1984. 化工安全技术 [M]. 北京：化学工业出版社 .

万金保，何华燕，吴永明，等 . 2010. 序批式生物膜反应器对猪场沼液脱氮的中试研究 [J]. 中国给水排水，26（21）：127-129.

万仁新 . 1995. 生物质能工程 [M]. 北京：中国农业出版社 .

万松，李永峰，殷天名 . 2013. 废水厌氧生物处理工程 [M]. 哈尔滨：哈尔滨工业大学出版社 .

汪崇，高琳，杨文亮 . 2012. 以猪粪为主要发酵原料的沼液成分初步研究 [J]. 现代畜牧兽医（8）：51-52.

王超，王迎亚，陈宁华，等 . 2017. 磁性膨润土对养牛和养猪沼液的处理性能研究 [J]. 非金属矿，40（3）：93-96.

王方浩，马文奇，窦争霞，等 . 2006. 中国畜禽粪便产生量估算及环境效应 [J]. 中国环境科学，26（5）：614-617.

王家军，刘杰，张瑞萍，等 . 2012. 沼渣与化肥配合施用对水稻生长发育及产量和品质的影响 [J]. 黑龙江农业科学（4）：66-70.

王家玲，李顺鹏，黄正 . 2004. 环境微生物学 [M]. 北京：高等教育出版社 .

王久臣，杨世关，万小春 . 2016. 沼气工程安全生产管理手册 [M]. 北京：中国农业出版社 .

王凯军，左剑恶，甘海南，等 . 2000a. UASB 工艺的理论与工程实践 [M]. 北京：中国环境科学出版社 .

王凯军，秦人伟 . 2000b. 发酵工业废水处理 [M]. 北京：化学工业出版社 .

王立江 . 2015. 沼液碟管式反渗透膜（DTRO）浓缩处理工艺研究 [D]. 杭州：浙江工商大学 .

王琳，吴珊，李春林 . 2010. 粪便、沼液、沼渣中重金属检测及安全性分析 [J]. 内蒙古农业科技（6）：56-57.

王攀，任连海，甘筱 . 2013. 城市餐厨垃圾产生现状调查及影响因素分析 [J].

环境科学与技术，36（3）：181-185.

王卫，朱世东，袁凌云，等 .2009. 沼液沼渣在辣椒无土栽培上的应用研究 ［J］. 安徽农业科学，37（24）：11 499-11 500.

王卫平，陆新苗，魏章焕，等 .2011. 施用沼液对柑橘产量和品质以及土壤环境的影响 ［J］. 农业环境科学学报，30（11）：2 300-2 305.

王晓玉，薛帅，谢光辉 .2012. 大田作物秸秆量评估中秸秆系数取值研究 ［J］. 中国农业大学学报，17（1）：1-8.

王秀娟 .2006. 基于沼渣的无土栽培有机基质特性的研究 ［D］. 武汉：华中农业大学 .

王玉华，方燕，焦隽 . 江苏农村"三格式"化粪池污水处理效果评价 ［J］. 生态与农村环境学报，2008，24（2）：80-83.

王远远，刘荣厚，沈飞，等 .2008. 沼液作追肥对小白菜产量和品质的影响 ［J］. 江苏农业科学（1）：220-222.

卫丹，万梅，刘锐，等 .2014. 嘉兴市规模化养猪场沼液水质调查研究 ［J］. 环境科学，35（7）：2 650-2 657.

吴带旺 .2010. 沼液沼渣在柑橘生产中的应用技术 ［J］. 福建农业科技（2）：58-59.

吴飞龙，叶美锋，林代炎，等 .2011. 沼液施用量对象草 N、P 吸收利用效率和土壤 N、P 养分含量的影响 ［J］. 福建农业学报，26（1）：103-107.

吴慧斌 .2015. 沼液中活性成分的分析及萜类转化机制探究 ［D］. 上海：上海海洋大学 .

吴静，姜洁，周红明，等 .2008. 我国城市污水厂污泥厌氧消化系统的运行现状 ［J］. 中国给水排水，24（22）：21-24.

吴伟，郑珍珍，麻婷婷，等 .2016. 互营乙酸氧化菌研究进展 ［J］. 中国沼气（2）：3-8.

吴亚泽，师朝霞，张明娇 .2009. 沼渣、沼液在果树上的应用 ［J］. 农业工程技术：新能源产业（7）：38-39.

吴娱 .2015. 鸡粪沼液培育蛋白核小球藻累积生物量及螺旋藻固碳研究 ［D］. 北京：中国农业大学 .

伍钧，王静雯，张璘玮，等 .2014. 沼液对玉米产量及品质的影响 ［J］. 核农学报，28（5）：905-911.

武丽娟，刘荣厚，王远远 .2007. 沼气发酵原料及产物特性的分析-以四位一体北方能源生态模式为例 ［J］. 农机化研究（7）：183-186.

夏邦寿，胡启春，宋立，等 .2008. 村镇生活污水净化沼气池设计图例技术分析

［J］. 农业工程学报，24 (11)：197-200.

夏春龙，张洲，张雨，等 .2014. 喷施沼液对芸豆产量和重金属含量的影响 ［J］. 环境科学与技术 (1)：7-12.

项昌金，张世炜，余敦寿，等 .1989. 城镇生活垃圾厌氧发酵制取沼气及综合利用研究 ［J］. 中国沼气，7 (3)：11-14.

向永生，孙东发，王明锐，等 .2006. 沼液不同浓度对春茶的影响 ［J］. 湖北农业科学，45 (1)：78-80.

肖羽堂 .2007. 弹性填料富氧曝气生物预处理技术 ［M］. 北京：中国建筑工业出版社 .

谢善松，黄水珍，林升平，等 .2010. 施用牛粪尿沼液对高秆禾本科牧草及土壤的影响 ［J］. 当代畜牧 (10)：39-41.

谢少华，宗良纲，褚慧，等 .2013. 不同类型生物质材料对酸化茶园土壤的改良效果 ［J］. 茶叶科学 (3)：279-288.

谢燕华，董仁杰，王永霖 . 厌氧净化沼气池处理小城镇生活污水调查研究 ［J］. 可再生能源，2005 (4)：71-74.

谢祖琪，屈锋，梅自力 .2006. 农村户用沼气技术图解 ［M］. 北京：中国农业出版社 .

熊章琴 .2012. 生活污水净化沼气池的建设 ［J］. 农业灾害研究 (9-10)：46-48.

徐秋桐，孔樟良，章明奎 .2016. 不同有机废弃物改良新复垦耕地的综合效果评价 ［J］. 应用生态学报，27 (2)：567-576.

徐延熙，田相旭，李斗争，等 .2012. 不同原料沼气池发酵残留物养分含量比较 ［J］. 农业科技通讯 (5)：100-102.

徐英，杨一凡，朱萍 .2005. 球罐和大型储罐 ［M］. 北京：化学工业出版社 .

许美兰，叶茜，李元高，等 .2016. 基于正渗透技术的沼液浓缩工艺优化 ［J］. 农业工程学报，32 (2)：193-198.

颜炳佐，徐维田，于鹏波 .2012. 沼渣沼液对提高红提葡萄产量和品质的研究 ［J］. 中国沼气，30 (2)：47-48.

杨栋，梁存珍，刘卫国，等 .2010. 留民营沼气生物脱硫工程的设计与运行 ［J］. 中国给水排水，26 (14)：56-62.

杨杰 .2015.CNG 加气站工艺设计及设备配置 ［J］. 化工管理 (8)：193-194.

杨世关，李继红，李刚 .2013. 气体生物燃料技术与工程 ［M］. 上海：上海科学技术出版社 .

叶诗瑛 .2007. 城市有机垃圾厌氧消化工艺条件研究 ［D］. 合肥：合肥工业大学 .

野池达也著，刘兵、薛咏海译．2014．甲烷发酵［M］．北京：化学工业出版社．

易齐涛，李慧，章磊，等．2016．厌氧/生物滤池/潜流人工湿地组合工艺处理农村生活污水效果评估［J］．环境工程学报，10（5）：2 395-2 400．

尹冰，陈路明，孔庆平．2009．车用沼气提纯净化工艺技术研究［J］．现代化工，29（11）：28-33．

尹淑丽，黄亚丽，张丽萍，等．2012．沼液对鸭梨品质和产量的影响［J］．中国沼气，30（3）：38-40．

尹淑丽，张丽萍，习彦花，等．2017．沼渣对土壤微生态结构、土壤酶活及理化性状的影响［J］．中国沼气，35（1）：72-76．

尹亚丽，邢学峰，唐华，等．2013．多花黑麦草草地对奶牛场沼液养分消纳能力的研究［J］．草业学报，22（5）：333-338．

尹雅芳，张伟，2017．沼气生物脱硫工艺设计及运行条件分析［J］．环境科技30（2）：12-16．

虞方伯，罗锡平，管莉菠，等．2008．沼气发酵微生物研究进展［J］．安徽农业科学（35）：15 658-15 660．

于海龙，吕贝贝，李开盛，等．2012．利用沼渣栽培金针菇［J］．食用菌学报，19（4）：41-43．

袁惠萍，彭昌盛，王震宇．2012．厌氧折流板反应器-生物接触氧化池联合工艺处理新兴农村生活污水试验［J］．水处理技术，38（4）：91-95．

袁怡．2010．沼液作为生菜、柑橘叶面肥的试验研究［D］．武汉：华中农业大学．

曾华樑，赵锡惠，田洪春，等．1994．城镇净化沼气池设计参数和环卫效果的研究［J］．中国沼气，12（1）：11-17．

曾悦，洪华生，曹文志，等．2004．畜禽养殖废弃物资源化的经济可行性分析［J］．厦门大学学报（自然版），43（S1）：195-200．

张安．2009．旋流布料沼气池的改进与创新［J］．黑龙江科技信息，23：31．

张保霞，付婉霞．2010．北京市餐厨垃圾产生量调查分析［J］．环境科学与技术，102（S2）：651-654．

张昌爱，刘英，曹曼，等．2011．沼液的定价方法及其应用效果［J］．生态学报，31（6）：1 735-1 741．

张昌爱，张玉凤，林海涛，等．2012．基于营养成分含量的沼液定价方法［J］．中国沼气，30（6）：43-46．

张冠鸣．2014．施用沼肥对玉米病虫害防治的研究［D］．哈尔滨：黑龙江大学．

张海成，张婷婷，郭燕，等．2013．中国农业废弃物沼气化资源潜力评价［J］．

干旱地区农业研究, 30 (6): 194-199.

张浩, 雷赵民, 窦学诚, 等. 2008. 沼渣营养价值及沼渣源饲料和其生产的猪肉重金属残留分析 [J]. 中国生态农业学报 (5): 1 298-1 301.

张宏旺, 黄万能, 曾清华. 2010. 红泥塑料在沼气装置中的应用 [J]. 中国沼气, 28 (5): 24-26.

张记市, 张雷, 王华. 2005. 城市有机生活垃圾厌氧发酵处理研究 [J]. 生态环境, 14 (3): 321-324.

张建锋. 2013. 玉米基施沼渣肥和猪圈肥的比较试验 [J]. 农业技术与装备 (16): 47-47.

张建鸿, 杨红, 郭德芳, 等. 2013. 不同温度下滇池蓝藻沼气发酵的实验研究 [J]. 云南师范大学学报 (自然科学版), 33 (3): 17-21.

张建立, 张建鑫, 王德成, 等. 2007. 典型户用沼气池 [J]. 农技服务, 24 (5): 7-10.

张京亮, 赵杉林, 赵荣祥, 等. 2011. 现代二氧化碳吸收工艺研究 [J]. 当代化工, 40 (1): 88-91.

张全国. 2005. 沼气技术及其应用 [M]. 化学工业出版社.

张全国. 2013. 沼气技术及其应用 [M]. 第 3 版. 北京: 化学工业出版.

张田, 卜美东, 耿维. 2012. 中国畜禽粪便污染现状及产沼气潜力 [J]. 生态学杂志, 31 (5): 1 241-1 249.

张玮玮, 弓爱君, 邱丽娜, 等. 2013. 以沼渣为原料固态发酵生产 Bt 生物农药 [J]. 农业工程学报, 29 (8): 212-217.

张无敌, 宋洪川, 丁琪, 等. 2001. 沼气发酵残留物防治农作物病虫害的效果分析 [J]. 农业现代化研究, 22 (3): 167-170.

张晓辉. 1994. 沼肥在防治农作物病虫害方面的应用 [J]. 可再生能源 (6): 23-24.

张颖, 刘益均, 姜昭. 2016. 沼渣养分及其农用可行性分析 [J]. 东北农业大学学报, 47 (3): 59-63.

张玉凤, 董亮, 李彦, 等. 2011. 沼肥对大豆产量、品质、养分和土壤化学性质的影响 [J]. 水土保持学报, 25 (4): 135-138.

张云, 文勇立, 王永, 等. 2014. 养殖场沼液重金属元素的 ICP-OES 测定 [J]. 西南民族大学学报 (自然科学版), 40 (1): 24-26.

张自杰. 2000. 排水工程下册 (第四版) [M]. 北京: 中建筑工业出版社.

赵国华, 陈贵, 徐劼. 2014. 猪粪尿源沼液中主要养分和重金属分布特性 [J]. 浙江农业科学 (9): 1 454-1 456.

赵丽，周林爱，邱江平．2005．沼渣基质理化性质及对无公害蔬菜营养成分的影响［J］．浙江农业科学，1（2）：103-105．

赵麒淋，伍钧，陈璧瑕，等．2012．施用沼液对土壤和玉米重金属累积的影响［J］．水土保持学报，26（2）：251-255．

赵锡惠，曾华樑，田洪春，等．1995．沼气净化池-稳定塘系统处理生活区污水的环卫效果［J］．中国沼气，13（2）：29-31．

赵一章，张辉，邓宇，等．1997．产甲烷细菌及研究方法［M］．成都：成都科技大学出版社．

郑戈，张全国．2013．沼气提纯生物天然气技术研究进展［J］，农业工程学报（9）：1-8．

郑时选，邱凌，刘庆玉，等．2014．沼肥肥效与安全有效利用［J］．中国沼气，32（1）：95-100．

中华人民共和国住房和城乡建设部．2010．农村生活污水处理技术指南，建村〔2017〕149号．

周德庆．2011．微生物学教程［M］．北京：高等教育出版社．

周孟津，张榕林，蔺金印．2009．沼气实用技术［M］．第2版．北京：化学工业出版社．

周伟，朱浩燕．2014．沼气燃料电池的应用现状与发展趋势［J］．电子世界，17：130-132．

周彦峰，邱凌，李自林，等．2013．沼液用于无土栽培的营养机理与技术优化［J］．农机化研究（5）：224-227．

周宇远，罗杨春，阮慧敏，等．2016．利用碟管式反渗透系统处理养殖场沼液的研究［J］．农业与技术，36（4）：132-134．

庄犁，周慧平，张龙江．2015．我国畜禽养殖业产排污系数研究进展［J］．生态与农村环境学报，31（5）：633-639．

朱凯，刘小鹏，程继辉，等．2014．厌氧折流板反应器-复合人工湿地处理农村生活污水中试研究［J］．水处理技术，40（12）：95-99．

朱泉雯．2014．重金属在猪饲料-粪污-沼液中的变化特征［J］．水土保持研究，21（6）：284-289．

祝延立，郗登宝，那伟，等．2016．不同基质配方对青椒幼苗生长的影响［J］．农业科技通讯（5）：131-132．

CECS 138—2002．给水排水工程钢筋混凝土水池结构设计规程/中国工程建筑标准化协会标准［S］．

CJJ 12—013. 家用燃气燃烧器具安装及验收规程/中华人民共和国城镇建设工程行业标准 [S].

CJJ 95—013. 城镇燃气埋地钢质管道腐蚀控制技术规程/中华人民共和国城镇建设工程行业标准 [S].

CJJ 113—2007 生活垃圾卫生填埋场防渗系统工程技术规范/中华人民共和国行业标准 [S].

CJ/T 125—2014. 燃气用钢骨架聚乙烯塑料复合管/中华人民共和国城镇建设行业标准 [S].

CJ/T 126—2000. 燃气用钢骨架聚乙烯塑料复合管件/中华人民共和国城镇建设行业标准 [S].

CJ/T 234—2006 垃圾填埋场用高密度聚乙烯土工膜/中华人民共和国城镇建设行业标准 [S].

GB/T 2518—2008 连续热镀锌钢板及钢带/中华人民共和国国家标准 [S].

GB/T 3091—2015. 低压流体输送用焊接钢管/中华人民共和国国家标准 [S].

GB/T 4750—2002 户用沼气池标准图集/中国人民共和国国家标准 [S].

GB/T 4752—2002 户用沼气池施工操作规程/中国人民共和国国家标准 [S].

GB/T 51063—2014. 大中型沼气工程技术规范/中华人民共和国国家标准 [S].

GB/T 7690.3—2013 增强材料 纱线试验方法 第 3 部分 玻璃纤维断裂强力和断裂伸长的测定/中华人民共和国国家标准 [S].

GB/T 8163—2008. 输送流体用无缝钢管/中华人民共和国国家标准 [S].

GB/T 8165—2008 不锈钢复合钢板和钢带/中华人民共和国国家标准 [S].

GB/T 8237—2005 纤维增强塑料用液体不饱和聚酯树脂/中华人民共和国行业标准 [S].

GB/T 12754—2006 彩色涂层钢板及钢带/中华人民共和国国家标准 [S].

GB/T 14978—2008 连续热镀铝锌合金镀层钢板及钢带/中华人民共和国国家标准 [S].

GB/T 17643—2011 土工合成材料 聚乙烯土工膜/中华人民共和国国家标准 [S].

GB/T 18772—2008 生活垃圾卫生填埋场环境监测技术要求/中华人民共和国国家标准 [S].

GB/T 25832—2010 搪瓷用热轧钢板和钢带/中华人民共和国国家标准 [S].

GB/T 28904—2012 钢铝复合用钢带/中华人民共和国国家标准 [S].

GB/T 29488—2013. 中大功率沼气发电机组/中华人民共和国国家标准 [S].

GB 17820—2012 天然气/中华人民共和国国家标准 [S].

GB 18047—2000 车用压缩天然气/中华人民共和国国家标准 ［S］.

GB 18047—2017 车用压缩天然气/中华人民共和国国家标准 ［S］.

GB 19379—2012 农村户厕卫生规范/中华人民共和国国家标准 ［S］.

GB 50003—2011 砌体结构设计规范/中华人民共和国国家标准 ［S］.

GB 50009—2001 建筑结构载荷规范/中国人民共和国国家标准 ［S］.

GB 50010—2010 混凝土结构设计规程/中华人民共和国国家标准 ［S］.

GB 50016—2006 建筑设计防火规范/中国人民共和国国家标准 ［S］.

GB 50028—2006. 城镇燃气设计规范/中华人民共和国国家标准 ［S］.

GB 50057—2016. 建筑物防雷设计规范/中华人民共和国国家标准 ［S］.

GB 50069—2002 给水排水工程构筑物结构设计规范/中华人民共和国国家标准 ［S］.

GB 50128—2005 立式圆筒形钢制焊接储罐施工及验收规范/中华人民共和国国家标准 ［S］.

GB 50251—2015. 输气管道工程设计规范/中华人民共和国国家标准 ［S］.

GB 50341—2003. 立式圆筒形钢制焊接油罐设计规范/中华人民共和国国家标准 ［S］.

GB 50924—2014 砌体结构工程施工规范/中华人民共和国国家标准 ［S］.

GB 15558.1—2015. 燃气用埋地聚乙烯（PE）管道系统 第1部分：管材/中华人民共和国国家标准 ［S］.

GB 15558.2—2016. 燃气用埋地聚乙烯（PE）管道系统 第2部分：管件/中华人民共和国国家标准 ［S］.

HG 20517—92 钢制低压湿式气柜/中国人民共和国行业标准 ［S］.

HG/T 20679—1990 化工设备、管道外防腐设计规定/中国人民共和国行业标准 ［S］.

HG/T 20679—1990 化工设备、管道外防腐设计规定/中华人民共和国行业标准 ［S］.

HG/T 3983—2007 耐化学腐蚀现场缠绕玻璃钢大型容器/中华人民共和国行业标准 ［S］.

NY/T 465—2001 户用农村能源生态工程 南方模式设计与施工使用规范/中国人民共和国农业行业标准 ［S］.

NY/T 466—2001 户用农村能源生态工程 北方模式设计与施工使用规范/中国人民共和国农业行业标准 ［S］.

NY/T 860—2004 户用沼气池密封涂料/中华人民共和国农业行业标准 ［S］.

NY/T 1223—2006 沼气发电机组/中华人民共和国农业行业标准 [S].

NY/T 1639—2008 户用沼气"一池三改"技术规范/中国人民共和国农业行业标准 [S].

NY/T 1702—2009 生活污水净化沼气池技术规范/中华人民共和国农业行业标准 [S].

NY/T 1704—2009. 沼气电站技术规范/中华人民共和国农业行业标准 [S].

NY/T 2597—2014. 生活污水净化沼气池标准图集/中华人民共和国农业行业标准 [S].

NY/T 26020—2014 生活污水净化沼气池运行管理规程/中国人民共和国农业行业标准 [S].

NY/T 1220. 1—2006 沼气工程技术规范. 第 1 部分：工艺设计/中华人民共和国农业行业标准 [S].

NY/T 1220. 2—2006 沼气工程技术规范. 第 2 部分：供气设计/中国人民共和国农业行业标准 [S].

NY/T 1220. 3—2006 沼气工程技术规范. 第 3 部分：施工及验收/中华人民共和国农业行业标准 [S].

NY/T 1699—2016 玻璃纤维增强塑料户用沼气池技术条件/中华人民共和国农业行业标准 [S].

SH 3046—1992. 石油化工立式圆筒形钢制焊接储罐设计规范/中华人民共和国行业标准 [S].

SY 0007—1999. 钢质管道及储罐腐蚀控制工程设计规程/中华人民共和国石油天然气行业标准 [S].

Al Seadi, T. 2008. Biogas handbook. Syddansk Universitet [M]. Syddansk Vniversitet, Esbjerg.

Arthur W J, Patrick M, David B. 2013. The Biogas Handbook：Science, Production and Applications [M]. Woodhead Publishing limited, Philadelphia.

Anneli P, Arthur W. 2009. Biogas upgrading technologies-developments and innovations [R]. IEA Bioenery.

Banks C J, Chesshire M, Heaven S, et al. 2011. Anaerobic digestion of source-segregated domestic food waste：performance assessment by mass and energy balance [J]. Bioresource technology, 102 (2)：612-620.

Barbosa R A, Sant Anna J G L. 1989. Treatment of raw domestic sewage in an UASB reactor [J]. Water Research, 23 (12), 1 483-1 490.

Bertero M G, Rothery R A, Palak M, et al. 2003. Insights into the respiratory electron transfer pathway from the structure of nitrate reductase A [J]. Nature Structural & Molecular Biology, 10 (9): 681-687.

Bryant M P. 1979. Microbial methane production -Theoretical aspects [J]. Animal Science, 48: 193-201.

Burmeister F, Erler R, Graf F, et al. 2009. Stand des DVGW-Forschungsprogramms Biogas [J]. Energie Wasser-praxis, 6: 66-71.

Butler D, Payne J. Septic tanks: problem and practice [J]. Building and Environment, 1995, 30 (3): 419-425.

Cho J K, Park S C, Chang H N. 1995. Biochemical methane potential and solid state anaerobic digestion of Korean food wastes [J]. Bioresource Technology, 52 (3): 245-253.

Cordovil C M D S, Varennes A D, Pinto R, et al. 2011. Changes in mineral nitrogen, soil organic matter fractions and microbial community level physiological profiles after application of digested pig slurry and compost from municipal organic wastes to burned soils [J]. Soil Biology & Biochemistry, 43 (4): 845-852.

Costa K C, Leigh J A. 2014. Metabolic versatility in methanogens [J]. Current Opinion in Biotechnology, 29 (Supplement C): 70-75.

Davidsson Å, Gruvberger C, Christensen T H, et al. 2007. Methane yield in source-sorted organic fraction of municipal solid waste [J]. Waste Management, 27 (3): 406-414.

Dębowski M, Zieliński M, Grala A, et al. 2013. Algae biomass as an alternative substrate in biogas production technologies-Review [J]. Renewable and Sustainable Energy Reviews, 27: 596-604.

Deng L W, Chen H J, Chen Z A, et al. 2009. Process of simultaneous hydrogen sulfide removal from biogas and nitrogen removal from swine wastewater [J]. Bioresource Technology, 100 (23): 5 600-5 608.

Deublein D, Steinhauser A. 2008. Biogas from Waste and Renewable Resources [M]. Strauss GmbH, Mörlenbach, WILEY-VCH Verlag GmbH & Co. KGaA, Weinheim.

Ding W, Niu H, Chen J, et al. 2012. Influence of household biogas digester use on household energy consumption in a semi-arid rural region of northwest china [J]. Applied Energy, 97 (3): 16-23.

Finsterwalder, Silke Volk, Rainer Janssen. 2008. Biogas, HANDBOOK [M].

University of Southern Denmark Esbjerg, Esbjerg.

Foo K Y, Hameed B H. 2009. An overview of landfill leachate treatment via activated carbon adsorption process [J]. Journal of Hazardous Materials, 171 (1): 54-60.

Garfí M, Martí-Herrero J, Garwood A, et al. I. 2016. Household anaerobic digesters for biogas production in latin america: a review [J]. Renewable & Sustainable Energy Reviews, 60: 599-614.

Ghanimeh S, El Fadel M, Saikaly P, 2012. Mixing effect on thermophilic anaerobic digestion of source-sorted organic fraction of municipal solid waste [J]. Bioresource Technology, 117: 63-71.

Girod K, Lohmann H, Urban W. 2009. Technologien und Kosten der Biogasaufbereitung und Einspeisung in das Erdgasnetz. Ergebnisse der Markterhebung 2007-2008 [M]. Fraunhofer UMSICHT, Oberhausen.

Gissén C, Prade T, Kreuger E, et al. 2014. Comparing energy crops for biogas production - Yields, Energy Input and Costs in Cultivation Using Digestate and Mineral Fertilisation [J]. Biomass and Bioenergy, 64: 199-210.

Grady C P L, Daigger G T, Lim H C. 1999. Biological Wastewater Treatment, 2nd edn [M]. Marcel Dekker, Inc., New York, USA.

Hara K T A, Kudo A, Sakata T. 1997. Change in the product selectivity for the electrochemical CO_2 reduction by adsorption of sulfide ion on metal electrodes [J]. Journal of Electroanalytical Chemistry, 434 (1): 239-243.

Harasek M, Szivacz J. 2012. Biogas Aufbereitung mit Membranen-Jahre Betriebserfahrungen mit industriellen Anlagen [M]. Proceedings of VDIKonferenz Biogas-Aufbereitung und Einspeisung, Frankfurt, 27-28.

Iino T H, Tamaki S, Tamazawa Y, et al. 2013. Candidatus Methanogranum caenicola: a Novel Methanogen from the Anaerobic Digested Sludge, and Proposal of Methanomassiliicoccaceae fam. nov. and Methanomassiliicoccales ord. nov., for a Methanogenic Lineage of the Class Thermoplasmata. [J]. Microbes and Environments, 28 (2): 244-250.

Surendra K C, Takara D, Jasinski J, et al. 2013. Household anaerobic digester for bioenergy production in developing countries: opportunities and challenges [J]. Environmental Technology, 34 (13-16): 1671.

Kastner V, Somitsch W, Schnitzhofer W. 2012. The Anaerobic Fermentation of Food Waste: a Comparison of Two Bioreactor Systems [J]. Journal of Cleaner Production,

34：82-90.

Khanal S K. 2008. Anaerobic Biotechnology for Bioenergy Production: Principles and Applications [M]. A John Wiley & Sons, Ltd. , Publication.

Kratzeisen M, Starcevic N, Martinov M, et al. 2010. Applicability of biogas digestate as solid fuel [J]. Fuel, 89 (9) : 2 544-2 548.

Krich K, Augenstein D, Batmale J P, et al. 2005. Biomethane from Dairy Waste - A Sourcebook for the Production and Use of Renewable Natural Gas in California [R]. USDA Rural Development.

Seggelke K, Ohenaus F, Rosenwinkel K H. 1999. Dynamic simulation of a low loaded trickling filter for nitrification [J]. Water Science and Technology, 39 (4) : 163-168.

Kobayashi H A, Stenstrom M K, Mah R A. 1983. Treatment of low strength domestic wastewaters using the anaerobic filter [J]. Water Research, 17: 903-909.

Lens P, Zeeman G, Lettnga G. 2001. Decentralised Sanitation and Reuse - Concepts Systems and Implementation [M]. London: IWA Publishing.

Lettinga G, Hulshoff L W. 1991. UASB-Process design for various types of wastewater [J]. Water Science and Technology, 24 (8) : 87-107.

L' Haridon S, Chalopin M, Colombo D, et al. 2014. *Methanococcoides vulcani* sp. nov. , a marine methylotrophic methanogen that uses betaine, choline and N, N-dimethylethanolamine for methanogenesis, isolated from a mud volcano, and emended description of the genus Methanococcoides [J]. International Journal of Systematic and Evolutionary Microbiology, 64 (Pt 6): 1 978-1 983.

Liu Y, Whitman, W B. 2008. Metabolic, Phylogenetic, and Ecological Diversity of the Methanogenic Archaea [J]. Annals of the NewYork Academy Sciences, 1125 (1): 171-189.

López Muñoz M M, Schönheit P, Metcalf W W. 2015. Genetic, Genomic, and Transcriptomic Studies of Pyruvate Metabolism in *Methanosarcina barkeri* Fusaro [J]. Journal of Bacteriology, 197 (22): 3 592-3 600.

Marco S, Thomas M, Matthias W. 2013. Transforming biogas into biomethane using membrane technology [J]. Renewable and Sustainable Energy Reviews, 17 (1): 199-212.

Mario T K, Jim A F, Gatze L. 1997. The anaerobic treatment of low strength wastewaters in UASB and EGSB reactors [J]. Water Science and Technology, 36 (6-7):

375-382.

Medard L. 1976. Gas Encyclopaedia [M]. Amsterdam: Elsevier.

Melin T. 2009. Grundlagen der Gaspermeation (GP) mit Schwerpunkt Biogasaufbereitung. Presentation at Praxisforum Membrantechnik [M]. Frankfurt, 24 November.

Mungwe J N, Colombo E, Adani F, et al. 2016. The fixed dome digester: an appropriate design for the context of sub-sahara africa? [J]. Biomass & Bioenergy, 95: 35-44.

Nkoa R. 2014. Agricultural benefits and environmental risks of soil fertilization with anaerobic digestates: a review [J]. Agronomy for Sustainable Development, 34 (2): 473-492.

O´Brien J M, Wolkin R H, Moench T T, et al. 1984. Association of Hydrogen Metabolism Mith Unitrophic or Mixotrophic Growth of Methanosarcina Barkeri on Carbon Monoxide [J]. Journal of Bacteriology, 158 (1): 373-375.

Oremland R S. 1988. Biogeochemistry of methanogenic bacteria [M]. New York, USA, John Wiley & Sons, Inc.

Ramesohl S, Hofmann F, Urban Wet, et al. 2006. Analyse und bewertung der nutzungsmöglichkeiten von biomasse [A]. Study on behalf of BGW and DVGW.

Rajendran K, Aslanzadeh S, Taherzadeh M J. 2012. Household biogas digesters - a review [J]. Energies, 5 (8): 2 911-2 942.

Regassa T H, Wortmann C S. 2014. Sweet sorghum as a bioenergy crop: Literature review [J]. Biomass and Bioenergy, 64: 348-355.

Ryckebosch E, Drouillon M, Vervaeren H. 2011. Techniques for transformation of biogas to biomethane [J]. Biomass and Bioenergy, 35: 1 633-1 645.

Sasse L. 1998. DEWATS - decentralized wastewater treatment in developing countries. Bremen [M]. Germany: Bremen Overseas Research and Development Association (BORDA).

Schönbucher A. 2002. Thermische Verfahren-stechnik: Grundlagen und Berechnungsmethoden für Ausrüstungen und Prozesse [M]. Springer-Verlag. Heidleberg.

Schomaker A H H M, Boerboom A A M, Visser A, et al. 2000. Anaerobic digestion of agro-industrial wastes: information networks - technical summary on gas treatment [R]. Nijmegen, Nederland.

Schulte-Schulze Berndt A, Eichenlaub V. 2012. Effizienzsteigerung der Druck we chsel adsorption - Entwicklung, Status 2012 und weitere Potentiale [M]. Presentation at 2 VDI-Konferenz Biogas - Aufbereitung und Einspeisung, Frankfurt, 27-28.

Searle S Y, Malins C J, 2014. Will energy crop yields meet expectations? [J]. Biomass and Bioenergy, 65: 3-12.

Seghezzo L, Zeelnan G, van Lier J B. 1998. A review: the anaerobic treatment of sewage in UASB and EGSB reactors [J]. Bioresource Technology, 65: 175-190.

Schink B. 2006. Syntrophic associations in methanogenic degradation [J]. Progress in Molecular and Subcellular Biology, 41: 1-19.

Singh M, Reynolds D L, Das K C. 2011. Microalgal system for treatment of effluent from poultry litter anaerobic digestion [J]. Bioresource Technology, 102 (23): 10 841-10 848.

Tambone F, Orzi V, D'Imporzano G, et al. 2017. Solid and liquid fractionation of digestate: Mass balance, chemical characterization, and agronomic and environmental value [J]. Bioresource Technology, 243: 1 251-1 256.

Tynell. 2005. Microbial Growth on pall-rings: a problem when upgrading biogas with the technique absorption with water wash [D]. Master's Thesis, Link pings Universitet.

Uemura S, Harada H. 2000. Treatment of sewage by a UASB reactor under moderate to low temperature conditions [J]. Bioresource Technology, 72: 275-282.

Urban W, Girod K, Lohmann H. Technol-ogien und kosten der biogasaufbereitung und einspeisung in das erdgasnetz [M]. Tesults of Market Surbey, 2 007-2 008.

Watkins A J Roussel E G, Parkes R J, et al. 2013. Glycine betaine as a direct substrate for methanogens (*Methanococcoides* spp.) [J]. Applied and Environmental Microbiology, 80: 289-293.

Watkins A J, Roussel E G, Webster G, et al. 2012. Choline and N, N-Dimethylethanolamine as Direct Substrates for Methanogens [J]. Applied and Environmental Microbiology, 78 (23): 8 298-8 303.

Weiland P. 2003. Notwendigkeit der Biogasaufbereitung, Ansprüche einzelner Nutzung srouten und Stand der Technik [M]. Presentation at FNR Workshop 'Aufbereitung von BIogas'.

Wellinger A, Murphy J P, Baxter D. 2013. The biogas handbook: science, production and applications [M]. Elsevier.

Winandy J E, Cai Z. 2008. Potential of using anaerobically digested bovine biofiber as a fiber source for wood composites [J]. BioResources, 3 (4): 1 244-1 255.

Woese C R, Fox G E. 1977. Phylogenetic structure of the prokaryotic domain: the primary kingdoms [J]. Proc Natl Acad Sci U S A, 74 (11): 5 088-5 090.

Xia A，Murphy J D. 2016. Microalgal Cultivation in Treating Liquid Digestate from Biogas Systems［J］. Trends in Biotechnology，34（4）：264-275.

Xu R，Gao T R，Pay E，et al. 2007. Biochemical methane potential of blue-green algae in biogas fermentation progress［J］. 云南师范大学学报（自然科学版），27（5）：35-38.

Zegada-Lizarazu W，Monti A. 2011. Energy crops in rotation. A review［J］. Biomass and Bioenergy，35（1）：12-25.

Zeikus J G. 1977. The biology of methanogenic bacteria［J］. Bacteriological Revviews，41（2）：514-541.

Zhang W，Yin F，Monroe I. 2016. Anaerobic Digestion Technology and Engineering［M］. 北京：化学工业出版社.